普通高等教育新工科机器人工程系列教材

机器人技术基础及应用

主　编　李　磊　殷宝吉
参　编　王红茹　胡秋实　陈　超

机械工业出版社

本教材详细介绍了机器人技术的基本原理和典型应用。本教材分为上、下两篇，共七章，内容包括绪论、机器人机械系统设计、机器人运动学、机器人静力学及动力学、机器人感知系统、水下机器人机械结构与控制系统硬件设计、水下机器人系统软件设计及应用。每章都提供了机器人技术的典型应用案例。

本教材内容全面综合，充分考虑了机器人技术的理论性、前沿性和多学科交叉性，融合了机器人技术的最新研究成果，从基础理论方法到实际的设计开发，较全面地介绍了机器人技术及相关应用。

本教材是高等学校本、专科学生和低年级研究生的基础课程教材，可作为机械电子工程、机械设计制造及自动化、车辆工程等相关专业的课程教材，也可供从事机器人技术研究、开发和应用的有关技术人员学习参考。

图书在版编目（CIP）数据

机器人技术基础及应用/李磊，殷宝吉主编．—北京：机械工业出版社，2022.12（2024.7重印）

普通高等教育新工科机器人工程系列教材

ISBN 978-7-111-37761-0

Ⅰ.①机… Ⅱ.①李…②殷… Ⅲ.①机器人技术-高等学校-教材 Ⅳ.①TP24

中国版本图书馆CIP数据核字（2022）第167893号

机械工业出版社（北京市百万庄大街22号　邮政编码100037）

策划编辑：余　皞　　　　责任编辑：余　皞

责任校对：陈　越　张　薇　封面设计：张　静

责任印制：郜　敏

中煤（北京）印务有限公司印刷

2024年7月第1版第2次印刷

184mm×260mm・10.5印张・251千字

标准书号：ISBN 978-7-111-37761-0

定价：35.00元

电话服务	网络服务
客服电话：010-88361066	机　工　官　网：www.cmpbook.com
010-88379833	机　工　官　博：weibo.com/cmp1952
010-68326294	金　　书　　网：www.golden-book.com
封底无防伪标均为盗版	机工教育服务网：www.cmpedu.com

前　言

机器人技术集机械学、力学、电子学、传感技术、仿生技术、控制理论、人工智能和系统工程等多种学科于一体，是一门综合性非常强的新技术。机器人产品的研发、制造和推广应用已经成为衡量一个国家科技创新能力和制造业水平的重要标志。我国相关政策文件也将发展机器人技术作为提升制造业整体水平，实现我国由“制造大国”向“制造强国”转变的重要手段之一。

自第一台机器人问世以来，机器人已经广泛应用于生活服务、娱乐、农业和工业生产等诸多领域；在航空航天、深海探测、救险救灾等复杂和危险环境中，机器人更是发挥了不可替代的作用。随着人工智能的发展，具有智能感知、自动识别、自主决策和执行等能力的智能机器人已成为产业竞争角力的新目标。

随着机器人的不断普及，机器人技术已经成为机械工程、自动控制及相关专业创新型人才培养体系中不可或缺的一个部分。鉴于机器人技术涉及学科门类多、知识更新快、实践要求高，编者在多年机器人相关课程教学的基础上，提出编写一本适合当前使用的机器人教材。在内容的编排上，编者充分考虑了机器人技术的理论性、前沿性和多学科交叉性，融合了机器人技术的最新研究成果，并结合学科方向和特点，增加了船舶海工领域相关的机器人技术及应用内容，从基础理论方法到典型产品设计开发，较为全面地介绍了机器人技术及其应用。

本教材分为上、下两篇，共七章，每章都提供了机器人技术的典型应用案例。上篇为机器人技术基础部分，分为五章：第一章概述了机器人的发展和趋势、机器人的定义和分类、机器人的基本组成和技术参数等；第二章讲述了机器人机械系统设计过程、原理和核心部件选型；第三章介绍了机器人基本运动学方程的建立和求解过程；第四章分析了机器人静力计算和动力学问题；第五章讲述了机器人感知系统。下篇为机器人技术应用部分，分为两章，以水下机器人为对象，阐述了水下机器人机械结构与控制系统硬件设计，以及系统软件的设计开发过程。

本教材是高等学校本、专科学生和低年级研究生的基础课程教材，适合作为机械电子工程、机械设计制造及自动化、智能制造工程等相关专业教材使用，也可供从事机器人技术研究、开发和应用的有关技术人员作为参考资料使用。

本教材由江苏科技大学机械电子、机械制造和智能制造教研室的相关老师根据多年的教学和科研积累合作编写，由李磊、殷宝吉担任主编，由王红茹、胡秋实和陈超担任参编。陈

庆辉、时国胜、李恒、曹跃华、鲍超杰等研究生参与了部分内容的录入工作，在此表示感谢。同时，在教材编写过程中，我们参考了大量机器人技术相关论文、论著、教材和网络资料，限于篇幅不能一一列举，在此一并表示由衷的感谢。

鉴于编者水平有限，教材中难免存在一些不足甚至错误之处，恳请读者予以批评指正。

编者

目　录

下篇 机器人技术应用——水下机器人

上篇　机器人技术基础

第一章 绪论

机器人，是人类梦寐以求的与自身功能相似的智能装备。通过历史，我们可以发现，机器人从最初的文学形象和人类的美好愿望，发展到今天能够实现各种复杂功能的智能装备，其被赋予的功能越来越丰富，性能也越来越强大。从早期代替人类重复劳动的机器人，到完成一系列指定操作的可编程机器人，再到像人一样能独立思考，进行自主决策的智能机器人，其已经成为我们日常生产、生活和科学研究等各个领域不可或缺的重要装备。

机器人技术集机械学、力学、电子学、传感技术、仿生技术、控制理论、人工智能和系统工程等多种学科于一体，是一门综合性非常强的新技术，而机器人学就是一门研究机器人技术的学科。机器人技术的发展具有重要的经济、军事和社会意义，机器人可以提高生产效率，降低人的劳动强度，可以协助人类完成恶劣、有害环境下人不愿意做或做不好的事，甚至可以完成航空航天、深海探索等领域人类力所不能及的事情。

机器人技术发展到今天已经相当成熟，机器人产品广泛应用于各行各业，成为推动社会进步必不可少的一部分。随着人工智能的发展，机器人技术向更加智能化的方向发展，并成为当前智能制造领域最重要的技术之一。机器人技术集现代制造技术、新材料技术和最新的智能控制技术等为一体，是智能制造领域最具代表性的产品和支撑技术。机器人的研发、制造和推广应用已经成为衡量一个国家科技创新能力和制造业水平的重要标志，引起了世界各制造强国的高度重视；我国也将发展机器人技术作为提升制造业整体水平，实现由“制造大国”向“制造强国”转变的重要技术手段之一。

【案例导入】

果蔬采摘，机器人大显身手

在农业领域，果蔬选择性收获是农业生产中最耗时、最费力的环节之一，采摘费用也占到总成本的50%～70%。为克服传统人工采摘作业季节性强、效率低、人工短缺、劳动力成本增加等问题，果蔬采摘机器人应运而生，成为当前智慧农业发展的重要领域和方向，如

图 1-1 所示。

图 1-1　果蔬采摘机器人

应用果蔬采摘机器人，可以完成以下任务：

1）基于机器视觉等技术，实现果蔬颜色、形状、大小、位置和成熟度的自动识别。

2）采用机械臂和机械手结构实现果蔬高效抓取操作和采摘入筐。

以上任务要求机器人的行走系统、视觉系统和采摘执行系统等配合完成。采摘机器人轻便小巧、部署灵活，可轻松完成路径规划、采摘和放篮等多个任务。

视觉算法则引导机械臂完成识别、定位、抓取、切割、放置等任务，平均 8 ~ 10s 即可采摘一颗果实，成功率可达 90% 以上，速度和效率“碾压”人工，可解决自然条件下的果蔬选择性收获难题，同时也让操作人员从繁重、重复的劳动中解放出来。机械臂末端配备的视觉系统，可实现对果蔬大小、颜色、形状、成熟度和采摘位置的信息获取及处理。面对复杂的果园（菜园）光线环境、果实形状的多样性、果实生长位置等，均可做出正确判断，能既快速又准确地采摘成熟的水果。柔性采摘机械手通过自适应控制完成对果蔬的定位和抓取，不伤果，可实现对苹果、黄瓜、番茄、草莓、甜瓜等多种果实的高效采摘。

由于农业土地地形和土壤种类的多样性，采摘机器人的行走系统和驱动方式有履带式、轮式、轨道式等多种，以满足不同场景要求；同时，机器人搭载视觉、激光或磁感应传感器完成路径规划和导航，可自主避障，轻松完成爬坡越障，更能适应田间多种环境。

随着农业生产的多样化、规模化和智能化发展，加速农业现代化进程，广泛推广和应用各种农业机器人，降低劳动强度和劳动成本，提高经济效益将是现代农业发展的必然趋势。

第一节 机器人的发展和趋势

1. “机器人”的由来

1950 年，机器人学的概念在作家阿西莫夫的小说《我，机器人》中提出，其中一部短篇小说中明确提出了以下著名的机器人学三定律。

定律一：机器人不能伤害人类，或因不作为而使人类受到伤害。

定律二：机器人必须执行人类的命令，除非这些命令与第一条定律相抵触。

定律三：在不违背第一、二条定律的前提下，机器人必须保护自己不受伤害。

人类发展到 20 世纪，随着社会分工的细化，从事简单重复工作的人们强烈渴望有某种能代替自己工作的机器，从而促使人们开始探索新的领域。1954 年，美国人德沃尔制造出世界上第一台可编程序机械手，并申请了专利，1961 年授予。这是一个类似人类手臂的机械手，它可以按既定程序进行工作，同时其既定程序可以根据不同工作需要来编制和调整，具有一定的通用性与灵活性。由此，热衷于机器人研究的恩格尔伯格想到，是否能制造出某种机器，可与人一样学习干活的动作，从而能代替人类进行各种重复繁杂的操作。1958 年，恩格尔伯格和德沃尔成立了世界上第一家机器人制造工厂 Unimation 公司，于 1959 年制造出第一台工业机器人，并将其称为 Unimate。从此，机器人这一名词也逐渐进入人们的视野。

此后，机器人经历了以下 3 个发展阶段。

第一代是示教再现型机器人：“尤尼梅特（Unimate）”和“沃尔萨特兰（Verstran）”这两种最早的工业机器人是示教再现型机器人的典型代表。它由人操纵机械手完成一遍动作或通过控制器发出指令让机械手臂运动，在动作过程中机器人会自动将这一过程存入记忆装置，从而实现“示教”。当下一次机器人工作时，能“再现”之前所记忆的各项动作，并能自动重复执行。这类机器人不具有对外界信息的反馈能力，难以适应变化的环境，但已经具备了机器人的基本特征。

第二代是具有感觉的机器人：它们对外界环境有一定感知能力，具有听觉、视觉、触觉等功能。机器人工作时，根据感觉器官（传感器）获得的信息，灵活调整自己的工作状态，保证在适应环境的情况下完成工作。例如，具有视觉的机器人能够轻松地识别物体，具有触觉的机械手可轻松自如地抓取鸡蛋，具有嗅觉的机器人能分辨出环境中的不同气味。

第三代是具有一定智能的机器人：智能机器人依据人工智能技术实现决策行动，它们不但能够感知周围环境的各种信息，也可以进行独立思考、识别、推理，并做出判断和决策，不用人工参与就可以完成一些复杂的工作。目前，智能机器人已在许多方面具有人类的特点，随着机器人技术不断发展与完善，机器人的智能化水平将越来越接近甚至超越人类。

2. 机器人的雏形

机器人是自动执行工作的机器装置，它既可以接受人类指挥，又可以运行预先编制的程序，也可以根据以人工智能技术制定的原则纲领行动。机器人一般由执行机构、驱动装置、检测装置、控制系统及复杂机械等组成。机器人一词的出现和世界上第一台工业机器人的问世都是近几十年的事。然而，人们对机器人的幻想与追求却已有 3000 多年的历史。人类希望制造出一种像人一样的机器，以便代替人类完成各种工作。

在我国西周时期，能工巧匠偃师就研制出了能歌善舞的伶人，这是我国最早记载的机器人。春秋后期著名的木匠鲁班，在机械方面也是一位发明家。据《墨经》记载，他曾制造过一只木鸟，能在空中飞行“三日不下”，体现了我国劳动人民的聪明智慧。1800 年前的汉代，大科学家张衡不仅发明了地动仪，而且发明了计里鼓车。计里鼓车每行一里，车上木人击鼓一下，每行十里击钟一下。三国时期，蜀国丞相诸葛亮成功地创造出了“木牛流马”，并用其运送军粮，支援前方战争，如图 1-2 所示。

图 1-2　木牛流马

在国外，公元前 2 世纪的亚历山大时代，古希腊人也发明了最原始的机器人——自动机，可以自己开门，还可以借助蒸汽唱歌。1738 年，法国天才技师瓦克逊发明了一只机器鸭，它会嘎嘎叫，会游泳和喝水，还会进食和排泄。瓦克逊的本意是想把生物的功能加以机械化而进行医学上的分析。在当时的自动玩偶中，最杰出的要数瑞士的钟表匠杰克·道罗斯和他的儿子利·路易·道罗斯，1773 年，他们连续发明了自动书写玩偶、自动演奏玩偶等，他们创造的自动玩偶是利用齿轮和发条制成的。

虽然这些发明设计很精妙，但它们没有与自动控制相结合，无法实现代替人们复杂劳动的愿望，更未与计算机技术相结合，严格意义上和机器人技术还有很大差距，但他们是机器人的雏形。

3. 近代机器人

19 世纪中叶前后出现了科学幻想派和机械制造派。1831 年，歌德发表了《浮士德》，塑造了人造人“荷蒙库鲁斯”；1870 年，霍夫曼出版了以自动玩偶葛蓓莉娅为主角的作品《睡魔》；1883 年，科洛迪的《木偶奇遇记》问世；1886 年，维里耶的《未来的夏娃》问世。在机械实物制造方面，1893 年，摩尔制造了“蒸汽人”，“蒸汽人”可以靠蒸汽驱动双腿沿圆周走动。

1920 年，捷克剧作家卡雷尔·恰佩克在幻想剧作《罗素姆的万能机器人》中第一次提出了名词“Robot”。

1927 年，美国西屋电气公司工程师温兹利制造了第一个机器人“电报箱”，它可以回答一些问题，但不能行走。

1939 年，美国西屋电气公司制造出了家用机器人，它可以行走，会说少量文字，甚至可以抽烟，不过离真正能干家务活的机器人还差得远。

4. 现代机器人

1948 年，美国原子能委员会的阿尔贡研究所开发了机械式的主从机械手。

1952 年，第一台数控机床的诞生，为机器人的开发奠定了基础。

1959 年，恩格尔伯格与德沃尔成立了世界上第一家机器人制造工厂——Unimation 公司，并联手制造出第一台工业机器人。

1962 年，美国 AMF（机械与制造）公司生产出“Verstran”与 Unimation 公司生产的“Unimate”是机器人产品最早的实用机型，随即掀起了全世界对机器人和机器人技术研究的热潮。

1965 年，约翰斯·霍普金斯大学应用物理实验室研制出 Beast 机器人，它能通过声呐系统、光电管等装置，根据环境校正自己的位置。

1968 年，美国斯坦福国际研究所公布他们研发成功的机器人 Shakey，它带有视觉传感器，能根据人的指令发现并抓取积木，不过控制它的计算机有一个房间那么大。Shakey 是世界上第一台智能机器人，其拉开了第三代机器人研发的序幕。

1969 年，日本加藤一郎实验室研发出第一台以双脚走路的机器人，日本逐步取代美国成为“机器人王国”。

1973 年，人们第一次将机器人和小型计算机结合，研发出了 Cincinnati Milacron 公司的机器人 T3。

1978 年，美国 Unimation 公司推出通用工业机器人 PUMA，这标志着工业机器人技术已经完全成熟。PUMA 至今仍然工作在工厂第一线。

1983 年，美国开始将机器人学列入教学计划。

1984 年，恩格尔伯格再次推出机器人 HelpMate，这种机器人能在医院里为病人送饭、送药、送邮件。

1994 年，卡内基梅隆大学研究者利用 Dante 机器人探测火山，用于采集火山气体样本。

1995 年，Intuitive Surgical 公司推出外科手术机器人。

1997 年，日本 Honda 公司推出第一代人形机器人 P3。同时 NASA（美国航空航天局）的探险者登陆火星，并将拍摄的照片发回地球。

1998 年，丹麦乐高公司推出机器人套件，让机器人制造变得跟搭积木一样，这样相对简单又能任意拼装，从此机器人开始走入个人世界。

1999 年，日本 Sony 公司推出犬型机器人 AIBO，其很快销售一空，从此娱乐机器人成为机器人迈进普通家庭的途径之一。

2000 年，日本 Honda 公司推出第二代人形机器人 Asimo，日本 Sony 公司推出人形机器人 Qiro。

2001 年，加拿大 MD Robotics 公司建造的“空间站远程操纵系统”发射进入太空轨道。

2002 年，丹麦 iRobot 公司推出了扫地机器人 Roomba，它能避开障碍，自动设计行进路线，还能在电量不足时，自动驶向充电座。Roomba 是目前世界上销量最大、最商业化的家用机器人。

2006 年，微软公司推出 Microsoft Robotics Studio，此后机器人模块化、平台统一化的趋势越来越明显，比尔·盖茨预言，家用机器人很快将席卷全球。

2007 年，德国 KUKA 公司推出了远距离机器人和重型机器人，极大地扩展了工业机器人的应用范围。

2008 年，日本 FANUC 公司推出了“学习控制机器人”，在运动过程中减少了机器人的振动和 5% 的循环时间；同时加拿大卡尔加里大学医学院研制出“神经臂”，使得世界上第一例机器人切除脑瘤手术圆满成功；我国首台家用网络智能机器人 Tami 在北京亮相。

2009 年，瑞典 ABB 公司推出了世界上最小的多用途工业机器人 IRB120。

2010 年，德国 KUKA 公司推出了一系列新的货架式机器人 Quantec，该系列机器人拥有 KR C4 机器人控制器。

2011 年，第一台仿人机器人进入太空。

2014 年，英国雷丁大学的研究者研究出了一台“图灵测试”的机器人。

2015 年，我国研制出世界首台自主运动可变形液态金属机器人，同时世界级“网红”——Sophia（索菲亚）机器人诞生。

2016—2021 年，全球工业机器人销量年均增速超过 17%，与此同时，服务机器人发展迅速，应用范围日趋广泛，以手术机器人为代表的医疗康复机器人形成了较大产业规模，空间机器人、仿生机器人和反恐防暴机器人等特种机器人实现了应用。

5. 未来机器人

当前，各个国家对机器人技术都非常重视，人们生活对智能化要求的提高也促进了机器人的发展，在此背景下，机器人技术的发展可以说是一日千里，未来机器人将在多种技术的基础上飞速发展。如图 1-3 所示，材料、感知、仿生、智能、微型、网络、交互等前沿技术的探索，以及新型机构、驱动方式、网络化、移动感知、仿生运动、智能控制等关键技术的攻关，使机器人技术将在微制造、核工业、电力检测、油气管道检测、模仿生物、极地科考、助老助残、家庭服务等领域发挥越来越大的作用。

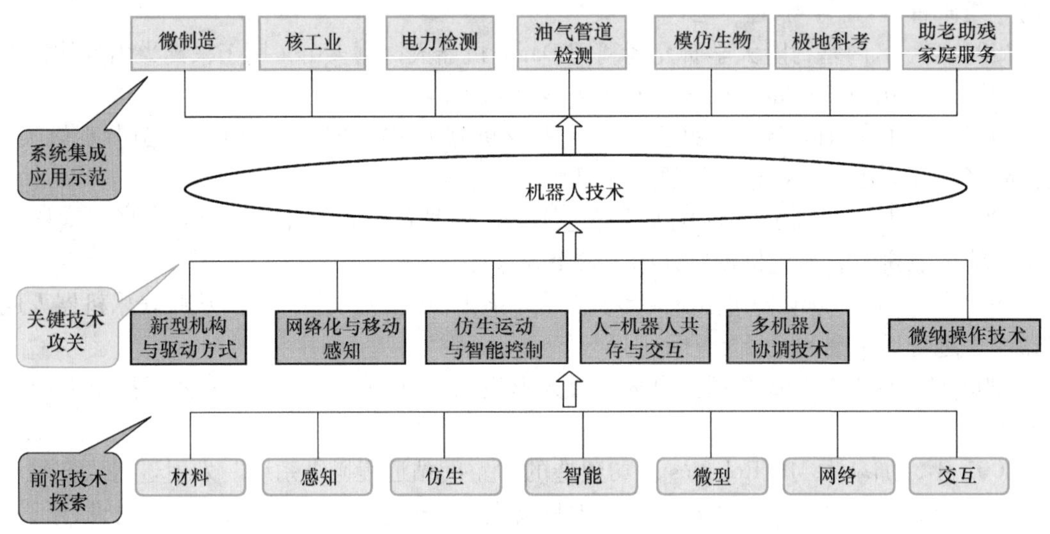

图 1-3　未来机器人涵盖的技术及应用领域

机器人的未来发展趋势可以体现在以下几个方面。

（1）语言交流功能更加完善　未来智能机器人的语言交流功能更加完善是一个必然趋势，它们将能掌握很多国家的语言，远超人类的学习能力。

（2）动作更加流畅自然　按照人类的关节和肌肉建造，机器人可模仿人的所有动作，甚至做得更到位，这些都将成为可能。还有可能做出一些普通人很难做出的动作，如平地翻跟斗，倒立等。

（3）外形越来越像人类　对于未来机器人的仿真很有可能达到尽管你很近地观察它的外观，也很难分辨是否是机器人的程度，就如同美国科幻大片《终结者》中的机器人具有

与人类极其相似的外表。

（4）复原功能越来越强大　未来智能机器人将具备越来越强大的自行复原功能，对于自身内部零件等运作情况，机器人会随时自行检索一切问题，并对问题做到及时发现和排除。它的检索功能就像我们人类感觉身体哪里不舒服一样，是智能意识的表现。

（5）机器人体内能量储存越来越大　未来很可能制造出一种超级能量储存器，能量储存器基本可永久保持储能效率，不会因为用的时间长而导致储能效率下降，可实现高效储能。

（6）逻辑分析能力越来越强　为了使机器人更加智能化，将不断赋予它更多的逻辑分析程序。例如，重组词汇构成新的句子、自行充电不需要人为的帮助，这些都是逻辑分析能力的表现。

6. 机器人与智能制造

“中国制造 2025”伟大战略以智能制造为主攻方向。智能制造为我国制造业实施创新驱动发展战略，迈向制造强国提供了机遇和挑战。如图 1-4 所示，从第二次工业革命的规模化高质量生产、第三次工业革命的数控化自动生产，到第四次工业革命的智能化生产，逐步实现全局突破。第四次工业革命以智能制造为代表，将人类智慧物化在制造活动中，并组成人机合作系统，使得制造装备能进行感知、推理、决策和学习等智能活动，通过人与智能机器的合作共事，扩大、延伸和部分取代人类在制造过程中的脑力劳动，进而提升制造装备和系统的适应性与自治性。

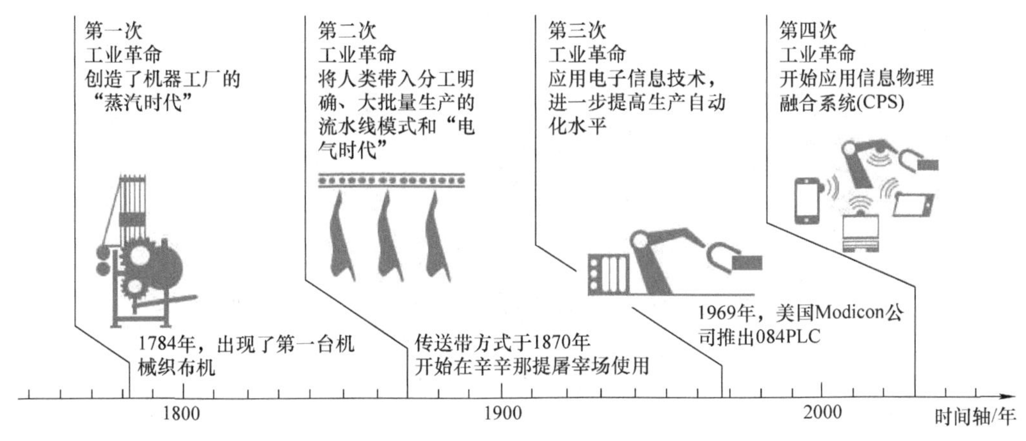

图 1-4　工业革命发展历程

目前，“智能制造 = 人工智能 + 机器人 + 数字制造”已经成为共识。智能制造研究领域中的工艺与智能控制、自动工艺 NC 编程如同人脑；图形化建模与仿真、工艺感知与识别如同人的感官；智能化功能部件、智能人机交互如同人的四肢。

机器人作为智能制造领域最关键的核心技术之一，近年来在我国取得了飞速发展。根据国际机器人联合会统计，我国机器人密度在 2017 年达到 97 台/万人，已超过全球平均水平，在 2021 年突破 130 台/万人，达到发达国家平均水平。

机器人技术在世界各国的制造领域已经取得了广泛应用。从早期的军事、海洋和宇宙探索等领域，延伸到汽车、电子、化工、纺织等传统制造行业，现在已经逐步发展到家庭服

务、商业应用等领域。机器人技术应用于智能制造领域的典型案例如下。

1）搬运：机器人用于大型物流仓储的搬运作业，如图 1-5 所示。

2）涂装：我国第一套基于微机的机器人离线编程系统应用于东风汽车公司涂装自动线，如图 1-6 所示。

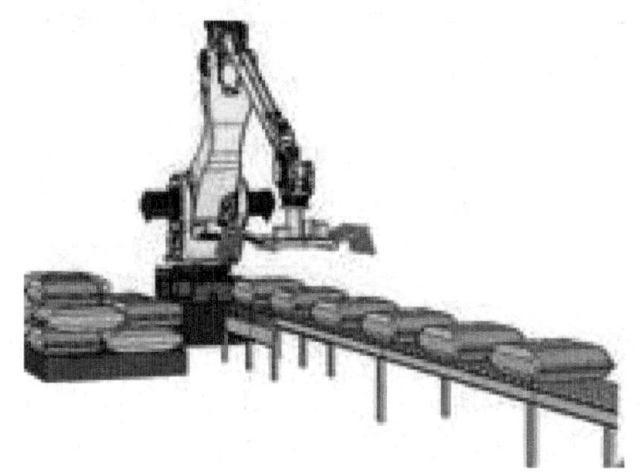

图 1-5　搬运机器人

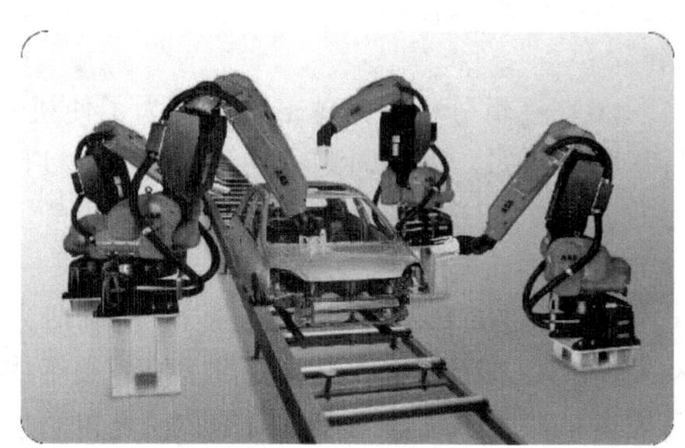

图 1-6　涂装机器人

3）焊接：工业机器人焊接作业系统应用于上汽集团的汽车零部件制造，如图 1-7 所示。

4）磨抛加工：机器人叶片磨抛系统应用于无锡某叶片厂，如图 1-8 所示。

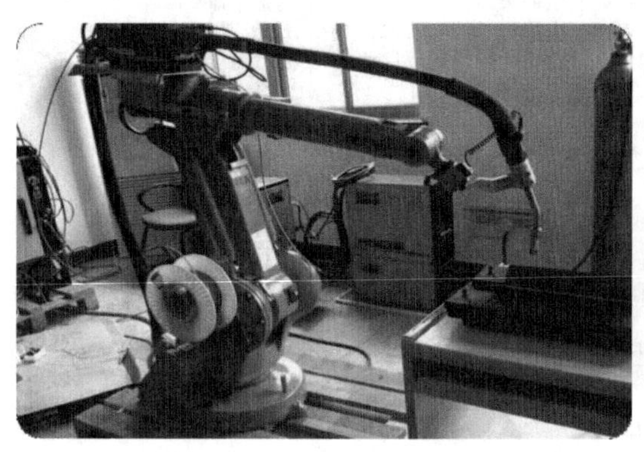

图 1-7　焊接机器人

图 1-8　磨抛加工机器人

5）机器人多机协同作业，如图 1-9 所示。

a)

b)

c)

图 1-9　机器人多机协同作业

a）ABB 机器人多机合作　b）发那科机器人协作焊接　c）双臂协作机器人

机器人的研发、制造、应用已成为衡量一个国家科技创新和高端制造水平的重要标志。随着智能控制、导航定位、多传感信息耦合等新技术快速发展，机器人产品智能化趋势越加明显，具有感知、识别、决策、执行等功能的智能机器人已成为产业竞争角力的新手段。

第二节　机器人的定义和分类

一、机器人的定义

机器人学是一门不断发展的科学，机器人的定义也随其发展而不断变化。国际上至今还没有合适的、被人们普遍认同的“机器人”相关定义，专家们也采用不同的办法来定义这个术语。同时，对机器人进行定义还因公众对机器人的想象以及科幻小说、电影对机器人形状的描绘而变得越加困难。目前，国际上关于机器人的定义主要有以下几种。

1）《牛津简明英语词典》的定义：机器人是貌似人的自动机，具有智力的和顺从于人的但不具有人格的机器。

2）美国机器人工业协会（RIA）的定义：机器人是一种用于移动各种材料、零件、工具或专用装置的，通过可编程序动作来执行种种任务的，并具有编程能力的多功能机械手。

3）日本工业机器人协会（JIRA）的定义：工业机器人是一种装备有记忆装置和末端执行器的，能够转动并通过自动完成各种移动来代替人类劳动的通用机器。

4）国际标准化组织（ISO）的定义：机器人是一种自动的、位置可控的、具有编程能力的多功能机械手，这种机械手具有几个轴，能够借助于可编程序操作来处理各种材料、零件、工具和专用装置，以执行各种任务。

5）《中国大百科全书》的定义：机器人是能灵活地完成特定操作和运动任务的，并可再编程序的多功能操作器。其对机械手的定义：一种模拟人手操作的自动机械，它可按固定程序抓取、搬运物件或操持工具完成某些特定操作。

分析上述各种定义的共同之处，即认为机器人有以下几个特点。①代替人进行工作，机器人能像人那样使用工具和机械，因此，数控机床和汽车不能称为机器人；②有一定的通用性，既可简单地变换所进行的作业，又能按照工作状况的变化相应地进行工作调整；③机器人是人造的机器或机械电子装置。

随着人们对机器人技术智能化本质认识的加深，机器人技术开始源源不断地应用于人类活动的各个领域。结合这些领域的应用特点，人们发展了各式各样的具有感知、决策、行动和交互能力的特种机器人和智能机器人。虽然现在还没有一个严格而准确的机器人定义，但是我们已经对机器人的本质做了些把握，即机器人是自动执行工作的机器装置，它既可以接受人类指挥，又可以运行预先编制的程序，也可以根据以人工智能技术制订的原则纲领行动，它的任务是协助或取代人类的工作。

二、机器人的分类

机器人的种类很多，可以从应用场景、移动性能、控制方式、智能程度和形态等方面进行分类。下面介绍常见的几种分类方式。

1. 按照应用场景分类

按照机器人的应用场景，可以把机器人划分为工业机器人、服务机器人和特种机器人3类。

其中，工业机器人广泛用于工业领域，其一般的结构组成是多关节机械手或多自由度的机器装置，在硬件的控制作用下，可依靠自身搭载的动力能源装置，实现各种工业加工制造功能。在工业生产加工过程中，可以通过工业机器人作业来代替执行某些单调、频繁和重复且长时间的人类作业，其被替代的作业主要包括焊接、搬运、码垛、包装、涂装、切割等。

对于服务机器人，应用的场景也非常广泛。在不同的工作环境中，服务机器人可以进行人类的某些单调复杂的工作，例如医疗物资搬运，水下探测、智能服务接待（服务接待机器人如图1-10所示）等，它们所处的工作环境状况千变万化，需要利用相应的电子传感及人工智能技术进行相应的环境状况识别。服务机器人主要包括家用服务、医用服务和公共服务等机器人。其中，家用服务机器人是为人类服务的特种机器人，是能够代替人完成家庭服务工作的机器人；医用服务机器人（智能消毒机器人如图1-11所示），是指用于医院、诊所的医疗或辅助医疗的机器人，作为一种智能型服务机器人，它能独立编制操作计划，依据实际情况确定动作程序，然后把动作程序变为操作机构的运动；公共服务机器人是指在农业、金融、物流、教育等除医学领域外的公共场合为人类提供一般服务的机器人。

特种机器人是指代替人类从事高危环境和特殊工况工作的机器人，主要包括军事应用、极限作业和应急救援机器人。

图1-10　服务接待机器人

图1-11　智能消毒机器人

2. 按照移动性能分类

按照机器人的移动性能，可以把机器人分为固定式和移动式机器人，移动式机器人还可分为轮式、足式、履带式、混合式、特殊式机器人等。

（1）固定式机器人　当前应用最广泛的依然是固定式机器人，其在规范环境中承担具有重复性的精密机械制造或繁重体力任务。这类作业机器人的运动空间非常有限，而且这类机器人一般来说是比较笨重的，其驱动的功率也比较高。按照工作场合和用途，固定式机器人可分为焊接机器人、搬运机器人、码垛机器人、涂装机器人、冲压/锻压机器人、抛光机器人等。

（2）移动式机器人　相对于固定式机器人而言，移动式机器人能够自主沿着某个方向或者任意方向移动，能适用于各种复杂环境中。移动式机器人的形式包括轮式（如四轮式、两轮式、全方向式）、足式（如6足、4足、2足等）、履带式、混合式（轮子和足组合）、特殊式（如吸附式、轨道式、蛇式）等类型。轮式移动机器人适用于平坦的路面，足式和履带式移动机器人往往用于山岳、沙丘地带和凹凸不平的环境。

随着智能工厂和智能物流系统的发展，无人搬运车被广泛应用于各类不同场合，如图1-12所示。AGV搬运车以轮式移动为特征，较之步行、爬行或其他非轮式的移动机器人而言，其具有行动快捷、工作效率高、结构简单、可控性强、安全性好等优势。AGV搬运车采用电磁或光学等自动导引装置，能够使该搬运车沿规定的导引路径行驶，具有安全保护及各种移动运载功能。人们可以通过电脑控制AGV搬运车的行进路线和行为，或利用电磁轨道来设定其行进路线，电磁轨道贴于地板上，无人搬运车则依据电磁轨道所带来的信息完成相应的移动与动作。

图1-12 物流AGV搬运车

3. 按照控制方式分类

按照机器人的控制方式，可以把机器人分为非伺服机器人和伺服机器人。

（1）非伺服机器人 非伺服机器人的工作能力是比较有限的，其运动方式一般是按照事先编好的程序执行相应的运动，该类机器人往往应用于“抓放”或者“开关”等相对简单的动作，类似于定点或者固定轨迹式运动，如图1-13所示，非伺服机器人一般使用插销板、定序器、终端制动器、限位开关等来控制机器人的运动。

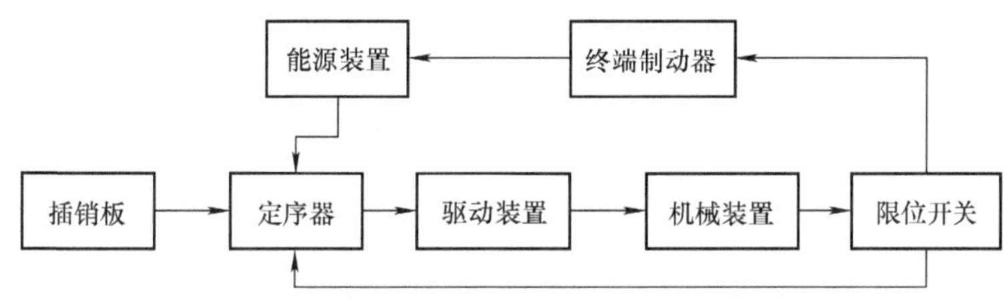

图1-13 非伺服机器人的控制顺序

（2）伺服机器人 一般来说，伺服控制机器人比非伺服机器人有更强的工作能力，但其价格却比较昂贵。同时，伺服系统的被控制量可以为机器人端部执行装置的位置、速度、加速度和力等。如图1-14所示，在机器执行相应的动作时，通过反馈传感器取得的反馈信号与来自给定装置的给定信号，用比较器加以比较后，得到误差信号，经过相应的放大器把信号发送给相应的控制执行元件，把信号转换成相应的直流电，从而进一步激发机器人的驱动装置，进而带动末端执行装置机械手以一定的规律运动，并且得到相对应的位置及速度信息等。

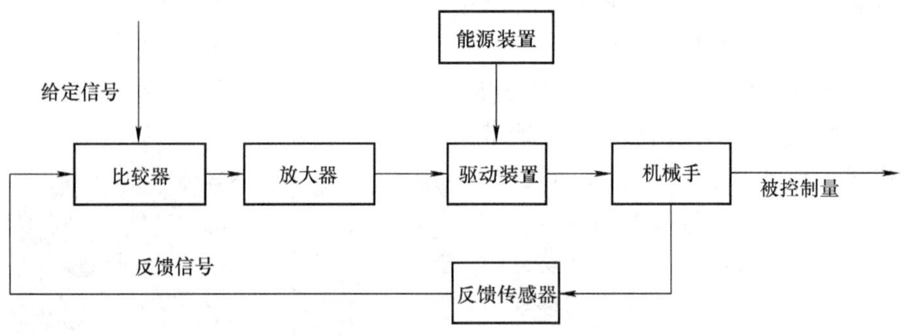

图 1-14　伺服机器人的控制顺序

伺服机器人可以分为点位伺服控制和连续路径伺服控制机器人。

1）点位伺服控制机器人。一般来说，点位伺服控制机器人能够在其工作运动轨迹内精确地编入程序的三维点之间的运动。程序设计师一般只对其一段路径的端点进行设计，而且机器人能够以最快和最直接的路径从一个端点移动到另外一个端点，从一个端点到另外一个端点之间，该机器人一般实现的是直线运动，所以其运动轨迹可以理解为由多条折线段组成。点位伺服控制机器人用于只有终端位置比较重要，而对于编程点之间的路径、速度以及加速度等因素不做主要考虑的场合（如点焊机器人）。

2）连续路径伺服控制机器人。一般来说，连续路径伺服控制机器人能够平滑地跟随某个预定的路径移动，其轨迹往往是某条不在预编程端点停留的曲线路径，其运动位置的采样是依照时间采样的，而不是依照预先规定的空间点进行采样。该运动曲线相对比较光滑，其轨迹的确定需要全面考虑速度和加速度等因素。当该类型机器人（如弧焊机器人、抛磨机器人等）用于曲面加工时，其加工精度相对较高，同时设计成本也会较高。

4. 按照智能程度分类

（1）一般机器人　对于一般机器人，它不具备智能的特点，只是具备一般的编程能力以及操作功能。较容易的划分方式就是判断该机器人是否应用人工智能技术。对于一般机器人，其主要的运动方式要么是在接收上位机的指令后执行相应的动作，要么是通过嵌入式系统，根据编好的程序去完成相应的动作，例如常规的搬运或夹取机械手。

（2）智能机器人　一般而言，智能机器人根据其智能程度可以分为传感型机器人、交互型机器人、自主型机器人等。

1）传感型机器人一般具有基于传感器信息采集（如视觉、听觉、触觉、接近觉、力觉等信息）和传感器信息处理功能，可以实现相应的控制与操作。对于这类机器人，一般在机器人系统中搭载着多种传感器，比如通过红外、测距等传感器来实现自动避障功能，利用语音识别模块用于接收信号并执行相应的动作。

2）交互型机器人一般通过计算机系统同操作员或者程序员实现相应的人机对话，从而实现对机器人的控制与操作。该机器人一般应用在服务行业，当其识别到相应的语音信号时，能够自行地执行相应的动作。

3）自主型机器人可以在无须人的操作及干预下，在各种复杂环境中自动完成各项任务。近几年，机器学习技术也在机器人中得到了广泛应用。该类型的机器人往往不需要人为的操作和干预，通过配合机器视觉等技术，即可完成物品或者工件的识别，并自动地实现抓取和存放动作。

5. 按照形态分类

（1）仿人机器人 模仿人的形态和行为而设计制造的机器人就是仿人机器人。其一般分别或同时具有仿人的四肢和头部，并应用于生活中的某些场合，比如一些展览场所的机器人，可以很方便地给他人进行问候或进行路线指引。机器人一般根据不同应用需求被设计成不同形状，并拥有不同功能，如步行机器人、写字机器人、奏乐机器人、玩具机器人等。

仿人机器人（如图 1-15 所示）研究在技术部分要涉及多方面的内容，例如，机械设计、电子电路、计算机及软件、材料选型等，仿人机器人技术的先进性也代表着一个国家的高科技发展水平。

图 1-15 仿人机器人

（2）仿生机器人 如图 1-16 ~ 图 1-20所示，仿生机器人是仿照各种各样的生物，采用非智能或智能的系统为人类生活提供方便的机器人；或者利用某些动物某方面的特殊性能来改善生活或生产活动的某些方面，例如，仿生海豚的流线型减阻技术就是模仿了真实海豚的外形。除此之外还有其他的仿生机器人，如仿生宠物狗机器人，仿生蜘蛛六足机器人等。

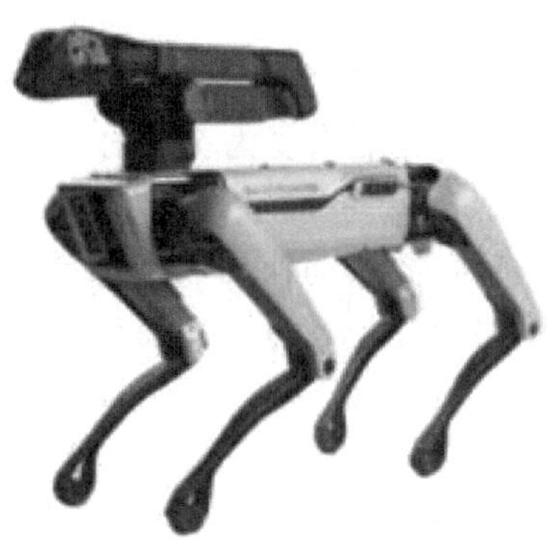
图 1-16 仿生宠物狗机器人

图 1-17 仿生机器鱼

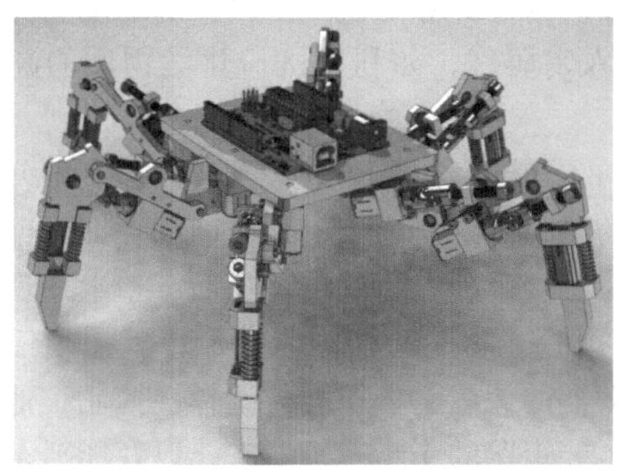
图 1-18 仿生蜘蛛六足机器人

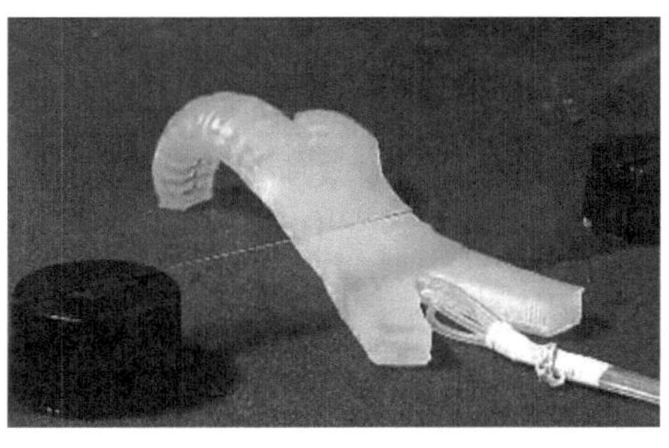
图 1-19 仿生软体机器人

除上述分类方式，机器人还可以根据能量转换方式，分为液压驱动、气压驱动、电气驱动等机器人。在选择机器人驱动器时，需要考虑工作速度、最大搬运物重量、驱动功率、驱稳性、重复定位精度、惯性负载等要求。液压驱动、气压驱动、电气驱动都是目前较为常规的驱动形式，随着机器人技术的发展，出现了利用新工作原理制造的新型驱动器，如磁致伸缩驱动器、压电驱动器、静电驱动器、形状记忆合金驱动器、超声波驱动器、人工肌肉、光驱动器等。这里介绍几种新型驱动方式。

图 1-20　仿生蛇形机器人

1）磁致伸缩驱动器：磁性体的外部一旦加上磁场，则磁性体的外形尺寸发生变化（焦耳效应），这种现象称为磁致伸缩现象。从外部对磁性体施加压力，则磁性体的磁化状态会发生变化（维拉里效应），称为逆磁致伸缩现象。这种驱动器主要用于微小驱动场合。

2）压电驱动器：压电材料是一种当它受到力作用时，其表面上出现与外力成比例电荷的材料，又称压电陶瓷。反过来，把电场加到压电材料上，则压电材料产生应变，输出力或电位。利用这一特性可以制成压电驱动器，这种驱动器可以达到驱动亚微米级的精度。

3）静电驱动器：静电驱动器利用电荷间的吸力和排斥力互相作用，可以顺序驱动电极而产生平移或旋转的运动。因静电作用属于表面力，它和元件尺寸的二次方成正比，在微小尺寸内变化时能够产生很大的能量。

4）形状记忆合金驱动器：形状记忆合金是一种特殊的合金，一旦使它记忆了任意形状，即使它产生了变形，当加热到某一适当温度时，则它也能恢复为变形前的形状。已知的形状记忆合金有 Au－Cd、In－Tl、Ni－Ti、Cu－Al－Ni、Cu－Zn－Al 等几十种。

5）超声波驱动器：所谓超声波驱动器就是利用超声波振动作为驱动力的一种驱动器，其由振动部分和移动部分所组成，主要靠振动部分和移动部分之间的摩擦力来实现驱动。由于超声波驱动器没有铁心和线圈，结构简单、体积小、质量轻、响应快、力矩大，不需配合减速装置就可以低速运行，因此，很适合用于机器人、照相机和摄像机等的驱动。

6）人工肌肉：随着机器人技术的发展，驱动器从传统的电动机－减速器的机械运动机制向骨架腱肌肉的生物运动机制发展。人的手臂能完成各种柔顺作业，为了实现骨骼肌肉的部分功能而研制的驱动装置称为人工肌肉驱动器。为了更好地模拟生物体的运动功能或在机器人上更好地应用，已研制出多种不同类型的人工肌肉，如利用机械化学物质的高分子凝胶、形状记忆合金制造的人工肌肉。

7）光驱动器：某种强电介质（严密非对称的压电性结晶）受光照射会产生显著的光感应电压，这种现象是压电效应和光致伸缩效应的结果。这是由于电介质内部存在不纯物，导致结晶结构严密非对称，当电介质受到光激励时，会引起电荷移动，从而产生上述现象。

图 1-21 是东京大学的研究人员开发的一款由激光驱动的软体驱动器，其无须任何额外的动力设备，可以迅速制动，能够实现软体驱动器的无线、可扩展与选择性控制；他们不仅利用这款软体驱动器制作了机器人手，还开发了能走路的小步态机器人，以及能抓东西的机器人夹持器。

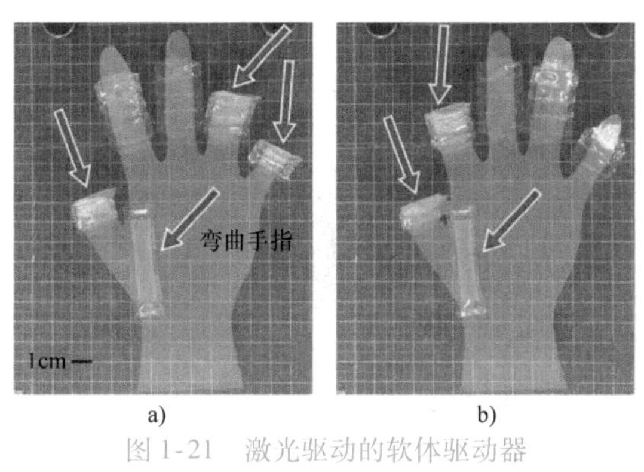

a) b)

图 1-21 激光驱动的软体驱动器

a）“V”字手势 b）“拾取”运动

第三节 机器人的基本组成和技术参数

一、机器人的基本组成

如图 1-22 所示，机器人一般由三大部分（6 个子系统）组成。其中，三大部分包括：机械部分、传感检测部分和控制部分。6 个子系统包括：驱动系统、机械结构系统、感知系统、机器人 – 环境交互系统、人机交互系统和控制系统。各系统有机组合，相辅相成形成完整的机器人系统。

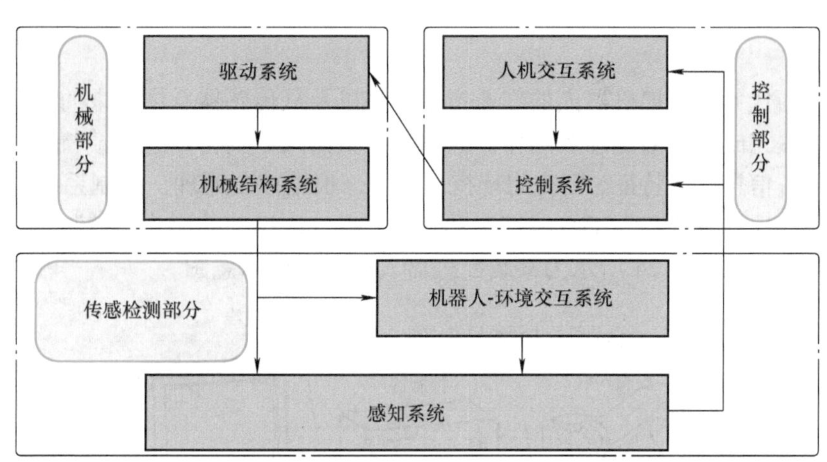

图 1-22 机器人系统组成

机器人 6 个子系统的作用介绍如下。

1. 机械结构系统

如图 1-23 所示，机器人的机械结构系统由基座、手臂、末端执行器三大件组成，每一部件都有若干自由度，整体构成一个多自由度的机械系统。若基座具备行走机构，则构成行走机器人；若基座不具备行走及腰转机构，则构成单机器人臂。手臂一般由上臂、下臂和手腕组成。末端执行器是直接装在手腕上的一个重要部件，它可以是二手指或其他多手指的手爪，也可以是喷漆枪、焊枪等作业工具。

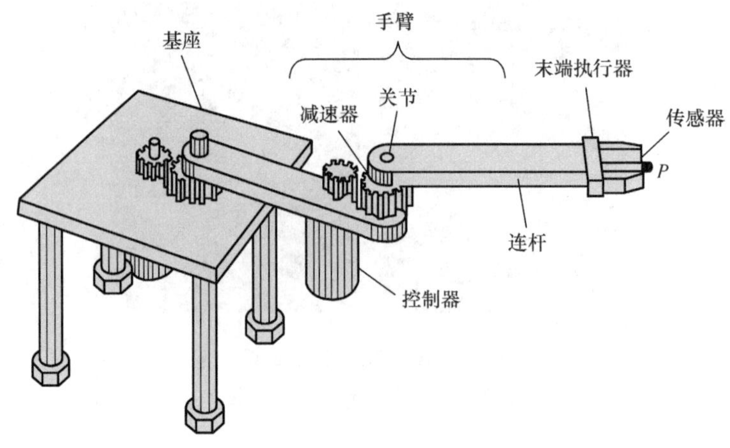

图 1-23　机器人的机械结构系统示意图

机器人的机械结构系统设计是机器人设计的重要部分，其他系统的设计应有自己的独立要求，但还必须与机械结构系统相匹配，相辅相成，才能形成一个完整的机器人系统。

2. 驱动系统

要使机器人运行起来，需给各个关节即每个运动自由度安装传动装置，这就是驱动系统。驱动系统可以是液压传动、气压传动、电动传动，或者把它们结合起来应用的综合系统；可以是直接驱动或者是通过同步带、链条、轮系、谐波齿轮等机械传动机构进行间接驱动。

3. 控制系统

控制系统的任务是根据机器人的作业指令程序以及从传感器反馈回来的信号，支配机器人的执行机构去完成规定的运动和动作。假如工业机器人不具备信息反馈特征，则为开环控制系统；若具备信息反馈特征，则为闭环控制系统。根据控制原理，控制系统可分为程序控制系统、适应性控制系统和人工智能控制系统。根据控制运动的形式，控制系统可分为点位控制和轨迹控制。如图 1-24 所示为某装配机器人控制系统示意图。

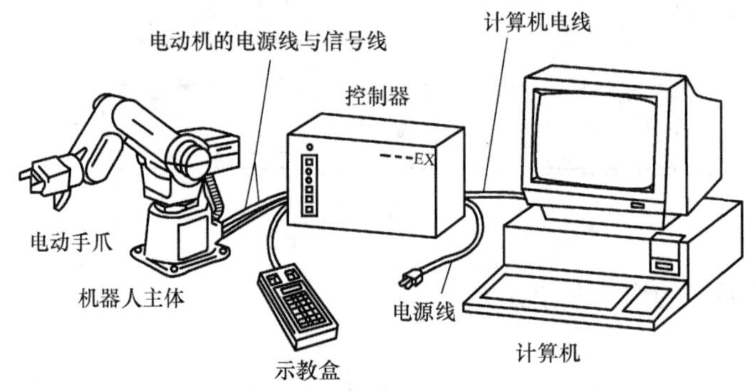

图 1-24　某装配机器人控制系统示意图

4. 感知系统

感知系统由内部传感器模块和外部传感器模块组成，用以获取内部和外部环境状态中有意义的信息。智能传感器的使用提高了机器人的机动性、适应性和智能化的水平。人类的感受系统对感知外部世界信息是极其灵巧的，然而，对于一些特殊的信息，传感器比人类的感受系统更有效。

5. 机器人－环境交互系统

机器人的工作能力不仅取决于其机械传感和控制部分的内部集成，还取决于与外部环境的联系配合，即机器人与环境的外部交互能力。机器人－环境交互系统是实现机器人与外部环境中的设备相互联系和协调的系统。机器人不仅与已知的定义了的外部环境进行交互，而且有可能与变化的未知的外部环境交互。在这种情况下，仅仅实现可编程控制是不够的。机器人被引导去完成任务时，在任何瞬时都要对实际参数信息与所要求的参数信息进行比较，对外部环境所发生的变化产生新的适应性指令，从而实现正确的动作功能，这就是机器人的在线自适应能力。

6. 人机交互系统

人机交互系统是使操作人员参与机器人控制，并与机器人进行联系的装置，例如，计算机的标准终端、指令控制台、信息显示板、危险信号报警器等。该系统归纳起来分为两大类：指令给定装置和信息显示装置。

二、机器人的技术参数

由于机器人的结构、功能以及用户需求的不同，机器人的技术参数也不同。一般来说，机器人的技术参数主要包括自由度，定位精度、重复定位精度、分辨率，工作范围，承载能力、工作速度等。

1. 自由度

机器人的自由度是其所具有的独立坐标轴运动的数目。对于工业机器人而言，其自由度是指确定机器人手部在空间的位置和姿态时，所需要的独立运动参数的数目。一般手指的开、合，以及指关节的运动不包括在机器人的自由度内。工业机器人的自由度数一般等于关节数目。机器人的自由度越多，越接近人手的动作机能，其通用性越好；但是，自由度越多，往往机械结构也越复杂。如图 1-25 所示为 PUMA 562 工业机器人自由度示意图。

腰转关节308°
肩关节314°
肘关节292°
腕关节偏转534°
腕关节仰俯244°
腕关节翻转578°

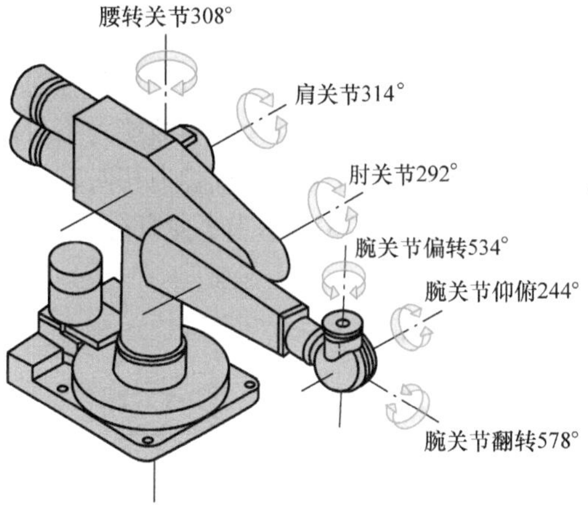

图 1-25　PUMA 562 工业机器人自由度示意图

2. 定位精度、重复定位精度、分辨率

机器人的精度主要包含定位精度和重复定位精度。定位精度指机器人手部实际到达位置与目标位置之间的差异。重复定位精度是指机器人重复执行某位置给定指令，产生的偏差一般在平均值附近变化，其变化的幅度代表该机器人的重复定位精度。重复定位精度可以用标准偏差这个统计量来表示。不同应用场合的机器人所侧重的精度指标往往不一样，如点焊机器人定位精度是其最重要的指标，而搬运机器人则更关注重复定位精度。如图 1-26 所示为机器人定位精度和重复定位精度示意图。

分辨率是指机器人各关节能够实现的最小移动距离或最小转动角度。机器人的分辨率和定位精度、重复定位精度并不一定相关，它们是根据机器人使用要求设计确定的，取决于机

器人的机械精度与电气精度。

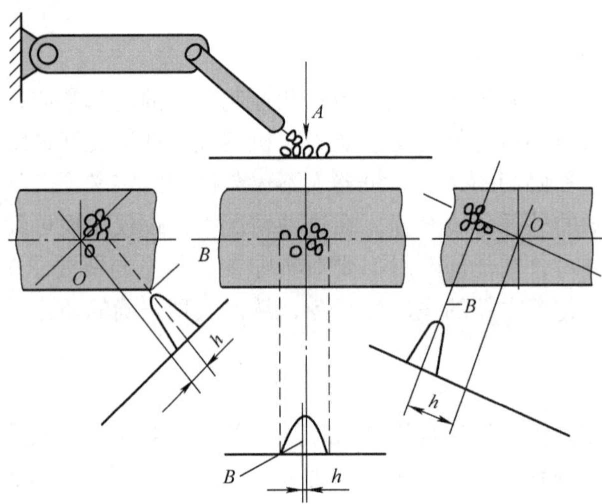

图 1-26 机器人定位精度和重复定位精度示意图

3. 工作范围

工作范围是指机器人手臂末端或手腕中心所能到达的所有点的集合，如图 1-27 所示，也称为工作区域。机器人的工作范围不仅与其结构尺寸有关，而且与其总体结构布局有关。工作范围的形状和大小是十分重要的，机器人在执行某作业时可能会因存在手部不能到达的盲区而不能完成任务。

4. 承载能力

承载能力指机器人在工作范围内的任意位置上所能承受的最大负载，通常可以用质量、力矩、惯性矩来表示。机器人的承载能力不仅取决于负载本身，还取决于机器人的运行速度和加速度。一般低速运行时，承载能力相对较大，但从安全角度考虑，这一指标指在高速运行时的承载能力。如图 1-28 所示为小龙虾分拣机器人，其具有一定承载力下高速静音的特点。

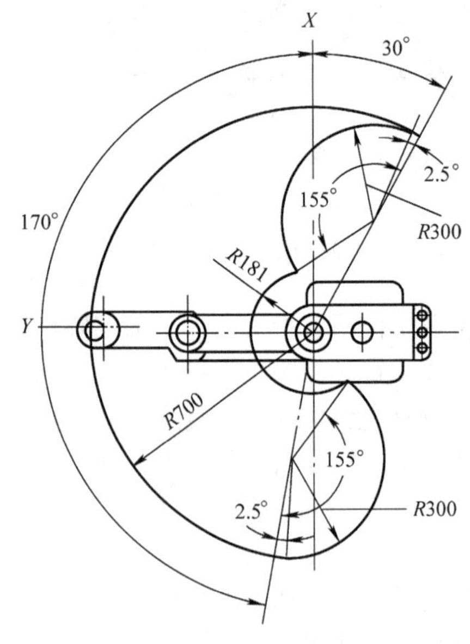

图 1-27 某装配机器人工作范围

图 1-28 小龙虾分拣机器人

5. 工作速度

工作速度指机器人在工作载荷条件下、匀速运动过程中，机械接口中心或工具中心点在单位时间内所移动的距离或转动的角度。工作速度直接影响机器人的工作效率，机器人产品说明书中一般提供了主要运动自由度的最大稳定速度，但是在实际应用中仅考虑最大稳定速度是不够的。这是因为机器人运动循环包括加速启动、匀速运行和减速制动 3 个过程，加速减速能力是保证机器人工作平稳性的重要指标。

除此之外，机器人的驱动方式、控制模式和自身质量也往往作为评价机器人性能的技术参数指标。两种工业机器人的主要技术参数见表 1-1 和表 1-2。

表 1-1 PUMA 562 机器人的主要技术参数

项目	技术参数	项目	技术参数
自由度	6	承载能力	4.0kg
驱动电动机	直流伺服电动机	手腕中心最大距离	866mm
手爪控制	气动	直线最大速度	0.5m/s
控制器	系统集成	功率要求	1150W
重复定位精度	±0.1mm	质量	182kg

表 1-2 BR－210 并联机器人的主要技术参数

项目	技术参数	项目	技术参数
承载能力	25kg	最大速度	6m/s
轴数	33	最大加速度	$40m/s^2$
重复定位精度	±0.5mm	电源电压	200～600V，50/60Hz
工作范围	长：1100mm；高：400mm；旋转 180°	额定功率	3.5kW

【知识拓展】

后疫情时期机器人的应用

过去，机器人市场以工业领域的大规模应用为主。但近几年更多行业意识到数字化、智能化的重要意义，各行业都加快了机器人的发展速度。

1. UVD 消毒机器人

丹麦的一家机器人公司研发了 UVD 消毒机器人，如图 1-29 所示，其可帮助医护人员进行平常的消毒工作。机器人在工作过程中会发出波长为 254nm 的紫外线，利用紫外线可以破坏细菌和病毒的 DNA 结构，有效防止和减少细菌、病毒在环境中的传播。与进行日常消毒工作的医护人员相比较，UVD 消毒机器人不仅能全方位无死角地进行消毒灭菌，还可以保护医护人员。

2. 辅助医疗机器人

如图 1-30 所示为辅助医疗机器人，在整个医疗过程中，机器人协助医护人员进行检查、

施药，医护人员无须进入隔离病房，能够更好地降低被传染的风险。

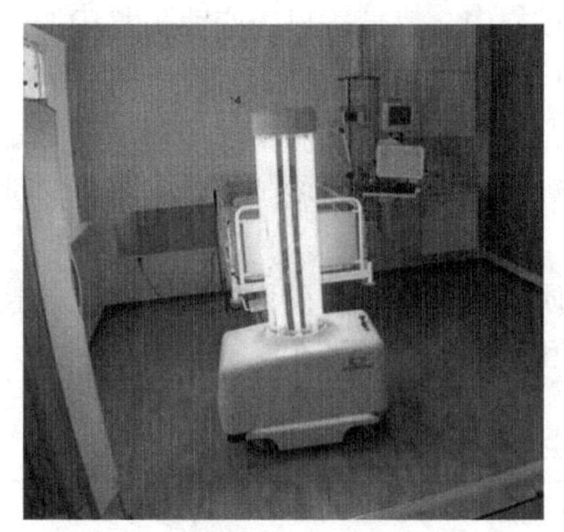

图 1-29　UVD 消毒机器人

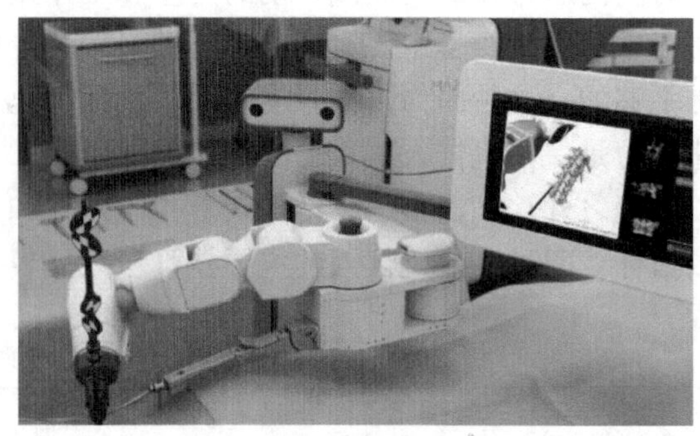

图 1-30　辅助医疗机器人

3. “无接触”机器人

由于某些病毒的传染性，“无接触”成为医疗一线的严格操作要求。而在居民生活区，“无接触”不仅仅是抗疫要求，更是民生需求中最迫切的一环。提供“无接触”产品和服务是非常重要的，基于此，一系列的“无接触”机器人发展更加迅速，如图 1-31 所示。前不久上海移动就推出了一款 5G – Cloud – Cleaning 清扫机器人，通过自动设定区域，可以代替人工在区域内进行清洁。

4. 物流机器人

随着快递需求的过快增长，机器人也被用来完成物流配送工作，希望能缓解快递压力，同时提高快递物流的质量，节约时间，保障安全性，如图 1-32 所示。

未来，更简便化、数字化和协作化的机器人将得到广泛应用；在技术方面，对传感器融合、导航与定位、机器人视觉、智能控制、人机接口等技术的进一步研发将是深耕机器人产业的首要任务。

图 1-31　“无接触”机器人

图 1-32　物流机器人

第二章 机器人机械系统设计

机器人机械系统设计是机器人设计的重要组成部分，其控制系统、传感系统等都有自己独立的设计要求，但必须与机械系统相辅相成，共同构成一个完整的机器人系统。机器人机械系统包括本体结构和传动系统等，是机器人的支撑基础和执行机构。机器人机械系统设计一般以使用要求为出发点，设计“万能机器人”是不现实的。

【案例导入】

ABB YuMi——全球首款真正实现人机协作的双臂工业机器人

协作机器人（Collaborative Robot）作为“工业机器人的未来”，是一种被设计成可以安全地与人类进行直接交互的机器人。与传统工业机器人不同，协作机器人拓展了机器人功能内涵中“人”的属性，使机器人具备一定的自主行为和协作能力，可以在非结构的环境下与人配合完成复杂的动作和任务，使机器人真正成为人的合作伙伴。此类机器人可以将人的智力、灵巧性同机器的“体力”“力量”和准确性相结合，从而使人机协作完成诸如精密装配等工作，突破传统工业机器人应用的局限性。ABB YuMi（图 2-1）作为全球首款双臂协作机器人，它具有三大特点：“完美身材”“超高智商”“美好性格”。

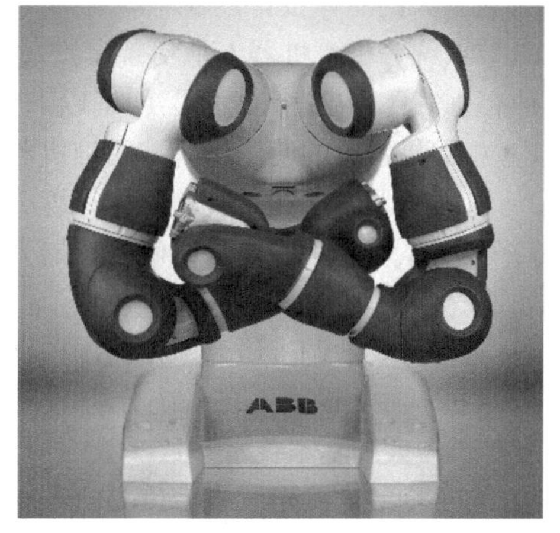

图 2-1　ABB YuMi

（1）“完美身材”　ABB YuMi 告别了以往工业机器人“杨过式”的独臂造型，拥有轻质镁合金的完美双臂，并且外裹软垫。YuMi 的多功能双臂能够实现多任务并行处理，也就是说可以同时进行多项任务。它机身轻巧、体态轻盈、曼妙的身材曲线内含紧凑型的结构，

所有的电路和气路均从机器人内部走线。

YuMi 最独特的还是它的双臂设计。它为超越 6 轴的机械手，它的每个手臂有 7 个轴，可以扩大工作范围，灵活敏捷，精确自主。这样的能力使得 YuMi 能够轻松应对各种小件组装的挑战，从机械手表的精密部件到手机、平板电脑以及台式计算机零件的处理，甚至穿针引线，对 YuMi 而言，都不在话下。

（2）“超高智商” ABB YuMi 有眼睛（摄像头）、有皮肤（传感器），能够自己看见、找到，并定位出精确的位置，然后进行装配等操作；它能自立触摸到小件后通过传感器来感知并完成相应动作，完全不需要人为控制，并且可以保证一流的操作精度（准确到 0.02mm），相当于人手能感觉到的最小缝隙。

（3）“美好性格” ABB YuMi 的美好性格一方面来自于它的勤奋，总是勇于承担各种枯燥乏味的作业，并始终保持认真的态度和积极的工作热情；另一方面来自于它的温柔，安全设计扫除了它与人类之间的障碍，摆脱了“围栏”的束缚，可以和人协同工作。它对人类温柔体贴，丝毫不需要靠隔离手段来起保护作用，因为 YuMi 只要触碰到人类它即可在几毫秒内自动急停，确保人类的安全。

第一节 机器人的总体设计

机器人的设计过程是跨学科的综合设计过程，涉及机械设计、传感技术、计算机应用和自动控制等多方面内容，为此，设计者应将机器人作为一个系统进行研究，从总体出发研究系统内部各组成部分之间及外部环境与系统之间的相互关系。机器人的总体设计过程一般分为系统分析、技术参数设计和仿真分析三大步骤，具体设计内容包括：主体结构设计、传动方式选择、材料的选择和平衡系统设计等。

1. 机器人的总体设计过程

（1）系统分析 机器人是实现生产过程自动化、提高劳动生产率，以及提供各种服务的一种有力工具。在设计之初需明确以下几点。

1）根据机器人的使用场合，明确机器人的设计目的和任务。

2）分析机器人所在系统的工作环境，包括设备的兼容性等。

3）分析系统的工作要求，确定机器人的基本功能和方案，如机器人的自由度数、定位精度和抓取质量等。

4）进行必要的调查研究，搜集国内外的有关技术资料作为技术参考。

（2）技术参数设计 在系统分析的基础上，确定自由度数、工作范围、运动速度及定位精度等机器人的基本技术参数。

1）自由度数的确定。自由度是机器人的一个重要技术参数，由机器人的机械结构形式决定。在三维空间中描述一个物体的位置和姿态需要 6 个自由度。但是，机器人的自由度是根据其用途而设计的，可能少于 6 个自由度，也可能多于 6 个自由度。

2）工作范围的确定。机器人的工作范围需根据工艺要求和操作运动的轨迹来确定。一条运动轨迹往往是由几个动作合成的。在确定工作范围时，可将运动轨迹分解成单个动作，由单个动作的行程确定机器人的最大行程。为便于调整，可适当加大行程数值。各个动作的最大行程确定之后，机器人的工作范围也就确定了。

3）运动速度的确定。机器人各动作的最大行程确定之后，可根据生产需要的工作节拍分配每个动作的时间，进而确定完成各动作时机器人的运动速度。至于各动作的时间究竟应如何分配，则取决于很多因素，不是通过一般的计算就能确定的。设计者需要根据各种因素反复考虑，并制订各动作的分配方案，比较动作时间的平衡后才能确定运动速度。

4）定位精度的确定。机器人或机械手的定位精度是根据使用要求确定的，它所能达到的定位精度取决于定位方式、运动速度、控制方式、臂部刚性、驱动方式、缓冲方式等。工艺过程不同，对机器人或机械手重复定位精度的要求也不同，不同工艺过程所要求的定位精度见表 2-1。

表 2-1　不同工艺过程所要求的定位精度　（单位：mm）

工艺过程	定位精度	工艺过程	定位精度
金属切削机床上下料	0.05 ~ 1.00	压力机上下料	1
模锻	0.1 ~ 2.0	电焊	1
装配、测量	0.01 ~ 0.50	涂装	1

（3）仿真分析

1）运动学计算。分析机器人末端执行器和关节是否达到要求的位置、速度和加速度。

2）动力学计算。计算机器人各关节驱动力的大小，分析驱动装置是否满足要求。

3）运动的动态仿真。将每一位置、姿态用三维图形连续显示出来，从而实现机器人的运动仿真。

4）性能分析。建立机器人数学模型，对机器人动态性能进行仿真计算。

5）方案优化和参数修改。运用仿真分析的结果对所设计的方案、结构、尺寸和参数进行修改，并加以完善。

2. 机器人主体结构设计

主体结构设计的关键是选择由连杆件和运动副组成的运动形式。

以常见的工业机器人为例，其基本运动形式有：直角坐标式、圆柱坐标式、极坐标式、关节坐标式（含平面关节式），设计者可根据机器人所需完成的任务进行选择。其中，直角坐标式机器人通常由 2 ~ 3 个空间位置互相垂直的直线运动单元构成，某些应用场合还须配合单轴或多轴的旋转动作；圆柱坐标式机器人主体结构具有腰转、升降和手臂伸缩 3 个自由度，手腕通常采用 2 个自由度，可以绕手臂纵向轴线转动和与其垂直的水平轴线转动；极坐标式机器人（也称为球面坐标式机器人），具有腰转、俯仰 2 个旋转自由度和 1 个手臂伸缩自由度，工作范围较大，但设计和控制系统相对比较复杂；关节坐标式机器人的主体结构有 3 个自由度，腰转关节、肩关节、肘关节全部是转动关节，手腕的 3 个自由度上的转动关节用来最后确定末端执行器的姿态。

3. 传动方式选择

传动方式选择是指选择驱动源及传动装置同关节部件的连接形式和驱动方式。基本的连接形式和驱动方式有以下 4 种：

（1）直接连接传动　指驱动源或机械传动装置直接与关节相连。特点是结构紧凑，但电动机比较重，能量消耗增加。

（2）远距离连接传动　指驱动源通过远距离机械传动后与关节相连。它克服了直接连

接传动的缺点，但该结构庞大，传动装置占据了机器人其他子系统所需要的空间。

（3）间接驱动　指驱动源经一个速比远大于1的机械传动装置与关节相连。

（4）直接驱动　指驱动源不经过中间环节或者经过一个速比等于1的机械传动中间环节与关节相连。

表2-2给出了机器人常用传动方式的对比与优缺点分析。

表2-2　机器人常用传动方式的对比与优缺点分析

传动方式	特征	优点	缺点
直接连接传动	直接装在关节上	结构紧凑	需考虑电动机自重，转动惯量大，能耗大
远距离连接传动	经远距离传动装置与关节相连	不需考虑电动机自重，平衡性良好	额外的间隙和柔性，结构庞大，能耗大
间接驱动	经减速比远大于1的传动装置与关节相连	经济性好，对载荷变化不敏感，便于制动设计，方便一些运动转换	传动精度低，结构不紧凑，易引入误差，降低可靠性
直接驱动	不经中间环节或经速比等于1的传动装置与关节相连	传动精度高，振动小，传动损耗小，可靠性高，响应快	控制系统设计困难，对传感元件要求高，成本高

4. 材料的选择

选择机器人本体材料应从机器人的性能要求出发，满足机器人的设计和制作要求。一方面，机器人本体用来支撑、连接和固定机器人的各部分，这点与一般机械结构的特性相同；另一方面，机器人本体又不单是固定结构件，机器人的手臂是运动的，机器人整体也是运动的，因此，机器人运动部分应选用质量小的材料。另外，机器人有定位精度要求，所以选择材料时还要考虑机器人的刚度要求，刚度应包含静刚度和动刚度。此外，在对家用和服务机器人进行外观设计时，应选用比传统工业材料更富有美感的材料。总之，正确选用结构件材料不仅可降低机器人的成本，更重要的是可以满足机器人的高速、高载荷及高精度要求，满足其静力学及动力学特性。

5. 平衡系统设计

机器人是一个多刚体系统，系统的平衡性极其重要，这是因为：

1）根据机器人动力学可知，关节驱动力矩包括重力矩项，即各连杆质量对关节产生重力矩。重力矩是永恒的（即使机器人停止工作，其重力矩仍然存在），因而会导致机器人断电后失去平衡。平衡系统正是为了防止机器人因动力源中断而失稳，引起向地面“倒”的趋势而设计的。

2）借助平衡系统能降低因机器人构形变化而导致重力引起关节驱动力矩变化的峰值。

3）借助平衡系统能降低因机器人运动而导致惯性力矩引起关节驱动力矩变化的峰值。

4）借助平衡系统能减少动力学方程中内部耦合项和非线性项，改进机器人动力特性。

5）借助平衡系统能减小机械臂结构柔性所引起的不良影响。

6）借助平衡系统能使机器人运行稳定，降低地面安装要求。

尽管为了防止因动力源中断机器人有向地面“倒塌”的趋势，可采用不可逆转机构或制动阀，但是，在机器人日趋高速化之时，其平衡系统的良好设计是非常重要的，常用的设计途径有质量平衡技术、弹簧力平衡技术和可控力平衡技术3种主要方式。

第二节 传动系统设计

机器人传动系统是将电动机输出的动力传送到工作单元的装置。其主要功用在于：①调速，工作单元速度往往和电动机速度不一致，利用传动机构可达到改变输出速度的目的；②调转矩，调整电动机的转矩使其适合工作单元使用；③改变运动形式，电动机的输出轴一般是等速回转运动，而工作单元要求的运动形式则是多种多样的，如直线运动、螺旋运动等，靠传动机构可以实现运动形式的改变；④实现动力和运动的传递和分配，用一台电动机带动若干个不同速度、不同负载的工作单元。

传动类型主要有①机械传动；②流体（液压、气压）传动；③电气传动。

机械传动形式有①齿轮传动：谐波减速器、RV 减速器、齿轮齿条；②丝杠传动：普通丝杠、滚珠丝杠；③带传动；④链传动。

下面，我们按照机械传动形式对机器人的传动系统设计进行介绍。

1. 齿轮传动

机器人传动系统因其在工作过程中需要降速增扭，故齿轮传动被广泛应用于机器人的传动系统中，图 2-2 所示为齿轮传动的常见结构形式。

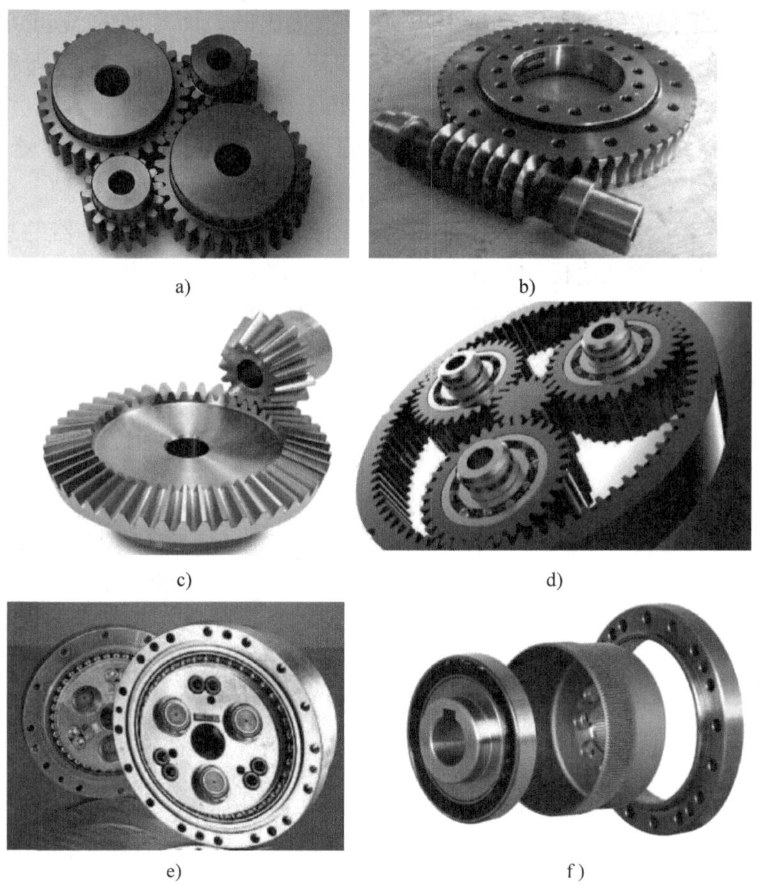

a) b) c) d) e) f)

图 2-2 齿轮传动的常见结构形式

a）圆柱齿轮 b）蜗轮蜗杆 c）锥齿轮 d）行星减速器 e）RV 减速器 f）谐波减速器

常见减速器的性能对比见表2-3。

表 2-3　常见减速器的性能对比

减速器类型	减速比		传动效率	输出力矩	体积	刚度	传动精度	可靠性
	单级	两级						
圆柱齿轮	1~5	3~30	0.6~0.9	小	很大	一般	较低	一般
蜗轮蜗杆	8~80		0.7~0.9	小	大	一般	一般	较差
锥齿轮	3~6	10~50	0.6~0.9	小	大	一般	一般	一般
行星减速器	3~12	9~144	0.8~0.95	中	大	一般	一般	一般
RV 减速器	57~153		0.9~0.94	大	中	一般	高	一般
谐波减速器	50~160		0.7~0.9	中	小	一般	高	一般

作为机器人核心零部件的精密减速器，与通用减速器相比，它具有传动链短、体积小、功率大、质量小和易于控制等特点，当前市场上机器人关节的主流减速器为 RV 减速器和谐波减速器，如图 2-3 所示。

（1）谐波减速器　谐波减速器诞生于 20 世纪，主要是为了满足航天装备机构对结构紧凑、质量小、体积小而减速比大、传动效率高、传动精度高的减速器的迫切需求。谐波机械传动原理是由苏联工程师摩察尤唯金于 1947 年首次提出的，而美国的 Walton Musser 根据空间应用需求于 1953 年发明了谐波减速器，并于 1955 年获得了美国专利。随着关节型机器人的发展，谐波减速器已经成为机器人轻负载关节必不可少的核心部件。

1）谐波减速器结构。谐波减速器的基本结构为“三大件”，即波发生器、柔轮和刚轮，如图 2-4 所示。波发生器是一个凸轮部件，其外圈与柔轮的内壁相互接触。柔轮为一带有外齿的薄壁圆筒，可产生较大的径向弹性变形，其内孔直径略小于波发生器的总长。刚轮是一个刚性的内齿轮。与一般减速机构相比，在相同的工作条件下，谐波减速器在体积、质量、外形尺寸、齿面接触应力、运动平稳性等方面具有明显优势。

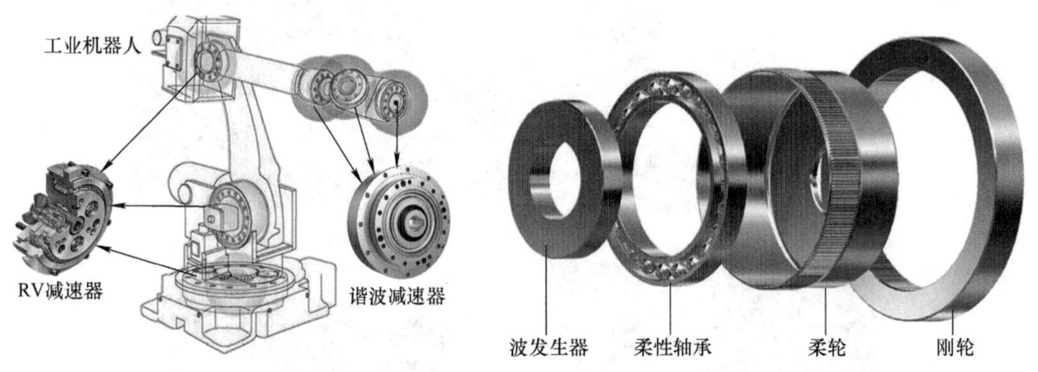

图 2-3　RV 和谐波减速器在机器人关节中的应用　　图 2-4　谐波减速器基本结构图

2）谐波减速器的传动原理。在谐波减速器中，刚轮的齿数 z_G 略大于柔轮的齿数 z_R，其齿数差要根据波发生器转一周柔轮变形时与刚轮同时啮合区域的数目来决定，即 $z_G - z_R = U$。目前多采用双波传动，即 $U = 2$。谐波减速器工作原理图如图 2-5 所示。

当波发生器装入柔轮内壁时，迫使柔轮产生径向弹性形变而呈椭圆状，使其长轴处柔轮

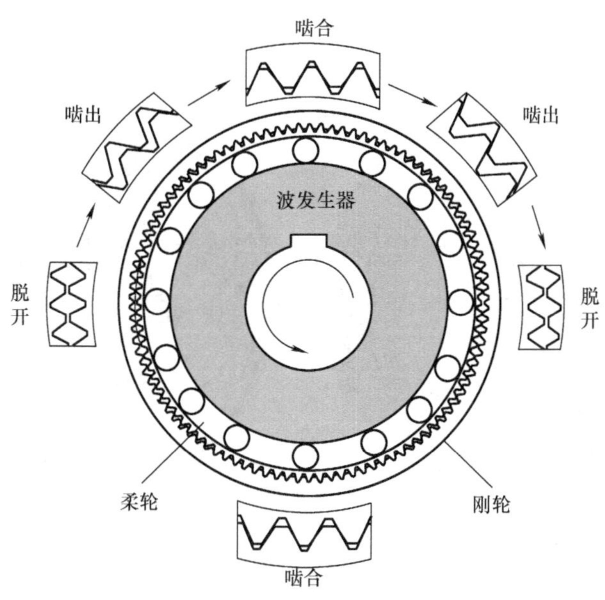

图 2-5　谐波减速器工作原理图

轮齿插入刚轮的轮齿槽内，成为完全啮合状态；而其短轴处两轮轮齿完全不接触，处于脱开状态。在啮合到脱开的过程中，齿轮处于啮入或啮出状态。当波发生器连续转动时，迫使柔轮不断产生变形使两轮轮齿在啮入、啮合、啮出、脱开的过程中不断改变各自的工作状态，产生所谓的错齿运动，从而实现波发生器与柔轮的运动传递。

3）谐波减速器的传动比。常见的单级谐波减速器传动比有以下 3 种形式，如图 2-6 所示。

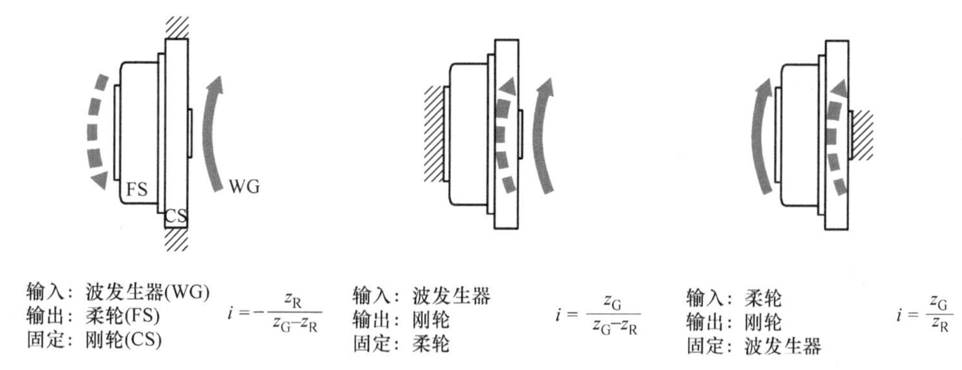

图 2-6　常见的单级谐波减速器传动比

① 刚轮固定，柔轮输出。刚轮固定，以波发生器为输入端，柔轮为输出端，单级减速，结构简单，传动比范围较大，效率较高，应用极广。

② 柔轮固定，刚轮输出。波发生器输入，刚轮输出，柔轮固定，单级减速，结构简单，传动比范围较大，效率较高，可用于中小型减速器。

③ 波发生器固定，刚轮输出。柔轮输入，刚轮输出，单级微调减速，此时减速比较小，传动准确，适用于高精度微调传动装置。

（2）RV 减速器　作为机器人关节中应用较广的 RV 减速器，如图 2-7 所示，它与谐波减速器相比，具有较高的强度、刚度和疲劳寿命，而且传动精度和回差稳定。

图 2-7　RV 减速器

1）RV 减速器的结构。RV 减速器的结构如图 2-8 所示，它包括以下几部分。

输入齿轮：用来传递输入功率，且与渐开线行星齿轮互相啮合。

行星齿轮（正齿轮）：它与曲柄轴固连，2 个或 3 个行星齿轮均匀分布在一个圆周上，起功率分流作用，用于将输入功率分成几路传递给摆线针轮机构。

RV 齿轮：为了实现径向力的平衡，一般采用 2 个完全相同的摆线针轮。

针齿壳：针齿与机架固连在一起成为针轮壳。

输出盘：输出盘是 RV 减速器与外界从动机相连接的构件，用于输出运动和动力。

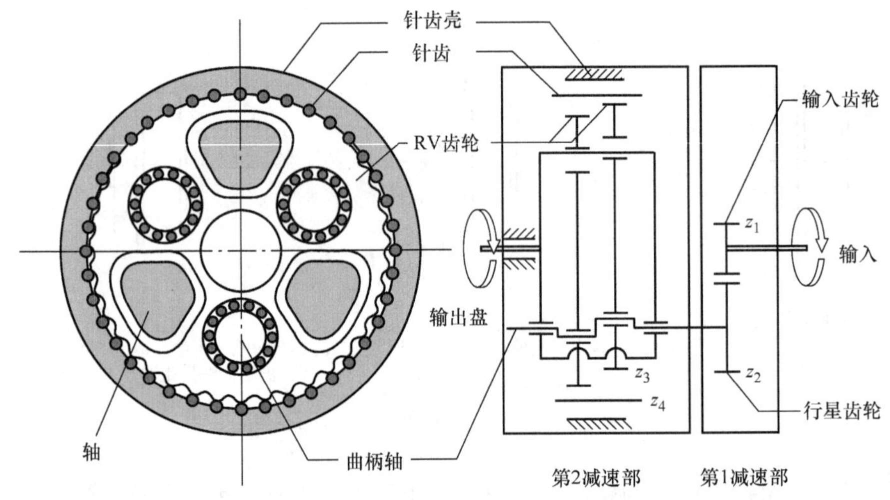

图 2-8　RV 减速器的结构

2）RV 减速器的工作原理。

① 如图 2-9 所示为行星齿轮部分，伺服电动机的旋转是从输入齿轮向直齿轮传动的，输入齿轮和直齿轮的齿数比为减速比。

② 曲柄轴直接连接在直齿轮上，与直齿轮的旋转速度一样。

③ 曲柄轴的偏心轴中，通过滚针轴承安装了 2 个 RV 齿轮（2 个 RV 齿轮可取得力平衡），如图 2-10 所示为行星齿轮与 RV 齿轮的连接。

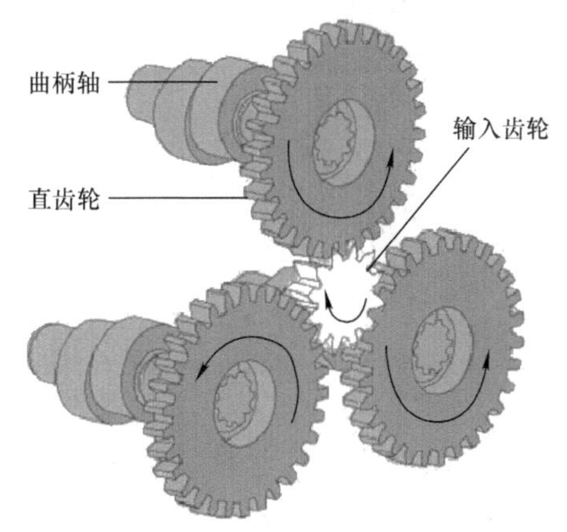

图 2-9　行星齿轮部分

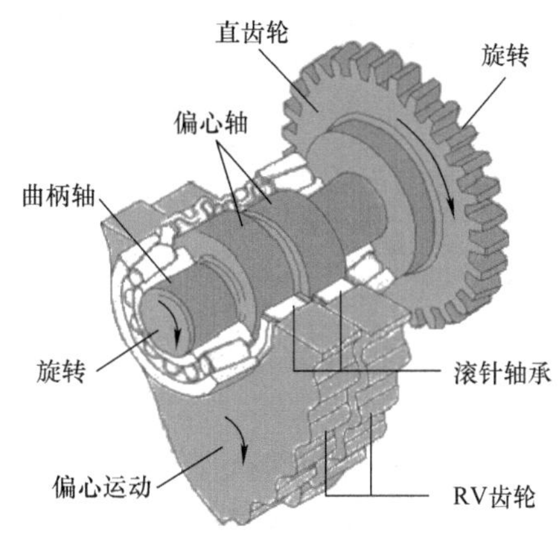

图 2-10　行星齿轮与 RV 齿轮的连接

④ 随着曲柄轴的旋转，偏心轴中安装的 2 个 RV 齿轮也跟着做偏心运动（曲柄运动）。

⑤ 在壳体内侧的针齿槽里，比 RV 齿轮的齿数多一个的针齿槽等距排列，如图 2-11 所示。

⑥ 曲柄轴旋转一次，RV 齿轮与针齿槽接触的同时做一次偏心运动（曲柄运动）。在此结果上，RV 齿轮沿着与曲柄轴的旋转方向相反的方向旋转一个齿轮距离。

⑦ 借助曲柄轴在输出轴上取得旋转，曲柄轴的旋转速度是根据针齿槽的数量来区分的。

⑧ 总减速比是第 1 级减速的减速比和第 2 级减速的减速比的乘积。

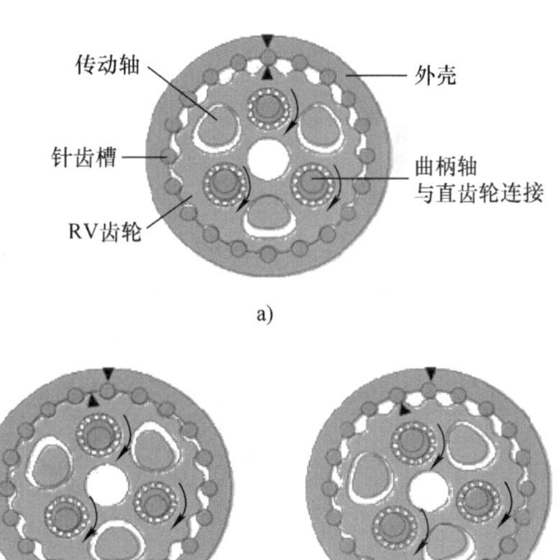

图 2-11　RV 齿轮部分
a）曲柄轴旋转角度 0°　b）曲柄轴旋转角度 180°
c）曲柄轴旋转角度 360°

（3）齿轮齿条　通常，齿条是固定不动的，当齿轮转动时，齿轮轴连同拖板沿齿条方向直线运动，这样，齿轮的旋转运动就转换为拖板的直线运动，如图 2-12 所示。该装置的回差较大，因此主要应用于对精度要求不高的场合，图 2-13 为齿轮齿条在机械爪上的应用。

2. 丝杠传动

（1）普通丝杠　普通丝杠驱动是由一个旋转的精密丝杠驱动一个螺母沿丝杠轴向移动的。由于普通丝杠的摩擦力较大、效率低、惯性大，在低速时容易产生爬行现象，而且精度低、回差大，因此在机器人上很少采用。

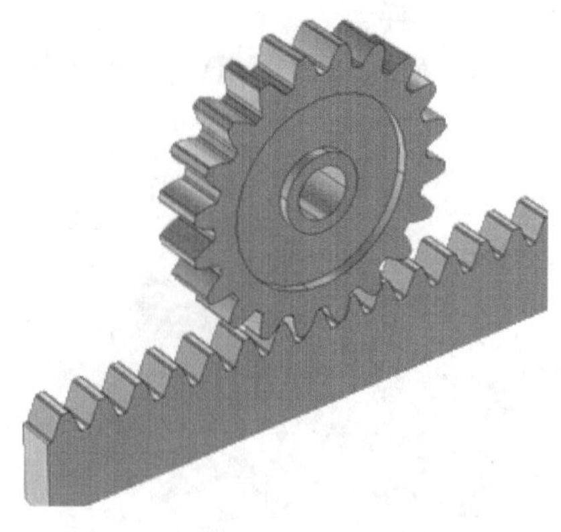

图 2-12 齿轮齿条结构简图

图 2-13 齿轮齿条在机械爪上的应用

（2）滚珠丝杆 在机器人上经常采用滚珠丝杠，这是因为滚珠丝杠的摩擦力很小且运动响应速度快。由于滚珠丝杠在丝杠螺母的螺旋槽里放置了许多滚珠，传动过程中所受的摩擦力是滚动摩擦，可极大地减小摩擦力，因此传动效率高，避免了低速运动时爬行现象的发生。此外，在装配时施加一定的预紧力，可消除回差。滚珠丝杠的结构如图 2-14 所示。

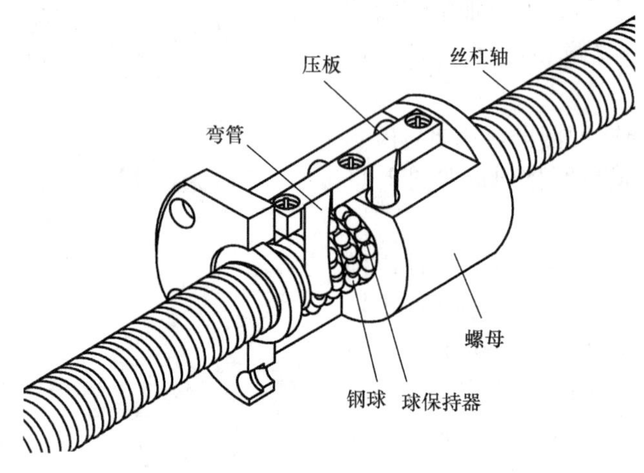

图 2-14 滚珠丝杠的结构

滚珠丝杠的工作原理：工作时螺母与需进行直线往复运动的零部件相连，丝杠旋转带动螺母进行直线往复运动，从而带动零部件进行直线往复运动。在丝杠、螺母和端盖（滚珠循环装置）上都制有螺旋槽，由这些槽对合起来形成滚珠循环通道，滚珠在通道内循环滚动。

为了防止滚珠从螺旋槽中掉出，螺旋槽的两端应封住。当滚珠丝杠作为主动件时，螺母就会随丝杠的转动角度按照对应规格的导程转化成直线运动，从动件可以通过螺母座和螺母连接，从而实现对应的直线运动。

滚珠丝杠副的结构分为内循环结构（以圆形反向器和椭圆形反向器为代表）和外循环结构（以插管为代表）两种。

滚珠丝杠在机器人手臂中应用可以实现手臂的升降，如图 2-15 所示，由电动机 1 带动蜗杆 2 使蜗轮 5 回转，依靠蜗轮内孔的螺纹带动丝杠 4 做升降运动。为了防止丝杆的转动，在丝杠上端有花键与固定在箱体6上的花键套7组成导向装置。

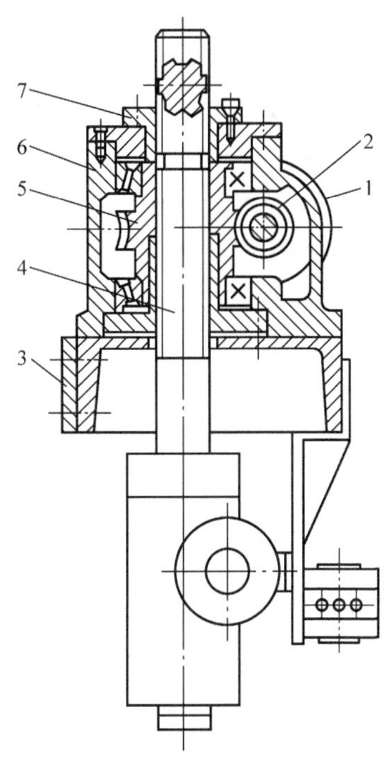

图2-15　手臂的升降
1—电动机　2—蜗杆　3—臂架　4—丝杠
5—蜗轮　6—箱体　7—花键套

3. 带传动

带传动是利用张紧在带轮上的柔性带进行运动或动力传递的一种机械传动。根据传动原理的不同，有靠带与带轮间的摩擦力传动的摩擦带传动，也有靠带与带轮上的齿相互啮合传动的同步带传动。

（1）带传动结构

1）平带传动。平带截面形状为矩形，其工作面为内表面。常用的平带为橡胶帆布带，多用于高速和中心距较大的场合。传动形式有平行传动、交叉传动和半交叉传动，可分别满足主动轴与从动轴不同相对位置和不同旋转方向的需要。平带传动结构简单，但容易打滑，通常用于传动比为3左右的传动。如图2-16所示为3种平带传动形式。

2）V带传动。V带传动工作时，带放在带轮上相应的型槽内，靠带与型槽两壁面间的摩擦实现传动。V带通常是数根并用，带轮上有相应数目的型槽。用V带传动时，带与带轮接触良好、打滑小、传动比相对稳定，运行平稳。V带传动适用于中心距较短和传动比较大（7左右）的场合，在垂直和倾斜的传动中也能较好地工作。此外，因V带可数根并用，其中一根破坏也不致发生事故。

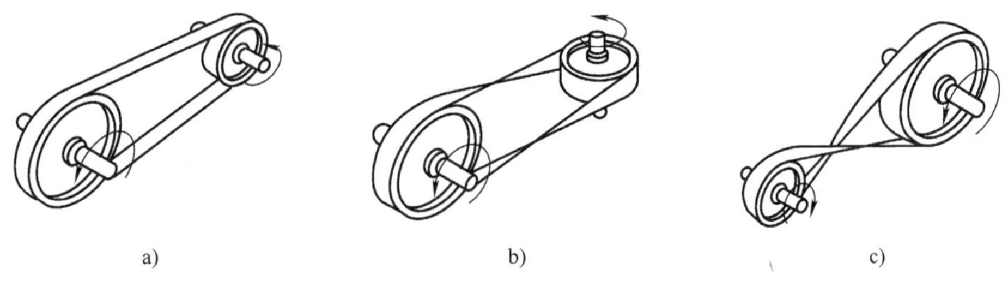

图2-16　3种平带传动形式
a）平行传动　b）交叉传动　c）半交叉传动

3）多楔带传动。多楔带传动如图2-17所示，其柔性很好，带背面也可用来传递功率。如果带轮的包角足够大，就能够用一条这样的带同时驱动几个工件（交流发电机、风扇、水泵、空调压缩机、动力转向泵等）。该类传动带有PH、PJ、PK、PL和PM型5种多楔带供选用，其中PK型多楔带近年来已广泛用于汽车上。这种带允许使用比窄型V带更窄的带轮（直径$d_{min} \approx 45mm$）。为了能够传递同样的功率，这种带的预紧力最好比窄型V带增大20%左右。

4）同步带传动。同步带的工作面做成齿形，带轮的轮缘表面也做成相应的齿形，带与

带轮主要靠啮合进行传动。同步带一般采用细钢丝绳作为强力层，外面包覆聚氨酯橡胶或氯丁橡胶。强力层中线定为带的节线，带线周长为公称长度。同步带传动的特点：①传动比恒定、效率高、传动平稳；②结构紧凑，能承受一定冲击；③成本高，对制造和安装要求高。

（2）带传动在机器人中的应用　带传动在应用时首先应考虑安装问题，安装带时，先将其套在小带轮的轮槽中，然后再套在大轮上，边转动大轮，边用螺钉旋具将带拨入带轮槽中。带在轮槽中的位置应略高于轮槽，不应陷入槽底或凸出轮槽太高。装带时，带的张紧力必须适当。一般说来，在安装新带时，其初拉力要比正常的张紧力大，这样，在工作一段时间后，带才能保持一定的张紧力。张紧力一般要求用手能压下带 15mm 左右为宜。如图 2-18所示为水下开沟铺设电缆机器人，其行走驱动中采用了带传动，这样便大大减少了机器人在泥泞环境中的工作滑动，并保持平稳的运行。

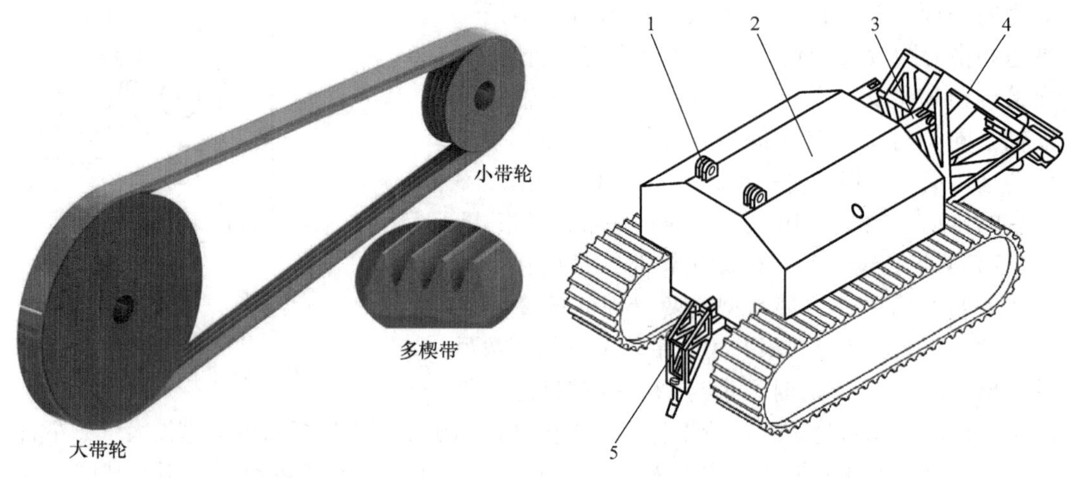

图 2-17　多楔带传动

图 2-18　水下开沟铺设电缆机器人

1—固定环　2—机体　3—固定杆

4—挖沟机构　5—布线机构

带传动不仅有吸振缓冲作用，还具有过载保护的作用，且结构简单、安装精度要求低。如图 2-19 所示为机器人带传动形式，为了保证足够的预紧力，有时还会安装一个惰轮来充当张紧轮。

图 2-19　机器人带传动形式

4. 链传动

链传动是通过链条将具有特殊齿形的主动链轮的运动和动力传递到具有特殊齿形的从动

链轮的一种传动方式。

（1）链传动结构和类型 如图 2-20 所示，链传动由两轴平行的大、小链轮和链条组成。链传动与带传动有相似之处，链传动的链条相当于带传动中的挠性带，但链传动不是靠摩擦力传动，而是靠链轮轮齿和链条之间的啮合来传动的。因此，链传动是一种具有中间挠性件的啮合传动。链的种类繁多，按用途不同，链可分为：传动链、起重链和输送链 3 类。

图 2-20 链传动

在一般机械传动装置中，常用链传动，根据结构的不同，传动链又可分为：套筒链、滚子链、弯板链和齿形链等。其中，传动用短节距精密滚子链应用范围最广。

链传动主要用在工作要求可靠，工作条件恶劣，且两轴相距较远，以及其他不宜采用齿轮传动的场合，如农业机械、建筑机械、石油机械、采矿机械、起重机械、金属切削机床、摩托车、自行车等。链传动属于中低速传动：$i \leqslant 6$（$i = 2 \sim 4$），$P \leqslant 100\text{kW}$，$v \leqslant 15\text{m/s}$。链传动不适合在冲击与急促反向等情况下使用。

（2）滚子链和链轮

1）滚子链。如图 2-21 所示，滚子链相当于活动铰链，由滚子、套筒、销轴、外链板、内链板组成。当链节进入、退出啮合时，滚子沿轮齿滚动，实现滚动摩擦，减小磨损。套筒与内链板、销轴与外链板分别用过盈配合（压配）固连，使内、外链板可相对回转。两销轴之间的中心称为节距，用 p 表示。

图 2-21 滚子链

链条的节距越大，销轴的直径也可以做得越大，链条的强度就越大，传动能力越强。节距 p 是链传动的一个重要参数，内、外链板制成 8 字形，其截面强度大致相等，符合等强度设计原则，并减小了质量和运动惯性。

链节数常用偶数。接头处用开口销或弹簧卡固定，一般前者用于大节距链条，后者用于小节距链条。当采用奇数链节时，需采用过渡链节。但过渡链节的链板为了兼作内、外链板，制成弯链板，受力时产生附加弯曲应力，易于变形，导致链的承受能力降低约 20%。因此，链节数应尽量为偶数。

2）链轮。为了保证链与链轮轮齿的良好啮合并提高传动性能和增长使用寿命，应该合理设计链轮的齿形和结构，适当选取链轮材料。

① 链轮齿形。为了便于链节平稳地进入和退出啮合，链轮应有正确的齿形。滚子链与链轮的啮合属于非共轭啮合，其链轮齿形的设计可以有较大的灵活性。

② 链轮结构。链轮的结构有实心式、孔板式、组合式等。小直径链轮可采用实心式；中等直径链轮可采用孔板式；大直径链轮可采用组合式。

③ 链轮材料。一般链轮用碳钢、灰铸铁制造，重要的链轮用合金钢制造，齿面要经过热处理。小链轮的啮合次数多于大链轮，故小链轮的材料应优于大链轮。

(3) 链传动的布置、张紧

1) 链传动的布置。布置链传动时应注意以下几点。

① 传动装置最好水平布置。当必须倾斜布置时，两轴中心连线与水平面夹角应小于45°。

② 应尽量避免垂直传动。两轮轴线在同一垂直平面内时，链条会因磨损而垂度增大，使与下链轮啮合的链节数减少而松动。若必须采用垂直传动时，可考虑采取的措施有调节中心距、设张紧装置，上下两轮错开，使两轮轴线不在同一垂直平面内。

③ 链传动时，应松边在下、紧边在上，这样可以顺利地啮合。若松边在上，会由于垂度增大，链条与链轮轮齿相互干扰，破坏正常啮合，或者引起松边与紧边相碰。

2) 链传动的张紧。链传动正常工作时，应保持一定的张紧程度，合适的松边垂度推荐为$f=(0.01\sim0.02)\ a$，a为中心距。对于重载，经常起动、制动、反转的链传动，以及接近垂直的链传动，松边垂度应适当减少。

链传动的张紧可采用以下方法。

① 调整中心距。增大中心距可使链张紧，对于滚子链传动，其中心距调整量可取为$2p$，p为链条节距。

② 缩短链长。当链传动没有张紧装置而中心距又不可调整时，可采用缩短链长（即拆去链节）的方法，从而实现对因磨损而伸长的链条重新张紧。

③ 用张紧轮张紧。下述情况考虑增设张紧轮：两轴中心距较大；两轴中心距过小，松边在上面；两轴接近垂直布置；需要严格控制张紧力；多链轮传动或反向传动；要求减小冲击、避免共振；需要增大链轮包角等。

第三节　臂部结构设计

臂部是主要的执行部件，其作用是支撑手部和腕部，并改变手部在空间的位置。专用机械手的臂部一般具有1~2个自由度，即伸缩、回转或平移；工业机器人臂部一般具有2~3个自由度，即伸缩、回转、俯仰或升降。臂部总质量较大，受力一般较复杂，在运动时，其直接承受腕部、手部和工件（或工具）的静、动载荷，尤其是在高速运动时，将产生较大的惯性力（或惯性矩），引起冲击，影响定位的准确性。臂部运动部分零部件的质量直接影响着臂部结构的刚度和强度。专用机械手的臂部一般直接安装在主机上，工业机器人的臂部一般与控制系统和驱动系统一起安装在机身（即机座）上，机身可以是固定式的，也可以是行走式的（即可沿地面或导轨运动）。

机器人的臂部由大臂、小臂组成。臂部的驱动方式主要有液压驱动和电动驱动，其中电动驱动最为通用。臂部的典型机构有以下3种。

一是臂部伸缩机构。行程小时，采用液压（气）缸直接驱动；行程较大时，可采用液压（气）缸驱动齿条传动的倍增机构或步进电动机及伺服电动机驱动，也可采用丝杠螺母或滚珠丝杠传动。为了增加臂部的刚性，防止臂部在伸缩运动时绕轴线转动或产生变形，臂部伸缩机构需设置导向装置或设计方形、花键等形式的臂杆，常用的导向装置有单导向杆和双导向杆等，导向装置可根据臂部的结构、抓取质量等因素选取。

二是臂部俯仰运动机构。通常采用摆臂液压（气）缸驱动、铰链连杆机构传动实现臂部的俯仰。

三是臂部回转与升降机构。臂部回转与升降机构常采用回转缸与升降缸单独驱动，该机构适用于升降行程短而回转角度小于360°的情况，也有采用升降缸与气马达（锥齿轮传动）的驱动结构。

1. 臂部设计的基本要求

臂部的结构形式必须根据机器人的运动形式、抓取质量、动作自由度、运动精度等因素来确定。同时，设计时必须考虑到臂部的受力情况、液压（气）缸及导向装置的布置、内部管路与手腕的连接形式等因素，因此设计臂部（手臂）时一般要注意下述要求。

1）手臂应承载能力大、刚性好、质量小。手臂的刚性直接影响到手臂抓取工件时动作的平稳性、运动速度和定位精度，如刚性差则会引起手臂在垂直平面内的弯曲变形和水平面内的侧向扭转变形，此时手臂可能会产生振动，或动作时工件卡死而无法工作。为此，手臂一般都采用刚性较好的导向杆来增强手臂的刚度，对各支撑件、连接件的刚性也要有一定的要求，以保证能承受所需要的驱动力。

2）手臂的运动速度要适当，惯性要小。机械手的运动速度一般是根据产品的生产节拍要求来决定的，但不宜盲目追求高速度。手臂由静止状态达到正常的运动速度为起动，由正常的运动速度减到停止不动为制动，速度的变化过程曲线为速度特性曲线。手臂质量小，其起动和停止的平稳性就好。

3）手臂动作要灵活。手臂的结构要紧凑小巧，才能使手臂运动轻快、灵活。在运动臂上加装滚动轴承或采用滚珠导轨也能使手臂运动轻快、平稳。此外，对于悬臂式的机械手，还要考虑工件在手臂上的布置，即要计算手臂移动工件时的重力对回转、升降、支撑中心的偏重力矩。偏重力矩对手臂运动很不利，偏重力矩过大，会引起手臂的振动，在升降时还会发生沉头现象，进而影响运动的灵活性，严重时手臂与立柱可能会卡死。所以在设计手臂时要尽量使手臂重心通过回转中心，或离回转中心要尽量近，以减少偏重力矩。对于双臂同时操作的机械手，则应使两臂的布置尽量对称于中心，以达到平衡。

4）位置精度高。机械手要获得较高的位置精度，除采用先进的控制方法外，在结构上还应注意以下几个问题。

① 机械手的刚度、偏重力矩、惯性力及缓冲效果都直接影响手臂的位置精度。

② 加设定位装置和行程检测机构。

③ 合理选择机械手的坐标形式。

直角坐标式机械手的位置精度较高，其结构和运动都比较简单、误差也小。而回转运动产生的误差是放大时的尺寸误差，当转角位置一定时，手臂伸出越长，其误差越大；关节式机械手因其结构复杂，手部的定位由各部位关节相互转角来确定，其误差是积累误差，因而精度较差，其位置精度也更难保证。

5）通用性强，工艺性好。

以上这几项要求，有时往往相互矛盾：刚性好、载重大，但结构往往笨重、导向杆也多，增加了手臂自重；转动惯量越大，冲击力就越大，位置精度就越低。因此，在设计手臂时，需根据机械手抓取质量、自由度数、工作范围、运动速度及机械手的整体布局和工作条件等各种因素综合考虑，以达到动作准确、可靠、灵活，结构紧凑、刚度大、自重小的目的，从而保证一定的位置精度和快速响应能力。此外，对于参与热加工的机械手，还要考虑

热辐射，手臂要够长，以远离热源，并需装有冷却装置。对于参与粉尘作业的机械手还要安装防尘设施。

2. 臂部的常用结构

（1）直线运动机构　机器人手臂的伸缩、横向移动均属于直线运动。实现手臂往复直线运动的机构形式比较多，常用的有液压（气）缸、齿轮齿条机构、丝杠螺母机构以及连杆机构等。由于液压（气）缸的体积小、质量小，因而它在机器人的手臂结构中应用比较多。

（2）回转运动机构　实现机器人手臂回转运动的机构形式是多种多样的，常用的有叶片式回转缸、齿轮传动机构、链传动机构、活塞缸和连杆机构等。

图 2-22 所示为采用活塞缸和连杆机构的一种双臂机器人手臂的结构图。手臂的上下摆动由铰接活塞液压缸和连杆机构来实现。当铰接活塞液压缸 1 的腔内通入压力油时，通过连杆 2 带动手臂 3（即曲柄）绕轴心进行 90°的上下摆动（如细双点画线所示位置）。手臂下摆到水平位置时，其水平和侧向的定位由支撑架 4 上的定位螺钉 6 和 5 来调节。此手臂结构具有传动结构简单、紧凑和轻巧等特点。

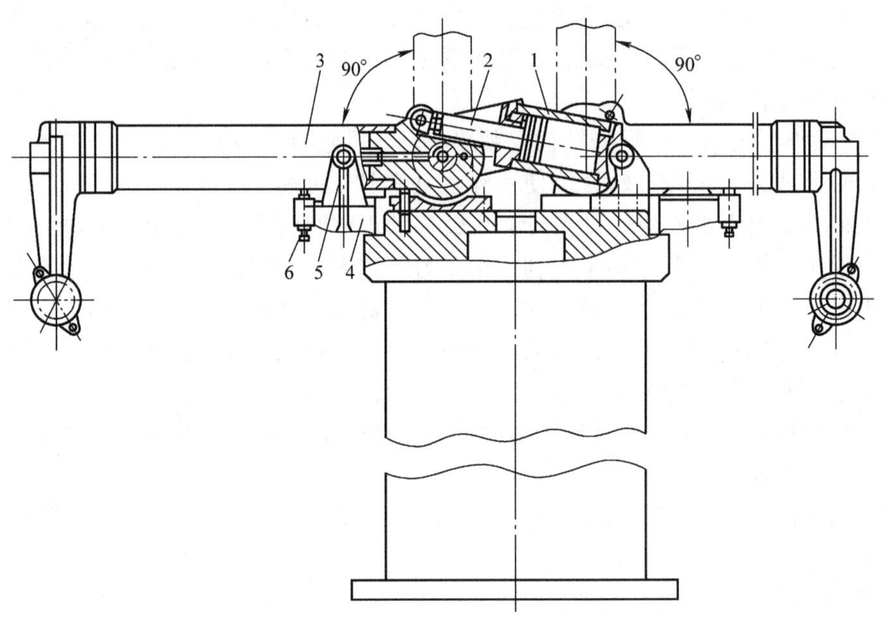

图 2-22　双臂机器人手臂的结构图

1—铰接活塞液压缸　2—连杆（即活塞杆）　3—手臂（即曲柄）　4—支撑架　5、6—定位螺钉

3. 臂部运动驱动力计算

计算臂部运动驱动力（包括力矩）时，要把臂部所受的全部载荷考虑进去。机器人工作时，臂部所受的载荷主要有惯性力、摩擦力和重力等。

（1）臂部水平伸缩运动时驱动力的计算　臂部进行水平伸缩运动时，首先要克服摩擦阻力，包括液压（气）缸与活塞之间的摩擦阻力及导向杆与支撑滑套之间的摩擦阻力等，还要克服起动过程中的惯性力。驱动力 P_q 可按下式计算

$$P_q = F_m + F_g$$

式中，F_m为各支撑处的摩擦阻力（N）；F_g为起动过程中的惯性力（N），其大小可按下式估算

$$F_g = ma$$

式中，m 为臂部伸缩部件的总质量（kg）；a 为起动过程中的平均加速度（m/s^2）。而平均加速度 a 可按下式计算

$$a = \Delta v / \Delta t$$

式中，Δv 为速度增量（m/s），如果臂部从静止状态加速到工作速度 v，则这个过程的速度变化量就等于臂部的工作速度；Δt 为升降速过程所用时间（s），一般为 0.01 ~0.5s。

（2）臂部回转运动时驱动力矩的计算　臂部回转运动时驱动力矩应根据起动时产生的惯性力矩与回转部件支撑处的摩擦力矩来计算。由于升速过程一般不是等加速运动，故最大驱动力矩要比理论平均值大一些，一般取平均值的 1.3 倍。驱动力矩 M_q可按下式计算

$$M_q = 1.3(M_m + M_g)$$

式中，M_m为各支撑处的总摩擦力矩（N·m）；M_g为起动时的惯性力矩（N·m），一般按下式计算

$$M_g = J(\omega / \Delta t)$$

式中，J 为手臂部件对回转轴线的总转动惯量（$kg \cdot m^2$）；ω 为回转臂的工作角速度（rad/s）；Δt 为回转臂的升速时间（s）。

第四节　末端执行器设计

1. 手部

机器人的手部（Hand）也叫作末端执行器（End - effector），它是装在机器人手腕上直接抓握对象物或执行作业的部件。人的手有两种含义：第一种含义是医学上把包括手腕、手掌、手指在内的整体叫作手；第二种含义是把手掌和手指部分叫作手。机器人的手部含义更接近于第二种含义。

（1）手部的分类

1）按用途分。

① 手爪，具有一定的通用性，它的主要功能是抓住工件、握持工件、释放工件。

抓住——在给定的目标位置和期望姿态上抓住工件，工件在手爪内必须具有可靠的定位，要保持工件与手爪之间准确的相对位置，以保证机器人后续作业的准确性。

握持——确保工件在搬运过程中或零件在装配过程中定义了的位置和姿态的准确性。

释放——在指定点上除去手爪和工件之间的约束关系。手爪夹持圆柱工件时，尽管夹紧力足够大，且在工件和手爪接触面上有足够的摩擦力来支撑工件质量，但是从运动学观点来看，约束条件是不够的，不能保证工件在手爪上的准确定位。

② 工具，是进行某种作业的专用工具，如喷枪、焊具等，如图 2-23 所示。

2）按夹持原理分。图 2-24 所示为手爪按夹持原理进行的分类，包括机械类、磁力类和真空类 3 种。机械类手爪有靠摩擦力夹持和吊钩承重 2 种，前者是有指手爪，后者是无指手爪。产生夹紧力的驱动源有气动、液动、电动和电磁 4 种。磁力类手爪主要是磁力吸盘，有电磁吸盘和永磁吸盘 2 种。真空类手爪是真空式吸盘，根据其形成真空的原理可分为真空吸

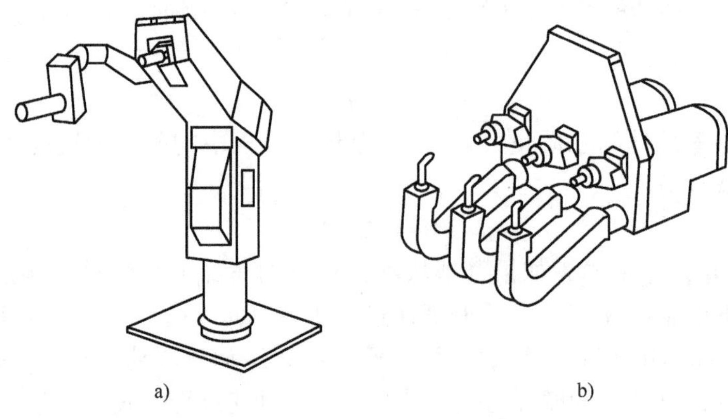

图 2-23 专用工具（喷枪、焊具）
a）喷枪 b）焊具

盘、气流负压吸盘、挤气负压吸盘 3 种。磁力类手爪及真空类手爪是无指手爪。

3）按手指或吸盘数量分。

机械手爪按手指数量可分为：二指手爪、多指手爪。

机械手爪按手指关节数量可分为：单关节手指手爪、多关节手指手爪。

吸盘式手爪按吸盘数量可分为：单吸盘式手爪、多吸盘式手爪。

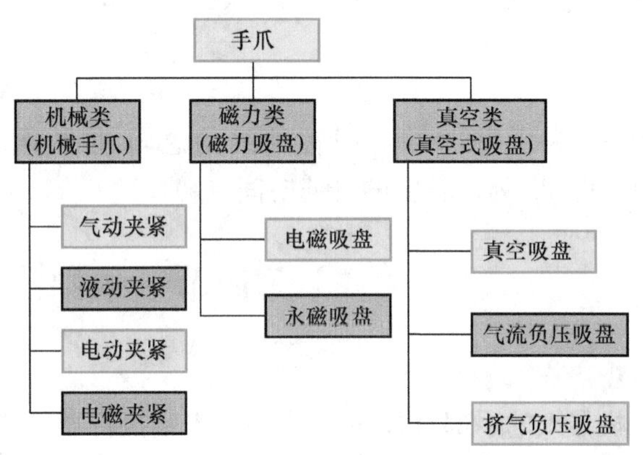

图 2-24 手爪按夹持原理进行的分类

4）按智能化分。

① 普通式手爪。手爪不具备传感器。

② 智能化手爪。手爪具备一种或多种传感器，如力传感器、触觉传感器、滑觉传感器等，手爪与传感器集成后成为智能化手爪。

（2）手爪设计和选用的要求　手爪设计和选用最主要的是满足功能上的要求，具体来说要在下面几个方面进行考虑，并提出相应设计参数和要求。

1）被抓握的对象物　手爪设计和选用首先要考虑的是什么样的工件要被抓握。因此，必须充分了解工件的几何参数、物理性能。

① 几何参数：工件尺寸、可能给予抓握表面的数量、可能抓握表面的位置和方向、夹持表面之间的距离、夹持表面的几何形状。

② 物理性能：质量、材料、固有稳定性、表面质量和品质、表面状态、工件温度。

2）物料馈送器或存储装置。与机器人配合工作的物料馈送器或储存装置对手爪必需的最小和最大爪钳张开距离以及必需的夹紧力都有要求，同时，还应了解其他不确定因素对手爪工作的影响。

3）机器人作业顺序。一台机器人在齿轮箱装配作业中需要搬运齿轮和轴，并进行装配，虽然手爪可以既抓握齿轮也可以夹持轴。但是不同零件所需的夹紧力和爪钳张开距离是不同的，手爪设计时要考虑到被夹持对象物的作业顺序。在必要的时候，可采用多指手爪，以增强手爪作业时的柔性。

4）手爪和机器人匹配。手爪一般用法兰盘与手腕相连接。手爪是可以更换的，手爪形式可以不同，但是手爪与手腕的机械接口必须相同，这就是接口匹配。手爪质量不能太大，机器人能抓取工件的质量是机器人承载能力减去手爪质量。手爪质量需要与机器人承载能力匹配。

5）环境条件。在作业区域内的环境状况很重要，比如高温、水、油等环境均会影响手爪的作业。一个锻压机械手要从高温炉内取出红热的锻件坯时，必须保证手爪的开合、驱动在高温环境中均能正常工作。

（3）普通手爪设计

1）机械手爪设计。

① 驱动。机械手爪通常采用气动、液动、电动和电磁来驱动手指的开合。气动手爪目前得到广泛的应用，因为气动手爪有许多突出的优点：结构简单、成本低、容易维修，而且开合迅速、质量轻。其缺点是空气介质的可压缩性使爪钳位置控制比较复杂。液动手爪成本稍高一些。电动手爪的优点是手指开合电动机的控制与机器人其他控制可以共用一个系统，但是其夹紧力比气动手爪、液动手爪小，开合时间比它们长。电磁手爪控制信号简单，但是夹紧的电磁力与爪钳行程有关，因此，只用在开合距离较小的场合。

② 传动。驱动源的驱动力通过传动机构驱使爪钳开合并产生夹紧力。重力式手爪如图 2-25所示。

对于传动机构有运动要求和夹紧力要求。平行连杆式手爪和齿轮齿条式手爪可保持爪钳平行运动，夹持宽度变化大。对夹紧力要求是指爪钳开合度不同时，夹紧力仍能保持不变。

③ 爪钳。爪钳是与工件直接接触的部分，它们的形状和材料对夹紧力有很大的影响。夹紧工件的接触点越多，所要求的夹紧力越小，对夹持工件而言显得更安全。如图 2-26 所示为 V 形爪钳，其有 4 个面与工件相接触，形成力封闭形式的夹持状态，比普通的平面爪钳夹持要安全可靠得多。

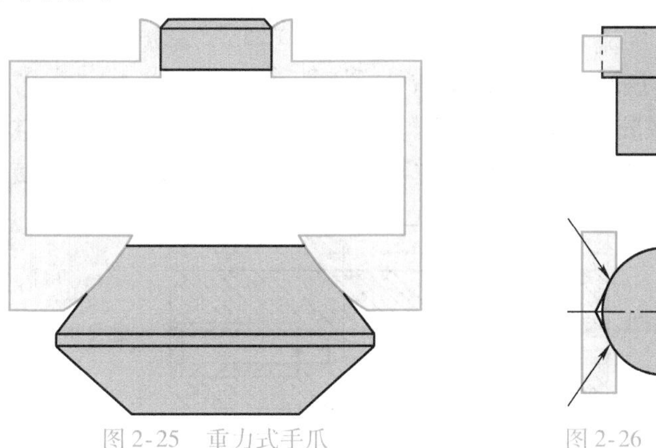

图 2-25　重力式手爪

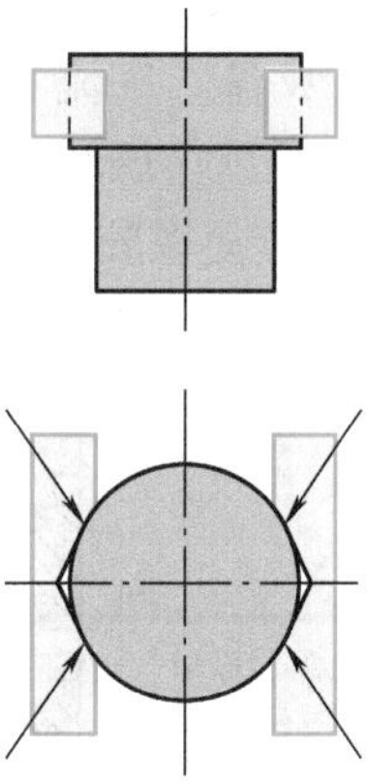

图 2-26　V 形爪钳

2）磁力吸盘设计。磁力吸盘有电磁吸盘和永磁吸盘两种。磁力吸盘是在手部装上电磁铁，通过磁性吸力把工件吸住的。

如图 2-27 所示为电磁吸盘的结构示意图。在线圈通电的瞬时，由于空气间隙的存在，磁阻很大，线圈的电感和起动电流很大，这时产生的磁性吸力可将工件吸住，一旦断电后磁性吸力消失，则将工件松开。若采用永久磁铁作为吸盘，则必须是强迫性取下工件。电磁吸盘只能吸住铁磁材料制成的工件（如钢铁件），吸不住有色金属和非金属材料的工件。磁力吸盘的缺点是被吸取工件有剩磁，吸盘上常会吸附一些铁屑，致使不能可靠地吸住工件，而且只适用于工件要求不高或有剩磁也无妨的场合。对于不许有剩磁的工件，如钟表零件及仪表零件，不能选用磁力吸盘，可用真空吸盘。另外钢、铁等磁性物质在温度为 723℃以上时磁性就会消失，故高温条件下不宜使用磁力吸盘。

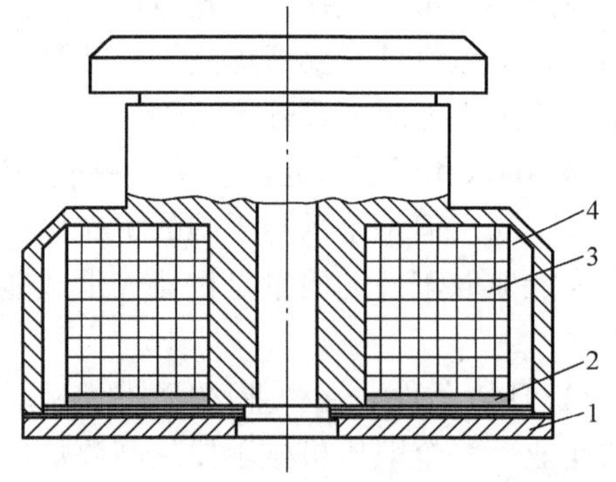

图 2-27　电磁吸盘的结构示意图

1—磁盘　2—防尘盖　3—线圈　4—外壳体

磁力吸盘要求工件表面清洁、平整、干燥，以保证可靠地吸附。磁力吸盘的计算主要是电磁吸盘中电磁铁吸力的计算，铁芯截面积、线圈导线直径、线圈匝数等参数设计。设计者要根据实际应用环境选择工作情况系数和安全系数。

3）真空式吸盘设计。真空式吸盘主要用在搬运体积大、质量轻的如冰箱壳体、汽车壳体等零部件；也广泛用在需要小心搬运的如显像管、平板玻璃等物件。真空式吸盘对工件表面要求平整光滑、干燥清洁、能气密。根据真空产生的原理真空式吸盘可分为：

① 真空吸盘。如图 2-28 所示为产生负压的真空吸盘控制系统。吸盘吸力在理论上决定于吸盘与工件表面的接触面积和吸盘内外压差。实际上工件表面状态起十分重要的作用，它影响负压的泄露情况。采用真空泵能保证吸盘内持续产生负压，所以这种吸盘比其他形式吸盘吸力大。

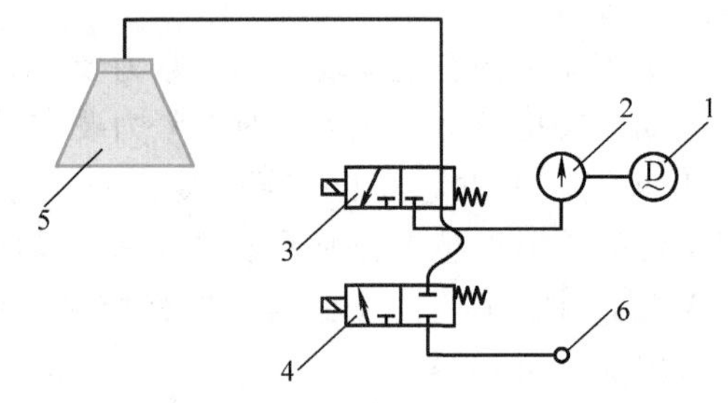

图 2-28　产生负压的真空吸盘控制系统

1—电动机　2—真空泵　3、4—线圈　5—吸盘　6—通大气口

② 气流负压吸盘。气流负压吸盘的工作原理如图 2-29 所示，压缩空气进入进气口后利用伯努利效应使橡胶皮碗内产生负压。在工厂一般都有空压机站或空压机，空压机气源比较容易解决，不需专为该吸盘配置真空泵，所以气流负压吸盘在工厂使用方便。

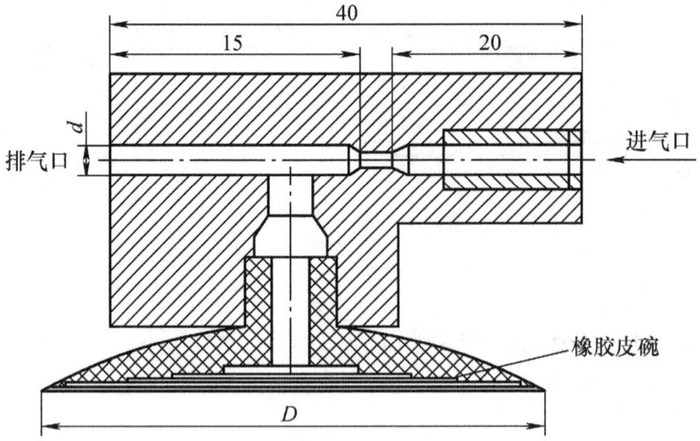

图 2-29　气流负压吸盘的工作原理

③ 挤气负压吸盘。如图 2-30 所示为挤气负压吸盘的结构。如图 2-31 所示为挤气负压吸盘的工作原理：当吸盘压向工件表面时，将吸盘内空气挤出；松开时，去除压力，吸盘恢复弹性变形使吸盘内腔形成负压，将工件牢牢吸住，机械手即可进行工件搬运，到达目标位置后，或用碰撞力 P 或用电磁力使压盖动作，破坏吸盘腔内的负压，释放工件。此种挤气负压吸盘不需要真空泵系统，也不需要压缩空气气源，是比较经济方便的，但是，其可靠性比真空吸盘和气流负压吸盘差。

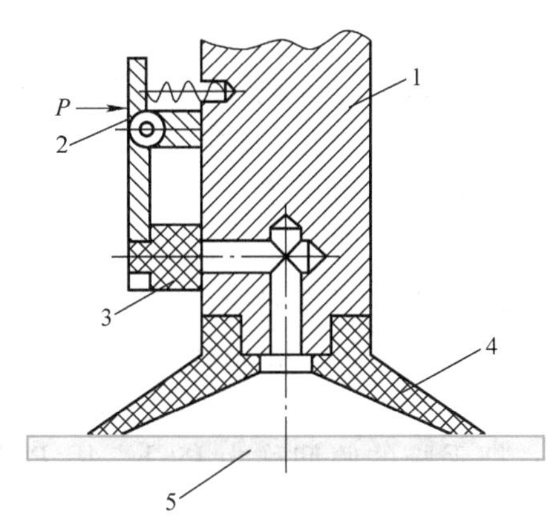

图 2-30　挤气负压吸盘的结构
1—吸盘架　2—压盖　3—密封垫　4—吸盘　5—工件

目前有两种真空吸盘的新设计，介绍如下。

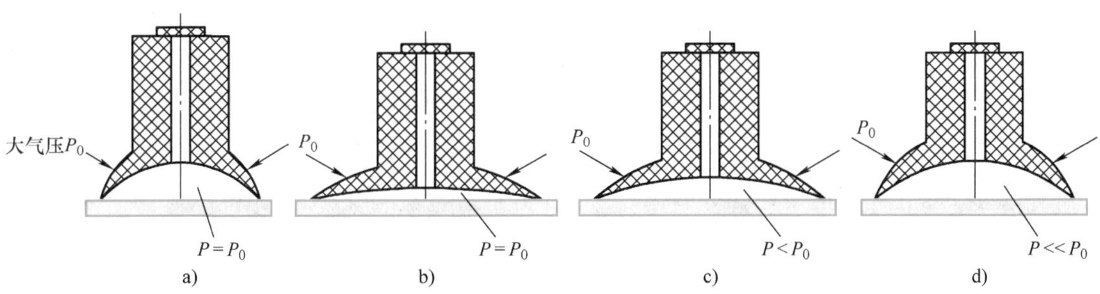

图 2-31　挤气负压吸盘的工作原理
a）未挤气　b）挤气　c）提起工件重量 Q　d）提起最大工件重量 Q_1

一是自适应性吸盘，如图 2-32 所示，该吸盘具有一个球关节，使吸盘能倾斜自如，从而适应工件表面倾角的变化，这种自适应吸盘在实际应用中可获得良好的效果。

二是异形吸盘。如图 2-33 是异形吸盘中的一种。通常普通吸盘一般只能吸附平整的工件，而该异形吸盘可用来吸附鸡蛋、锥颈瓶等物件，其扩大了真空式吸盘在工业机器人上的应用。

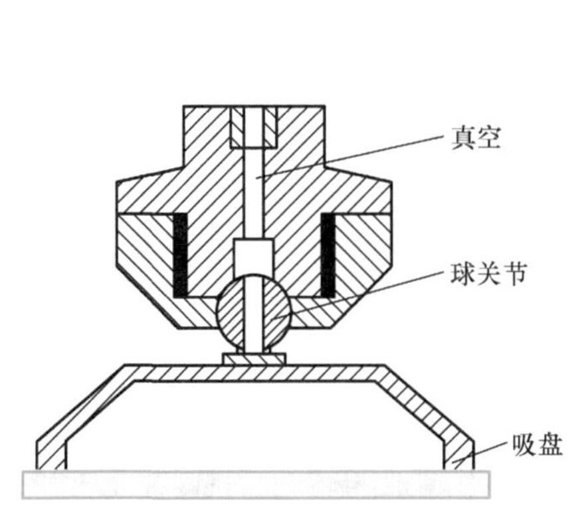

图 2-32　自适应性吸盘

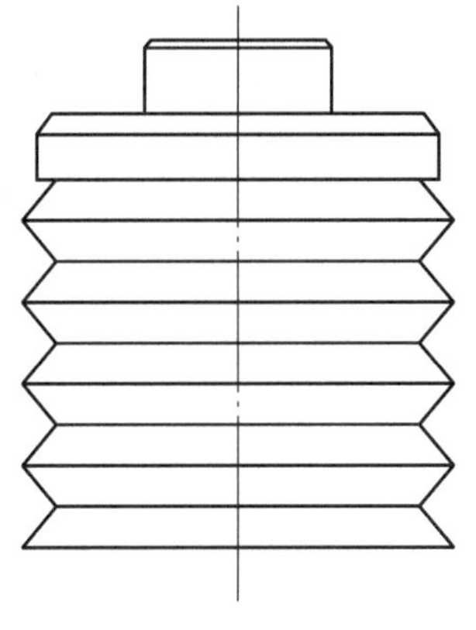
图 2-33　异形吸盘

2. 腕部

机器人的腕部（手腕）是连接手部与臂部的部件，它的主要作用是确定手部的作业方向，因此它具有独立的自由度，以满足机器人手部完成复杂的姿态。为了使手部能处于空间任意位置，要求腕部能实现对空间3个坐标轴的转动，即具有回转、俯仰和偏转3个自由度，如图2-34所示。通常把手腕的回转称为Roll，用R表示；把手腕的俯仰称为Pitch，用P表示；把手腕的偏转称为Yaw，用Y表示。

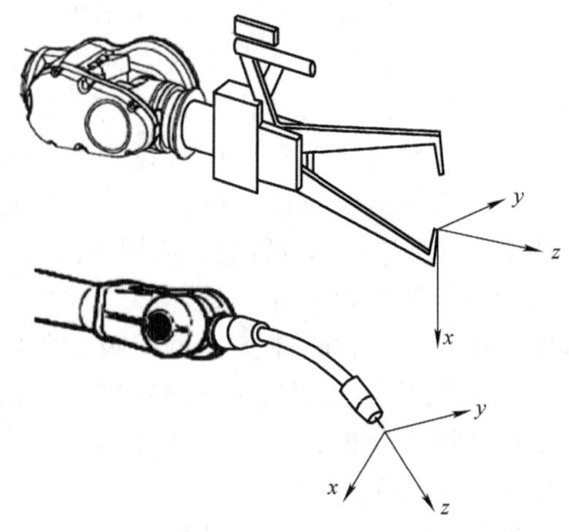

图2-34　手腕的坐标系和自由度

（1）腕部（手腕）自由度　手腕按自由度数可分为单自由度手腕、二自由度手腕和三自由度手腕等。

1）单自由度手腕。手腕在空间可具有3个自由度，也可以具备以下单一功能。单自由度手腕如图2-35所示。其中，图2-35a所示为手腕的关节轴线与手臂的纵轴线共线，这是一种翻转关节（R关节），其回转角度不受结构限制，可以回转360°；图2-35b、c所示为手腕的关节轴线与手臂及手的轴线相互垂直，这种关节为折曲关节（简称B关节），其转角受结构限制，通常小于360°；如图2-35d所示为移动关节，也称为T关节。

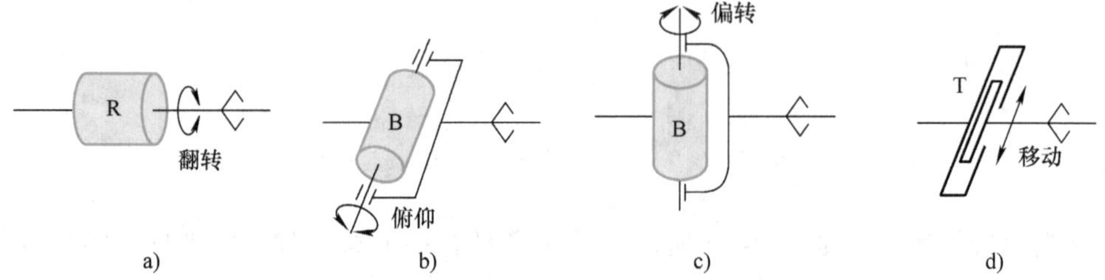

图2-35　单自由度手腕
a）翻转关节　b）折曲关节（俯仰）　c）折曲关节（偏转）　d）移动关节

2）二自由度手腕。二自由度手腕如图2-36所示。二自由度手腕可以由一个B关节和一个R关节联合构成BR手腕，如图2-36a所示；或由两个B关节组成BB手腕，如图2-36b所示。但不能由两个R关节构成二自由度手腕，因为两个R关节的功能是重复的，其只能起到单自由度的作用，如图2-36c所示。

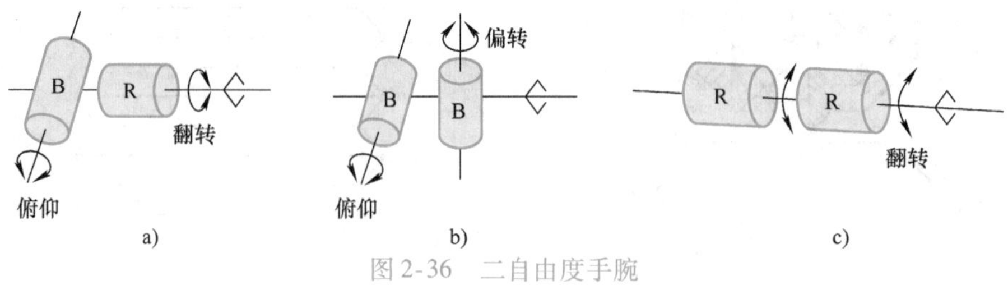

图2-36　二自由度手腕
a）BR手腕　b）BB手腕　c）RR手腕

3）三自由度手腕。三自由度手腕是可以由B关节和R关节组成的多种形式的手腕，其能实现翻转、俯仰和偏转功能，常用的有BBR，BRR，RRR，BBB等形式，如图2-37所示。

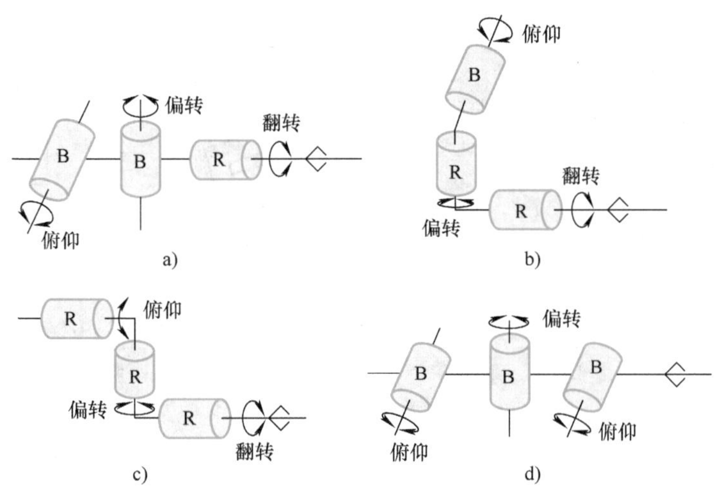

图2-37　三自由度手腕
a）BBR　b）BRR　c）RRR　d）BBB

（2）柔性手腕　在精密装配作业中，被装配零件之间的配合精度相当高，由于被装配零件的不一致性，当工件的定位夹具、机器人手爪的定位精度无法满足装配要求时，会导致装配困难，因而就提出了柔顺性要求。柔顺性装配技术有两种，一种是从检测、控制的角度出发，采取各种不同的搜索方法，实现边校正边装配；有的手爪上还配有检测元件，如视觉传感器（如图2-38所示）、力传感器等，这就是所谓的主动柔顺装配。另一种是从结构的角度出发，在腕部配置一个柔顺环节，以满足柔顺装配的需要，这种柔顺装配技术称为被动柔顺装配。

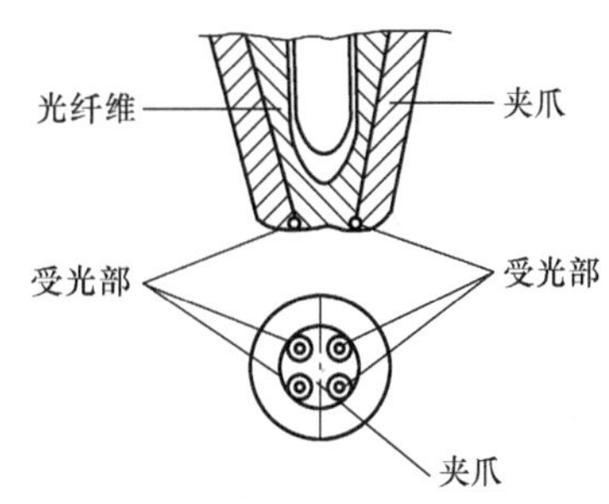

图2-38　带检测元件的机械手

如图2-39所示为移动摆动柔顺手腕。水平浮动机构由平面、钢球和弹簧构成，可在两个方向上进行浮动；摆动浮动机构由上、下球面和弹簧构成，实现两个方向的摆动。在装配作业中，如遇夹具定位不准或机器人手爪定位不准时，可自行校正。其动作过程如图2-40所示，当插入装配时如果工件局部被卡住，将会受到阻力，促使柔顺手腕起作用，此时手爪有一个微小的修正量，工件便能顺利插入。

（3）设计腕部时应注意的问题　手腕结构是机器人中最复杂的结构，而且因传动系统相互干扰，更增加了手腕结构的设计难度。对腕部的设计要求是质量小，能满足作业对手部姿态的要求，并留有一定的富余量；传动系统结构简单并有利于小臂对整机的静力平衡。一般来说，由于手腕处在开式连杆系末端的特殊位置，它的尺寸和质量对操作机的动态特性和使用性能影响很大。因此，除了要求其动作灵活、可靠外，还应使其结构尽可能紧凑，质量尽可能小。

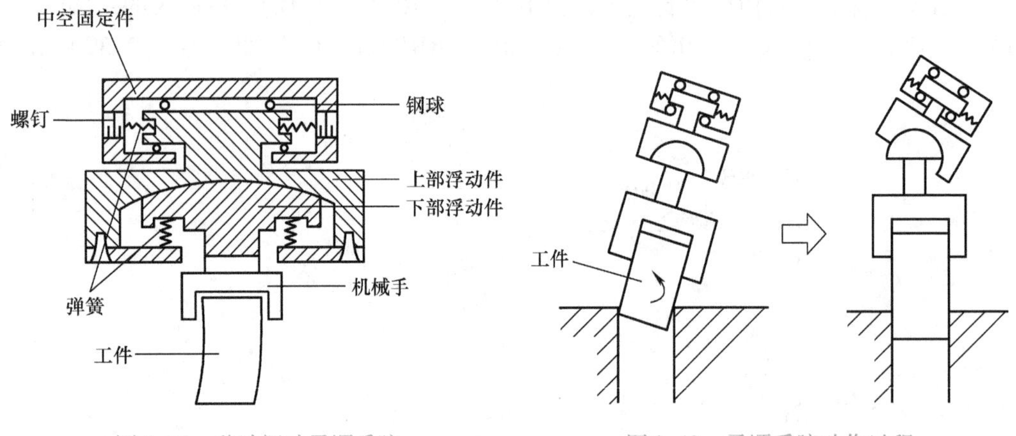

图 2-39　移动摆动柔顺手腕　　　图 2-40　柔顺手腕动作过程

第五节　行走机构设计

机器人机械结构有三大部分：机身、手臂（包括手腕）、手部。机身又称为立柱。机器人必须有一个便于安装的基础件，这就是机器人的机座，机座往往与机身做成一体。机器人可分成固定式和行走式两种。对于行走式机器人，行走机构是其重要的执行部件，它由驱动装置、传动机构、位置检测元件、传感器电缆及管路等组成。它一方面支撑机器人的机身、手臂和手部，因而必须具有足够的刚度和稳定性；另一方面还根据作业任务的要求，带动机器人实现在广阔空间内的运动。

行走机构按其行走运动轨迹可分为固定轨迹式和无固定轨迹式。固定轨迹式行走机构主要用于工业机器人。无固定轨迹行走方式，按其行走机构的结构特点可分为履带式、步行式、车轮式。它们在行走过程中，履带式和车轮式与地面为连续接触，步行式为间断接触。履带式和车轮式的形态为运行车式，步行式则为人类（或动物）的腿脚式。运行车式行走机构用得比较多，比较成熟。步行式行走机构正在发展和完善中。

1. 履带式行走机构

履带式行走机构的特点很突出，采用该类行走机构的机器人可以在凹凸不平的地面上行走，也可以跨越障碍物、爬不太高的台阶等。一般类似于坦克的履带式机器人，由于没有自位轮和转向机构，要转弯时只能靠左、右两个履带的速度差实现，所以不仅在横向，而且在前进方向上也会产生滑动，且其转弯阻力大，不能准确地确定回转半径。

如图 2-41 所示为履带式消防灭火机器人，其采用了履带式行走机构。该机器人外形尺寸小、质量轻，机动性强、无须专用运载车辆，履带式运载底盘和消防炮可分开放置在常规消防车器材箱内运至火场进行消防作业。消防灭火机器人是一种可实现远距离遥控灭火的新型消防灭火设备，消防灭火机器人整机零部件采用铝合金 6061 和 304 不锈钢等，此类材料质量轻、耐水浸泡。消防灭火机器人可利用远程控制技术，

图 2-41　履带式消防灭火机器人

在灭火过程中自由调整消防水炮的俯仰角，角度大小可为300°~700°，消防水炮的最大喷雾角为120°，该类机器人可以自由实现直流与喷雾两种功能的转换。

2. 步行式行走机构

（1）两足行走机构　两足行走机构是多自由度的控制系统，是现代控制理论很好的应用对象。这种机构结构简单，但其静、动行走性能及稳定性和高速运动性能都较难实现。

如图2-42所示为哈尔滨工业大学研制的两足行走机构。该机器人的两足共有10个自由度，由腰部、大腿、小腿和脚掌组成，髋部有前向关节、侧向关节各一对，膝部有前向关节一对，踝部有前向关节、侧向关节各一对。平行于y轴的前向关节用来实现在前进方向上的运动。平行于x轴的侧向关节用来实现侧向运动。各关节由直流电动机通过谐波减速器驱动，电动机输出转矩为0.41N·m，减速比为1∶160，各电动机轴配有测速机及光电码盘，用来检测各关节的角速度和角度。

（2）四足行走机构　如图2-43所示，四足行走机构比两足行走机构承载能力强、稳定性好，其结构也比六足、八足行走机构简单。四足行走机构在行走时机体首先要保证静态稳定，因此，其在运动的任一时刻至少应有3只脚与地面接触，以支撑机体，且机体的重心必须落在三足支撑点构成的三角形区域内。在这个前提下，4条腿才能按一定的顺序抬起和落地，实现行走。在行走的时候，机体相对地面始终向前运动，重心始终在移动。4条腿轮流抬、跨，相对机体也向前运动，不断改变足落地的位置，不断构成新的稳定三角形，从而保证静态稳定。然而为了适应凹凸不平的地面，以及在上、下台阶时改变步行方向，每只脚必须有两个以上的自由度。

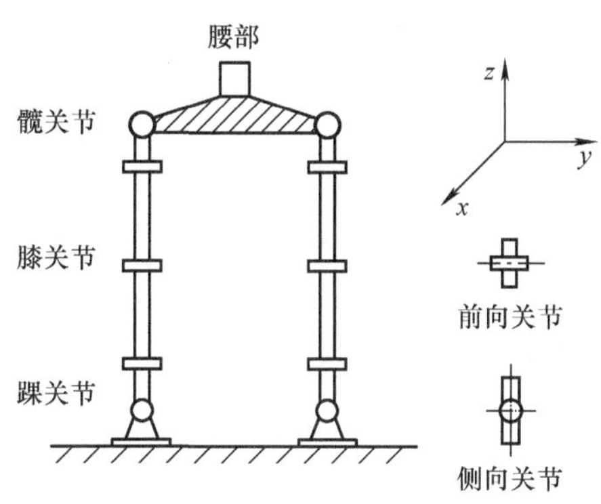

图2-42　两足行走机构

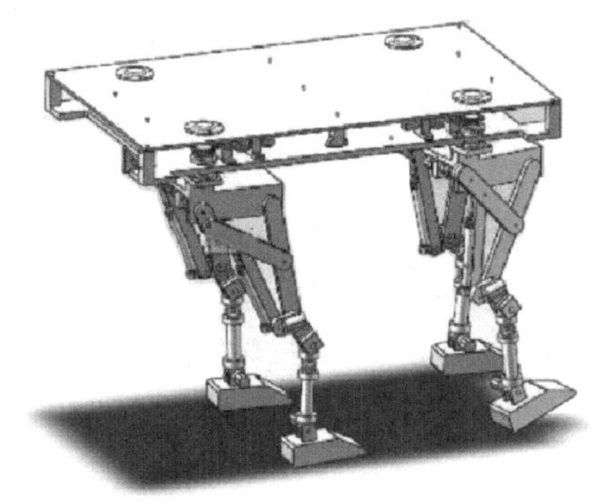
图2-43　四足行走机构

（3）六足行走机构。六足行走机构的控制比四足步行机构的控制更容易，六足行走机构也更加稳定。如图2-44所示为有18个自由度的六足行走机构，该机构能够实现相当从容的步态。

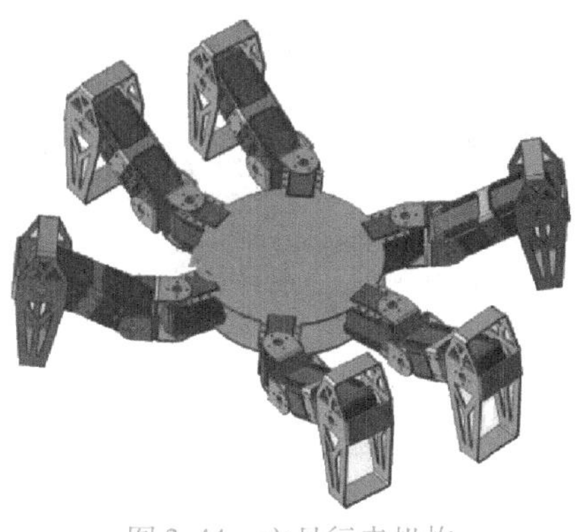
图2-44　六足行走机构

3. 车轮式行走机构

车轮式行走机构具有移动平稳、能耗小，以及容易控制移动速度和方向等优点，因此得到了普遍的应用，但这些优点只有在平坦的地面上才能发挥出来。目前应用的车轮式行走机构主要为三轮式或四轮式。

三轮式行走机构具有最基本的稳定性，其主要问题是如何实现移动方向的控制。典型车轮的配置方法一种是一个前轮、两个后轮，前轮作为操纵舵，用来改变方向，后轮用来驱动；另一种是用后两轮独立驱动，另一个轮仅起支撑作用，并靠两轮的转速差或转向来改变移动方向，从而实现整体灵活的、小范围的移动。但是，要进行较长距离的直线移动时，两驱动轮的直径差会影响前进的方向。

四轮式行走机构也是一种应用广泛的行走机构，其基本原理类似于三轮式行走机构。

【知识拓展】

仿生壁虎机器人——Slalom

南京航空航天大学的研究人员受壁虎启发，基于仿生学原理设计了一款能像壁虎一样稳定爬行的机器人——Slalom。“Slalom”中文译名为“回转弯”，与壁虎的弯曲脊柱对应，其质量约为2.45kg，可以在倾斜和柔软的表面快速灵活地爬行。

壁虎能够灵活稳定地移动，取决于它的尾巴和黏性十足的脚，脊柱同样也起到关键作用（如图2-45所示）。壁虎具有多活动关节的分段脊柱，可在爬行、转弯、跳跃等运动过程中与四肢运动完美协调。同时，壁虎在奔跑的时候，脊柱会呈现出横向起伏模式的驻波和行波，从而大大增强了运动的稳定性。

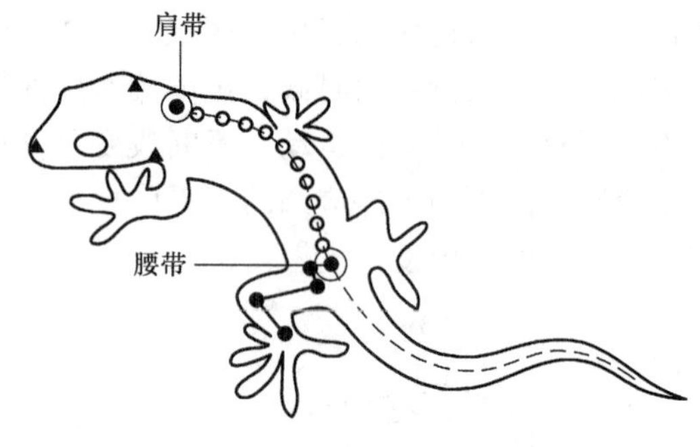

图2-45　壁虎的脊椎结构

▲ 头　○ 躯干　● 四肢　--- 脊柱

如图2-46所示，南京航空航天大学的研究人员采用高速相机记录了壁虎的运动过程，将其身体表示为笛卡儿坐标系中的10个标记点，并进一步转换为连续曲线作为身体的假设中线（身体插值），然后使用多项式曲线拟合函数进行分析。

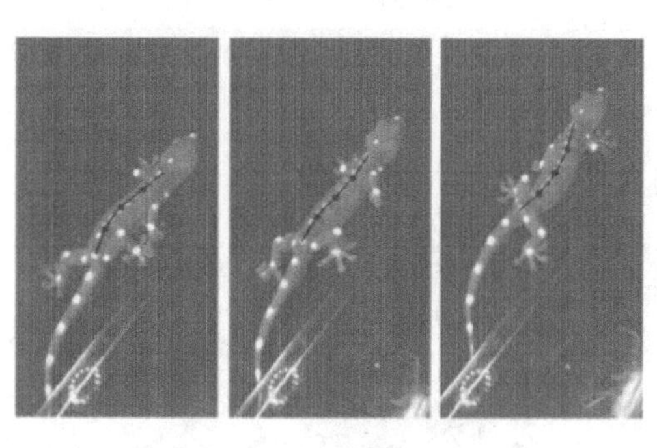

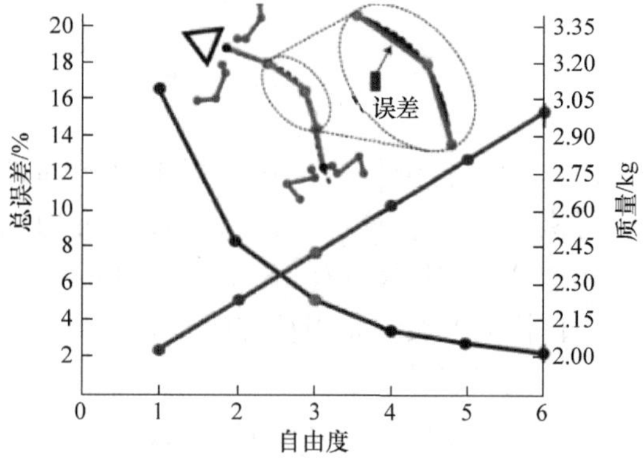

图2-46　壁虎的运动分析

研究人员经过多关节设计迭代评估，并分析误差与复杂性，最终选择将Slalom的脊柱设计为3个关节，这些关节可在运动中围绕垂直轴旋转±60°，弯曲运动时，机器人可以周期性地旋转，从而再现了壁虎的脊柱运动。同时，Slalom的四肢均有4个自由度，包括肢体与肩部、髋关节连接处的两个，肘部、膝盖以及手腕、脚踝处的一个。壁虎柔顺的脚趾在Slalom设计过程中被简化为两层的简单结构，顶部由铝制成，连接一个球关节，可为脚提供3个被动自由度，从而让脚在接触平面时可以被动地自我调整。

研究人员进一步开展了Slalom的攀爬试验，测试它在不同的固体上和软倾斜表面上爬行的效率。在运动过程中，机器人可以产生小跑步态，身体摆动时具有与四肢协调很好的C形驻波。

如图2-47所示，为了显示"壁虎脊柱"形态的有效性，研究人员还对比了脊柱可弯曲和脊柱不可弯曲的机器人的爬坡能力。

最终试验表明："脊柱可弯曲"机器人与壁虎爬行姿态基本一致。机器人可以较好地攀爬倾斜度达30°的硬表面和25°的柔软表面，而在相同倾斜度的表面上，"脊柱不可弯曲"机器人则在实心坡上产生滑动，并在软坡上产生卡顿。可见，不同的机械结构会对机器人的行动造成特别大的影响。

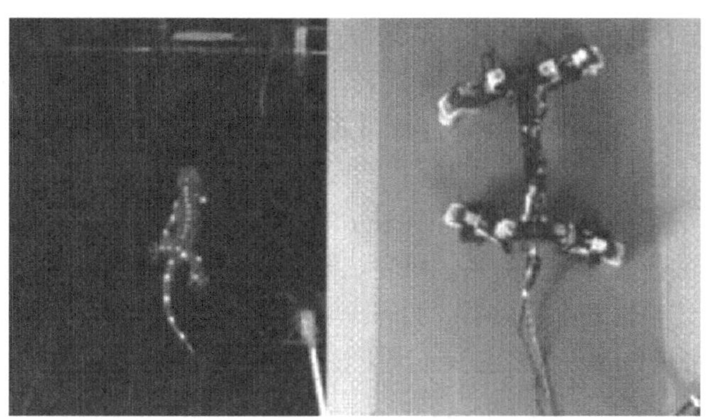

图2-47　Slalom的攀爬姿态

第三章 Chapter

机器人运动学

机器人（特别是工业机器人）往往可认为是由一系列关节连接起来的连杆所组成的。如果把坐标系固连在机器人的每个连杆关节上，则可以用齐次变换来描述各个坐标系之间的相对位置和方向（位姿）。齐次变换具有较直观的几何意义，而且可描述各杆件之间的关系，所以常用于解决机器人的运动学问题。

机器人运动学可以把机器人的空间位移表示为时间的函数，特别是可以研究关节变量空间和机器人末端执行器的位置和姿态关系。研究机器人的运动学问题，不仅涉及机械手本身，而且涉及物体间以及物体与机械手的关系。而齐次坐标和齐次变换正是用来表达这些关系的。

本章将依次研究物体的位姿描述、齐次坐标变换、连杆参数及变换矩阵、机器人正向和反向运动学方程及其求解等方面的知识。

【案例导入】

七轴工业机器人

现代汽车工业具有生产规模大、品种变化快、多车共线生产的特点。这些趋势要求冲压自动化技术朝着高柔性、高效率的方向不断发展。系列单机自动冲压生产线是目前我国汽车厂冲压生产线的主流方案。采用工业机器人操作系统的串行单机自动冲压生产线具有输入少、效率高、灵活性高等优点。随着机器人技术的不断发展，冲压机器人处理系统的性能也在不断提高。其中，机器人直线七轴技术是冲压机器人搬运系统的一个比较新的发展成果，如图 3-1 所示。

图 3-1　冲压机器人

在冲压机器人搬运系统中，机器人主要

完成板料拆垛、各工序压力机之间的上下料、板件传送翻转、线尾工件输出等工作。通过PLC控制系统的协调，机器人与压力机之间、上下料机器人之间、机器人与输送设备之间具有准确可靠的运动协调关系，并保持与压力机的随动和连锁，从而完成机器人的运动控制，冲压机器人搬运系统的功能布局如图3-2所示。

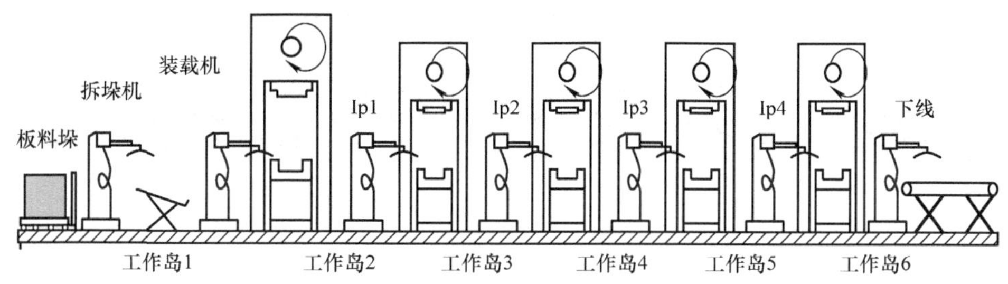

图3-2　冲压机器人搬运系统的功能布局

从国内已经投产的自动化冲压生产线来看，用于冲压生产线的机器人大部分采用标准六轴工业机器人，其优势在于成本较低、柔性化程度高、后期维护简便。但六轴工业机器人因为运动姿态的限制，工件从上一台压力机向下一台压力机传递过程中，冲压工件必须进行180°的水平旋转，这就导致机器人搬运轨迹变复杂，容易出现冲压工件在旋转过程中的脱落等问题，这样就限制了机器人的运行速度，进而限制了整条生产线的效率。冲压件的水平旋转动作，需要较大的空间，尤其在搬运“车身侧围”等大型冲压件时，这个问题更加明显。

机器人直线七轴技术克服了传统六轴工业机器人的上述问题，其基本原理是在机器人第六轴的法兰盘上增加外部轴平移装置，该装置配置有独立的伺服电动机和编码器，通过电缆接入机器人控制柜，由机器人的控制系统协调该直线七轴装置与其他六个轴的运作，如图3-3所示。

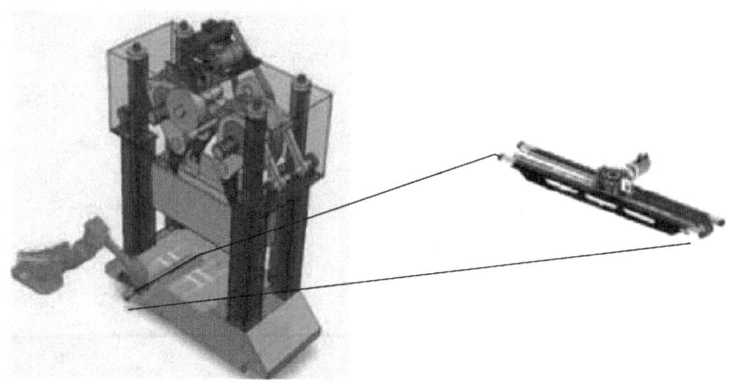

图3-3　直线七轴装置在机器人上的安装位置示意图

通过在机器人第六轴上加装直线七轴装置，可以实现工件在前后压力机之间的平行移动，大大简化了机器人的搬运轨迹，不仅可提高生产效率，还可节省空间，如图3-4所示。

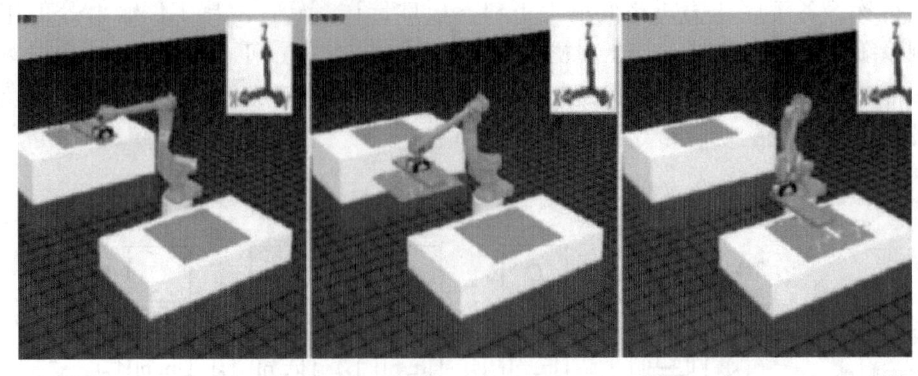

图 3-4　前后压力机搬运时冲压件的平移运动

第一节　物体在空间中的位姿描述

要想建立机器人的运动学关系，首先需要解决机械手以及操作对象在空间中的描述问题。而在描述物体（如零件、工具或机械手）间关系时，要用到位置向量、平面和坐标系等概念及其表示方法。

1. 点的位置描述

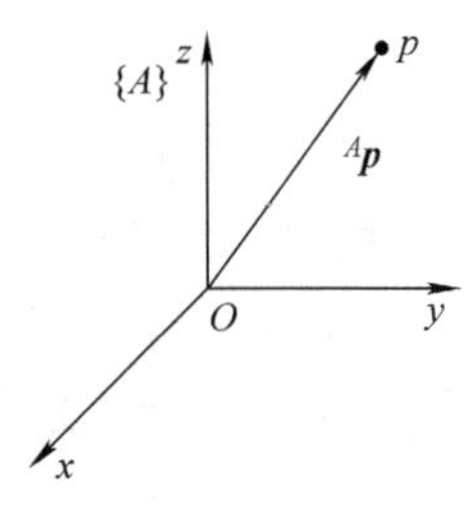

图 3-5　位置表示

一旦建立了一个坐标系，我们就能够用某个位置向量来确定该空间内任一点的位置。如图 3-5 所示，对于选定的直角坐标系 {A}，空间上任一点 p 的位置可用一个三维的列向量$^A\boldsymbol{p}$ 表示，$^A\boldsymbol{p}=\begin{pmatrix}p_x\\p_y\\p_z\end{pmatrix}$，其中 p_x，p_y，p_z 是点 p 在坐标系 {A} 中的 3 个坐标值。$^A\boldsymbol{p}$ 的上标 A 代表参考坐标系 {A}。我们称$^A\boldsymbol{p}$ 为位置向量。（书中向量用黑体表示）

2. 点的齐次坐标

一般而言，n 维空间的齐次坐标表示的是一个 $n+1$ 维空间实体。有一个特定的投影附加于 n 维空间，也可以把它看作一个附加于每个向量的特定坐标——比例系数。

$$\boldsymbol{V}=a\boldsymbol{i}+b\boldsymbol{j}+c\boldsymbol{k}\longrightarrow\boldsymbol{V}=\begin{pmatrix}x\\y\\z\\w\end{pmatrix}=(x,y,z,w)^{\mathrm{T}} \tag{3-1}$$

式中，$\boldsymbol{i}$，$\boldsymbol{j}$，$\boldsymbol{k}$ 分别为 x，y，z 轴上的单位向量；$a=\frac{x}{w}$，$b=\frac{y}{w}$，$c=\frac{z}{w}$；w 为比例系数（非零值）。显然，齐次坐标表达并不是唯一的，其随着 w 值的不同而不同。例如，

$$\boldsymbol{V}=3\boldsymbol{i}+4\boldsymbol{j}+5\boldsymbol{k} \tag{3-2}$$

可表示为

$$\boldsymbol{V}=(3,4,5,1)^{\mathrm{T}}$$
$$或\ \boldsymbol{V}=(6,8,10,2)^{\mathrm{T}}$$

$$或\ \boldsymbol{V} = (-12, -16, -20, -4)^T$$

在计算机图形学中，w 作为通用比例因子，可以随意取值，但在机器人运动学分析中，一般取 $w=1$，该表示方法称为齐次坐标的规格化形式。如用 4 个数组成的列向量表示三维空间直角坐标系 $\{A\}$ 中的点 p，$(p_x, p_y, p_z, 1)^T$ 称为三维空间点 p 的齐次坐标。

3. 坐标轴方向的描述

如图 3-6 所示，$\boldsymbol{i}$，$\boldsymbol{j}$，$\boldsymbol{k}$ 分别为直角坐标系中 x，y，z 坐标轴的单位向量。若用齐次坐标来描述 x，y，z 轴的方向，则

$$\boldsymbol{i} = (1,0,0,0,)^T; \boldsymbol{j} = (0,1,0,0)^T; \boldsymbol{k} = (0,0,1,0)^T \quad (3\text{-}3)$$

假设规定列向量 $(a, b, c, w)^T$ 中第 4 个元素为 0，且 $a^2 + b^2 + c^2 = 1$，则 $(a, b, c, 0)^T$ 表示某轴（某向量）的方向；若列向量 $(a, b, c, w)^T$ 中第 4 个元素不为 0，则表示空间某点的位置。

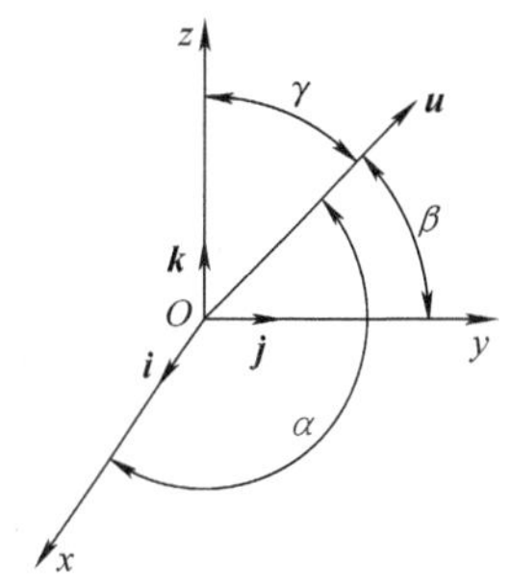

图 3-6 坐标轴方向的描述

如图 3-6 所示的向量 $\boldsymbol{u}$ 的方向用列向量可表达为

$$\boldsymbol{u} = (a,b,c,0)^T \quad (3\text{-}4)$$

式中，$a = \cos\alpha$，$b = \cos\beta$，$c = \cos\gamma$。

如果图 3-6 所示向量 $\boldsymbol{u}$ 的起点 O 为坐标原点，可用列向量表达为

$$\boldsymbol{O} = (0,0,0,1)^T$$

例 3-1 用齐次坐标写出如图 3-7 所示向量 u，v，w 的方向向量。

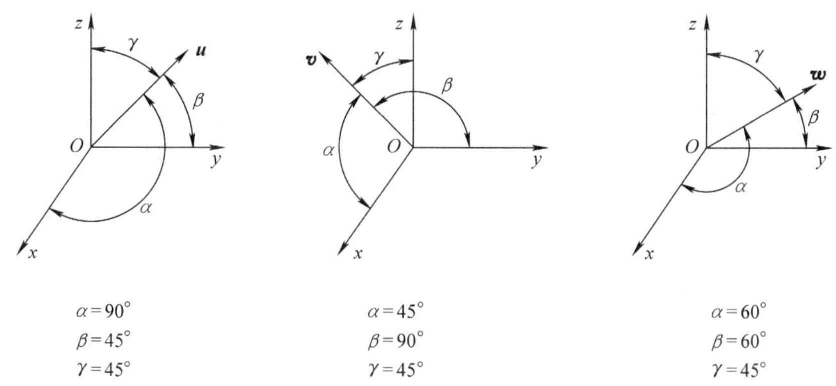

图 3-7 用不同方向角描述的方向向量 $\boldsymbol{u}$、$\boldsymbol{v}$、$\boldsymbol{w}$

解：

向量 $\boldsymbol{u}$：$\cos\alpha = \cos90° = 0$，$\cos\beta = \cos45° = 0.707$，$\cos\gamma = \cos45° = 0.707$，则 $\boldsymbol{u} = (0, 0.707, 0.707, 0)^T$。

向量 $\boldsymbol{v}$：$\cos\alpha = \cos45° = 0.707$，$\cos\beta = \cos90° = 0$，$\cos\gamma = \cos45° = 0.707$，则 $\boldsymbol{v} = (0.707, 0, 0.707, 0)^T$。

向量 $\boldsymbol{w}$：$\cos\alpha = \cos60° = 0.5$，$\cos\beta = \cos60° = 0.5$，$\cos\gamma = \cos45° = 0.707$，则 $\boldsymbol{w} = (0.5, 0.5, 0.707, 0)^T$。

4. 动坐标系位姿的描述

机器人坐标系中，运动时相对于连杆不动的坐标系称为静坐标系（静系）；跟随连杆运动的坐标系称为动坐标系（动系）。动系位置与姿态的描述称为动系的位姿描述，是对动系

原点位置及各坐标轴方向的描述。

（1）刚体位置及姿态的描述　将机器人的一个连杆看作一个刚体。若给定了刚体上某一点的位置和该刚体在空间的姿态，则这个刚体在空间上是完全确定的。如图 3-8 所示，设有一刚体 Q，O'为刚体上的任一点，$O'x'y'z'$为与刚体固连的坐标系（动坐标系）。刚体 Q 在固定坐标系 $Oxyz$ 中的位置可用一个列向量，即用齐次坐标的形式表示为

$$\boldsymbol{p} = (x_0, y_0, z_0, 1)^{\mathrm{T}} \tag{3-5}$$

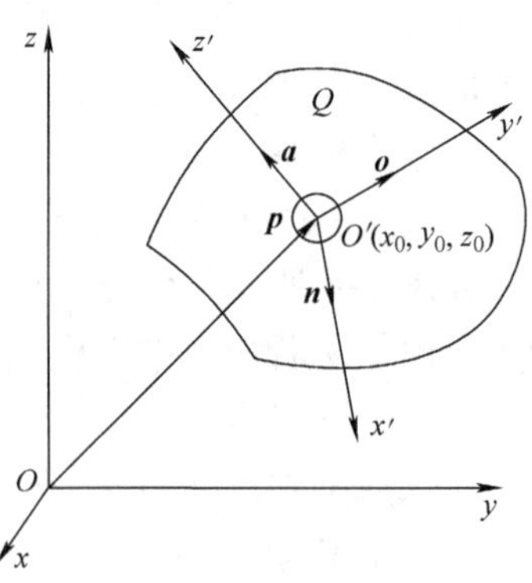

图 3-8　刚体的位置和姿态

点 O'确定了刚体在空间中的位置，而刚体的姿态可由动坐标系的坐标轴方向来表示。令 $\boldsymbol{n}$，$\boldsymbol{o}$，$\boldsymbol{a}$ 分别为 x'，y'，z'坐标轴的单位方向向量，每个单位方向向量在固定坐标系上的分向量为动坐标系各坐标轴的方向余弦，用齐次坐标形式的列向量分别表示为

$$\boldsymbol{n} = (n_x, n_y, n_z, 0)^{\mathrm{T}}, \boldsymbol{o} = (o_x, o_y, o_z, 0)^{\mathrm{T}}, \boldsymbol{a} = (a_x, a_y, a_z, 0)^{\mathrm{T}} \tag{3-6}$$

由此，刚体 Q 的姿态可用下面的 4×4 矩阵 $\boldsymbol{T}$ 来描述：

$$\boldsymbol{T} = (\boldsymbol{n}, \boldsymbol{o}, \boldsymbol{a}, \boldsymbol{p}) = \begin{pmatrix} n_x & o_x & a_x & x_0 \\ n_y & o_y & a_y & y_0 \\ n_z & o_z & a_z & z_0 \\ 0 & 0 & 0 & 1 \end{pmatrix} \tag{3-7}$$

很明显，对刚体 Q 位姿的描述就是对固连于刚体 Q 的坐标系 $O'x'y'z'$位姿的描述，$\boldsymbol{T}$ 矩阵的前 3 列表示该刚体 Q 在空间中的姿态，第 4 列表示其在空间中的位置。

例 3-2　图 3-9 所示固连于刚体坐标系 $\{B\}$ 的原点位于 O_b点，$x_b = 2$，$y_b = 1$，$z_b = 0$。z_b轴画面垂直，坐标系 $\{B\}$ 相对固定坐标系 $\{A\}$ 有一个 30°的偏转，试写出在坐标系 $\{B\}$ 下表示刚体位姿的齐次矩阵表达式。

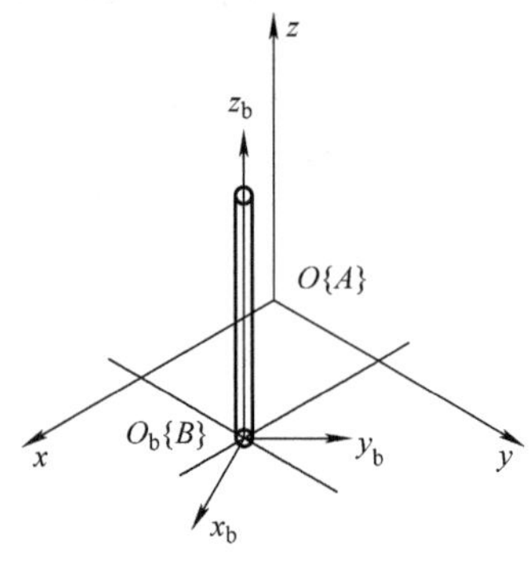

图 3-9　动坐标系 $\{B\}$ 的描述

解：

x_b 轴的方向向量：$\boldsymbol{n} = (\cos30°, \cos60°, \cos90°, 0)^{\mathrm{T}} = (0.866, 0.5, 0, 0)^{\mathrm{T}}$。

y_b轴的方向向量：$\boldsymbol{o} = (\cos120°, \cos30°, \cos90°, 0)^{\mathrm{T}} = (-0.5, 0.866, 0, 0)^{\mathrm{T}}$。

z_b轴的方向向量：$\boldsymbol{a} = (0, 0, 1, 0)^{\mathrm{T}}$。

齐次坐标向量：$(2, 1, 0, 1)^{\mathrm{T}}$。

所以，在坐标系 $\{B\}$ 下工件位姿的 4×4 矩阵 $\boldsymbol{T}$ 表达式为

$$\boldsymbol{T} = \begin{pmatrix} 0.866 & -0.5 & 0 & 2 \\ 0.5 & 0.866 & 0 & 1 \\ 0 & 0 & 1 & 0 \\ 0 & 0 & 0 & 1 \end{pmatrix}$$

（2）手部位置及姿态的描述　机器人的手部（末端执行器）直接和对象物（空间刚

体）进行交互，要想建立机器人和对象物的运动学关系，则需进一步对机器人手部的位置和姿态进行描述。机器人手部的位姿也可以用固连于手部的坐标系｛B｝的位姿来表示，如图 3-10 所示。

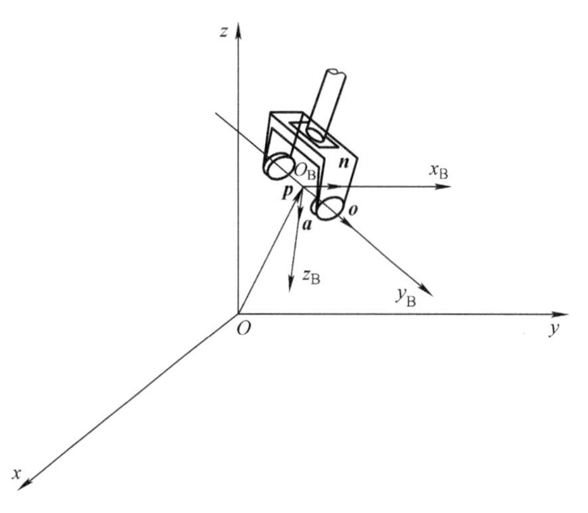

图 3-10　手部位置及姿态的表示

坐标系｛B｝可采用以下方式确定：取手部的中心点为原点 O_B；关节轴为 z_B轴，z_B轴的单位方向向量 $\boldsymbol{a}$ 称为接近向量，指向朝外；两个手指的连线为 y_B轴，y_B轴的单位方向向量 $\boldsymbol{o}$ 称为姿态向量，指向可任意选定；x_B轴与 y_B轴及 z_B轴相垂直，x_B轴的单位方向向量 $\boldsymbol{n}$ 为法向向量，且 $\boldsymbol{n}=\boldsymbol{o}\times\boldsymbol{a}$，其指向符合右手法则。

手部的位置向量为固定参考系原点指向手部坐标系｛B｝原点的向量 $\boldsymbol{p}$，手部的方向向量为 $\boldsymbol{n}$、$\boldsymbol{o}$、$\boldsymbol{a}$。于是手部的位姿可用 4×4 矩阵表示为

$$\boldsymbol{T}=(\boldsymbol{n},\boldsymbol{o},\boldsymbol{a},\boldsymbol{p})=\begin{pmatrix} n_x & o_x & a_x & p_x \\ n_y & o_y & a_y & p_y \\ n_z & o_z & a_z & p_z \\ 0 & 0 & 0 & 1 \end{pmatrix} \tag{3-8}$$

例 3-3　如图 3-11 所示为手部抓握物体 Q 示意图，物体为边长 2 个单位的正方体，写出该手部姿态的矩阵表达式。

解：

因为物体 Q 的形心与手部坐标系 $O'x'y'z'$的坐标原点 O'重合，所以手部的位置向量为

$$\boldsymbol{p}=(1\quad 1\quad 1\quad 1)^{\mathrm{T}}$$

手部坐标系 x'、y'和 z'轴的方向可分别用向量 $\boldsymbol{n}$、$\boldsymbol{o}$ 和 $\boldsymbol{a}$ 来表示

$$\boldsymbol{n}: n_x=0, n_y=-1, n_z=0。$$

$$\boldsymbol{o}: o_x=-1, o_y=0, o_z=0。$$

$$\boldsymbol{a}: a_x=0, a_y=0, a_z=-1。$$

根据式（3-8），手部姿态可用矩阵表达为

$$\boldsymbol{T}=(\boldsymbol{n},\boldsymbol{o},\boldsymbol{a},\boldsymbol{p})=\begin{pmatrix} 0 & -1 & 0 & 1 \\ -1 & 0 & 0 & 1 \\ 0 & 0 & -1 & 1 \\ 0 & 0 & 0 & 1 \end{pmatrix}$$

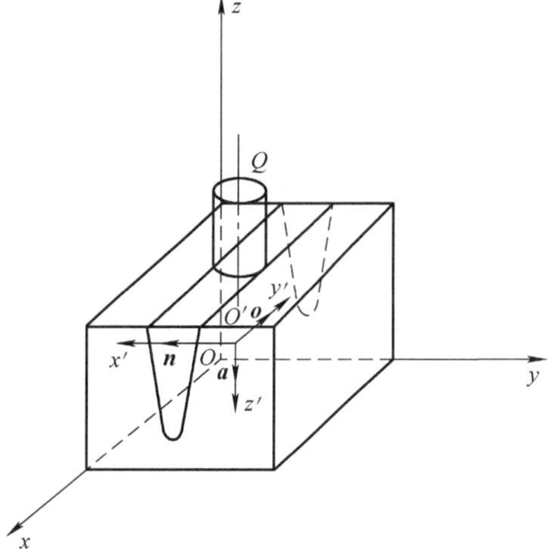

图 3-11　手部抓握物体 Q 示意图

5. 目标物齐次矩阵表达

设有一楔块 Q，坐标系 $Oxyz$ 为固定坐标系，坐标系 $O'x'y'z'$为与楔块 Q 固连的动坐标

系，如图 3-12 所示。

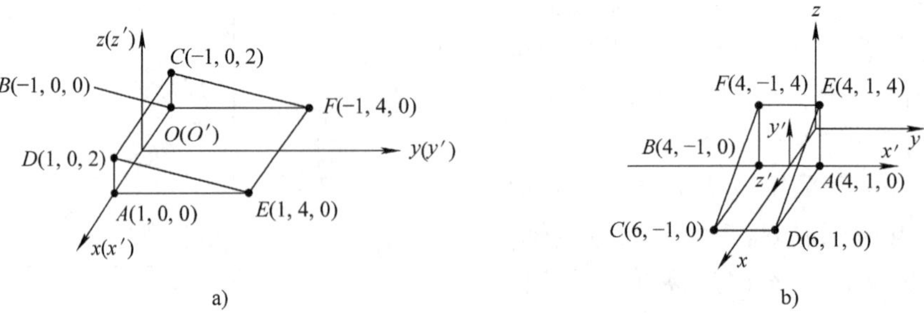

图 3-12　楔块的坐标系

在图 3-12a 所示的情况下，动坐标系 $O'x'y'z$ 与固定坐标系 $Oxyz$ 重合。楔块 Q 的位置和姿态可用 6 个点的齐次坐标来表示，其矩阵表达式为

$$\begin{matrix} A & B & C & D & E & F \end{matrix}$$
$$\begin{pmatrix} 1 & -1 & -1 & 1 & 1 & -1 \\ 0 & 0 & 0 & 0 & 4 & 4 \\ 0 & 0 & 2 & 2 & 0 & 0 \\ 1 & 1 & 1 & 1 & 1 & 1 \end{pmatrix} \tag{3-9}$$

若让楔块 Q 先绕 z 轴旋转 90°，再绕 y 轴旋转 90°，最后沿 x 轴方向平移 4 个单位，则楔块成为图 3-12b 所示的情况。此时楔块用新的 6 个齐次坐标来描述它的位置和姿态，其矩阵表达式为

$$\begin{matrix} A & B & C & D & E & F \end{matrix}$$
$$\begin{pmatrix} 4 & 4 & 6 & 6 & 4 & 4 \\ 1 & -1 & -1 & 1 & 1 & -1 \\ 0 & 0 & 0 & 0 & 4 & 4 \\ 1 & 1 & 1 & 1 & 1 & 1 \end{pmatrix} \tag{3-10}$$

第二节　齐次坐标变换及物体的位姿变换方程

齐次变换矩阵的本质是一个坐标系在另一个坐标系中位置和姿态的描述。刚体在空间的运动形式为平移、旋转以及平移和旋转的组合。而齐次变换矩阵能够直观地表达刚体的空间平移和旋转运动。

1. 平移的齐次变换

设坐标系 $\{B\}$ 与坐标系 $\{A\}$ 有相同的方位，但坐标系 $\{B\}$ 的原点与坐标系 $\{A\}$ 的原点不重合，用位置向量 ${}^{A}\boldsymbol{p}_{Bo}$ 描述坐标系 $\{B\}$ 相对于坐标系 $\{A\}$ 的位置，如图 3-13 所示，称 ${}^{A}\boldsymbol{p}_{Bo}$ 为坐标系 $\{B\}$ 相对于坐标系 $\{A\}$ 的平移向量。如果点 p 在坐标系 $\{B\}$ 中位置向量为 ${}^{B}\boldsymbol{p}$，那么它相对于坐标系 $\{A\}$ 的位置向量 ${}^{A}\boldsymbol{p}$ 可由向量相加得出，即

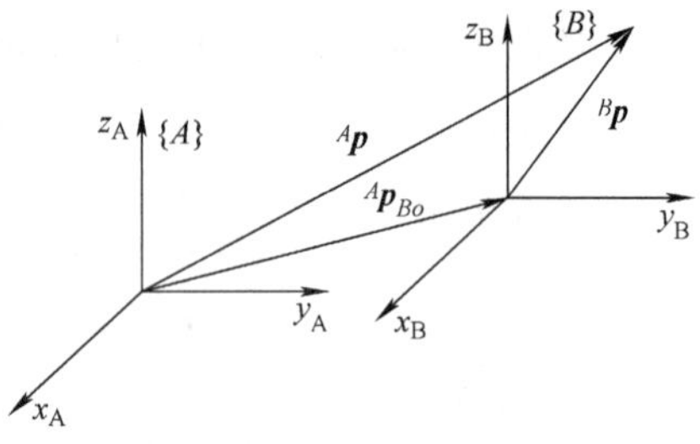

图 3-13　平移变换坐标

$$^{A}\boldsymbol{p} = {}^{B}\boldsymbol{p} + {}^{A}\boldsymbol{p}_{Bo} \tag{3-11}$$

称上式为平移方程。

空间某一点 A，坐标为（x，y，z），当它平移至 A'点时，坐标为（x'，y'，z'），其中

$$\begin{cases} x' = x + \Delta x \\ y' = y + \Delta y \\ z' = z + \Delta z \end{cases} \tag{3-12}$$

或写成齐次坐标形式为

$$\begin{pmatrix} x' \\ y' \\ z' \\ 1 \end{pmatrix} = \begin{pmatrix} 1 & 0 & 0 & \Delta x \\ 0 & 1 & 0 & \Delta y \\ 0 & 0 & 1 & \Delta z \\ 0 & 0 & 0 & 1 \end{pmatrix} \tag{3-13}$$

也可以简写为

$$\boldsymbol{A}' = \boldsymbol{Trans}(\Delta x, \Delta y, \Delta z)\boldsymbol{A} \tag{3-14}$$

式中，$\boldsymbol{Trans}(\Delta x,\Delta y,\Delta z)$表示齐次坐标变换的平移算子，且有

$$\boldsymbol{Trans}(\Delta x, \Delta y, \Delta z) = \begin{pmatrix} 1 & 0 & 0 & \Delta x \\ 0 & 1 & 0 & \Delta y \\ 0 & 0 & 1 & \Delta z \\ 0 & 0 & 0 & 1 \end{pmatrix} \tag{3-15}$$

式中，第 4 列元素 Δx、Δy、Δz 分别表示沿 x、y、z 坐标轴的移动量；前 3 列为单位矩阵形式，表示姿态未发生变化。若左乘算子表示坐标变换是相对固定坐标系进行的；若相对动坐标系进行坐标变换，则应该右乘算子。对于坐标系、物体等的平移变换，上述齐次变换式同样适用。

例 3-4　如图 3-14 所示的坐标系及物体的平移变换给出了下面 3 种情况：①动坐标系 $\{A\}$ 相对于固定坐标系的 x_0，y_0，z_0 轴分别进行（-1，2，2）平移后到 $\{A'\}$；②动坐标系 $\{A\}$ 相对于自身坐标系（即动坐标系）的 x，y，z 轴分别进行（-1，2，2）平移后到 $\{A''\}$；③物体 Q 相对于固定坐标系进行（2，6，0）平移后到 Q'。已知：

$$A = \begin{pmatrix} 0 & -1 & 0 & 1 \\ -1 & 0 & 0 & 1 \\ 0 & 0 & -1 & 1 \\ 0 & 0 & 0 & 1 \end{pmatrix};\ Q = \begin{pmatrix} 1 & -1 & -1 & 1 & 1 & -1 \\ 0 & 0 & 0 & 0 & 3 & 3 \\ 0 & 0 & 1 & 1 & 0 & 0 \\ 1 & 1 & 1 & 1 & 1 & 1 \end{pmatrix}$$

写出坐标系 $\{A'\}$，$\{A''\}$ 以及物体 Q'的矩阵表达式。

解：

动坐标系 $\{A\}$ 的两个平移坐标变换算子均可表达为

$$\boldsymbol{Trans}(\Delta x, \Delta y, \Delta z) = \begin{pmatrix} 1 & 0 & 0 & -1 \\ 0 & 1 & 0 & 2 \\ 0 & 0 & 1 & 2 \\ 0 & 0 & 0 & 1 \end{pmatrix}$$

$\{A'\}$ 坐标系是动坐标系 $\{A\}$ 沿固定坐标系进行平移变换得来的，因此平移算子左乘。$\{A'\}$ 的矩阵表达式为

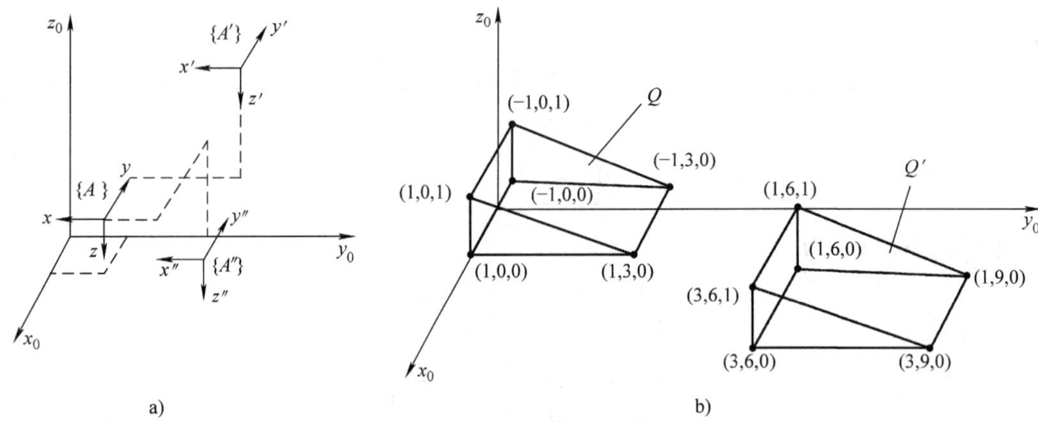

图 3-14　坐标系及物体的平移变换

a）坐标系　b）物体 Q 在固定坐标系下的位置变化

$$\boldsymbol{A}' = \boldsymbol{Trans}(-1,2,2)\boldsymbol{A} = \begin{pmatrix} 1 & 0 & 0 & -1 \\ 0 & 1 & 0 & 2 \\ 0 & 0 & 1 & 2 \\ 0 & 0 & 0 & 1 \end{pmatrix}\begin{pmatrix} 0 & -1 & 0 & 1 \\ -1 & 0 & 0 & 1 \\ 0 & 0 & -1 & 1 \\ 0 & 0 & 0 & 1 \end{pmatrix} = \begin{pmatrix} 0 & -1 & 0 & 0 \\ -1 & 0 & 0 & 3 \\ 0 & 0 & -1 & 3 \\ 0 & 0 & 0 & 1 \end{pmatrix}$$

$\{A''\}$ 坐标系是动作标系 $\{A\}$ 沿自身坐标系作平移变换得来的，因此平移算子右乘。$\{A''\}$ 的矩阵表达式为

$$\boldsymbol{A}'' = \boldsymbol{A}\boldsymbol{Trans}(-1,2,2) = \begin{pmatrix} 0 & -1 & 0 & 1 \\ -1 & 0 & 0 & 1 \\ 0 & 0 & -1 & 1 \\ 0 & 0 & 0 & 1 \end{pmatrix}\begin{pmatrix} 1 & 0 & 0 & -1 \\ 0 & 1 & 0 & 2 \\ 0 & 0 & 1 & 2 \\ 0 & 0 & 0 & 1 \end{pmatrix} = \begin{pmatrix} 0 & -1 & 0 & -1 \\ -1 & 0 & 0 & 2 \\ 0 & 0 & -1 & -1 \\ 0 & 0 & 0 & 1 \end{pmatrix}$$

由上述变换可见，平移算子左乘和右乘可得到 $\boldsymbol{A}'$ 和 $\boldsymbol{A}''$ 的表达式，相对于原动坐标系的姿态未发生变化，但位置完全不同。

物体 Q 的平移坐标变换算子为

$$\boldsymbol{Trans}(\Delta x,\Delta y,\Delta z) = \begin{pmatrix} 1 & 0 & 0 & 2 \\ 0 & 1 & 0 & 6 \\ 0 & 0 & 1 & 0 \\ 0 & 0 & 0 & 1 \end{pmatrix}$$

其相对于固定坐标系变换，因此得

$$\boldsymbol{Q}' = \boldsymbol{Trans}(2,6,0)\boldsymbol{Q} = \begin{pmatrix} 1 & 0 & 0 & 2 \\ 0 & 1 & 0 & 6 \\ 0 & 0 & 1 & 0 \\ 0 & 0 & 0 & 1 \end{pmatrix}\begin{pmatrix} 1 & -1 & -1 & 1 & 1 & -1 \\ 0 & 0 & 0 & 0 & 3 & 3 \\ 0 & 0 & 1 & 1 & 0 & 0 \\ 1 & 1 & 1 & 1 & 1 & 1 \end{pmatrix} = \begin{pmatrix} 3 & 1 & 1 & 3 & 3 & 1 \\ 6 & 6 & 6 & 6 & 9 & 9 \\ 0 & 0 & 1 & 1 & 0 & 0 \\ 1 & 1 & 1 & 1 & 1 & 1 \end{pmatrix}$$

2. 旋转的齐次变换

设坐标系 $\{B\}$ 与坐标系 $\{A\}$ 有相同的坐标原点，但两者的方位不同，如图 3-15 所示，用旋转矩阵 ${}^{A}_{B}\boldsymbol{R}$ 描述坐标系 $\{B\}$ 相对于坐标系 $\{A\}$ 的方位。同一点 p 在坐标系 $\{A\}$

和坐标系 $\{B\}$ 中描述的 ${}^{A}\boldsymbol{p}$ 与 ${}^{B}\boldsymbol{p}$ 具有如下变换关系

$$ {}^{A}\boldsymbol{p}={}^{A}_{B}\boldsymbol{R}\,{}^{B}\boldsymbol{p} \tag{3-16}$$

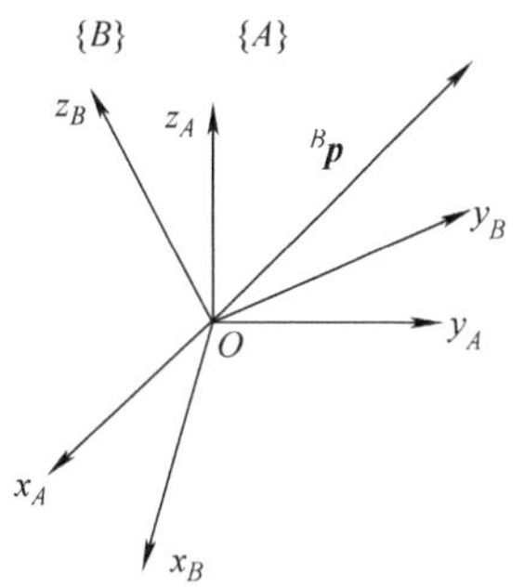

图 3-15 旋转坐标变换

式（3-16）称为坐标旋转方程。

空间某一点 A，其坐标为（x，y，z），当它绕 z 轴旋转 θ 角后至点 A'，坐标为（x'，y'，z'）。点 A' 和点 A 的坐标关系为

$$\begin{cases} x'=x\cos\theta-y\sin\theta \\ y'=x\sin\theta+y\cos\theta \\ z'=z \end{cases} \tag{3-17}$$

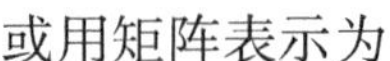

或用矩阵表示为

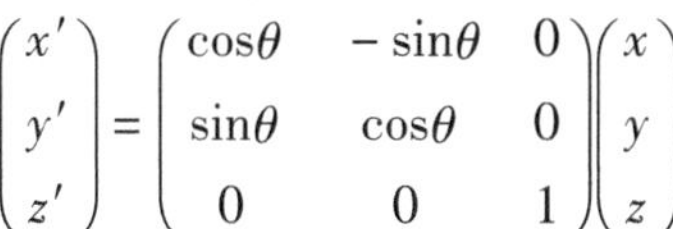

$$\begin{pmatrix} x' \\ y' \\ z' \end{pmatrix}=\begin{pmatrix} \cos\theta & -\sin\theta & 0 \\ \sin\theta & \cos\theta & 0 \\ 0 & 0 & 1 \end{pmatrix}\begin{pmatrix} x \\ y \\ z \end{pmatrix}$$

点 A' 和点 A 的齐次坐标分别为（x'，y'，z'，1）和（x，y，z，1），因此点 A 的旋转齐次变换过程为

$$\begin{pmatrix} x' \\ y' \\ z' \\ 1 \end{pmatrix}=\begin{pmatrix} \cos\theta & -\sin\theta & 0 & 0 \\ \sin\theta & \cos\theta & 0 & 0 \\ 0 & 0 & 1 & 0 \\ 0 & 0 & 0 & 1 \end{pmatrix}\begin{pmatrix} x \\ y \\ z \\ 1 \end{pmatrix} \tag{3-18}$$

也可简写为

$$\boldsymbol{A}'=\boldsymbol{Rot}(z,\theta)\boldsymbol{A} \tag{3-19}$$

式中，$\boldsymbol{Rot}(z,\theta)$ 表示齐次坐标变换时绕 z 轴的旋转算子，算子左乘表示相对于固定坐标系进行变换。绕 z 轴的旋转算子可表示为

$$\boldsymbol{Rot}(z,\theta)=\begin{pmatrix} \cos\theta & -\sin\theta & 0 & 0 \\ \sin\theta & \cos\theta & 0 & 0 \\ 0 & 0 & 1 & 0 \\ 0 & 0 & 0 & 1 \end{pmatrix} \tag{3-20}$$

同理，可写出绕 x 轴旋转的算子和绕 y 轴旋转的算子

$$\boldsymbol{Rot}(x,\theta)=\begin{pmatrix} 1 & 0 & 0 & 0 \\ 0 & \cos\theta & -\sin\theta & 0 \\ 0 & \sin\theta & \cos\theta & 0 \\ 0 & 0 & 0 & 1 \end{pmatrix} \tag{3-21}$$

$$\boldsymbol{Rot}(y,\theta)=\begin{pmatrix} \cos\theta & 0 & \sin\theta & 0 \\ 0 & 1 & 0 & 0 \\ -\sin\theta & 0 & \cos\theta & 0 \\ 0 & 0 & 0 & 1 \end{pmatrix} \tag{3-22}$$

与平移变换一样，旋转变换算子式（3-20）~式（3-22）不仅仅适用于点的旋转变换，而且也适用于向量、坐标系、物体等的旋转变换。若相对固定坐标系进行变换，则算子左乘；若相对动坐标系进行变换，则算子右乘。

例 3-5　已知点 $u=(7,3,2)$，将其绕 z 轴旋转 90°，代入式（3-20），变换后可得

$$w=\begin{pmatrix}0&-1&0&0\\1&0&0&0\\0&0&1&0\\0&0&0&1\end{pmatrix}\begin{pmatrix}7\\3\\2\\1\end{pmatrix}=\begin{pmatrix}-3\\7\\2\\1\end{pmatrix}$$

如图 3-16 所示为旋转变换前后点在坐标系中的位置。由图 3-16 可知，点 u 绕 z 轴旋转 90° 至点 v。如果点 v 绕 y 轴旋转 90°，即得到点 w，这一变换也可从图 3-16a 看出，并可求出

$$\boldsymbol{w}=\begin{pmatrix}0&0&1&0\\0&1&0&0\\-1&0&0&0\\0&0&0&1\end{pmatrix}\begin{pmatrix}-3\\7\\2\\1\end{pmatrix}=\begin{pmatrix}2\\7\\3\\1\end{pmatrix} \tag{3-23}$$

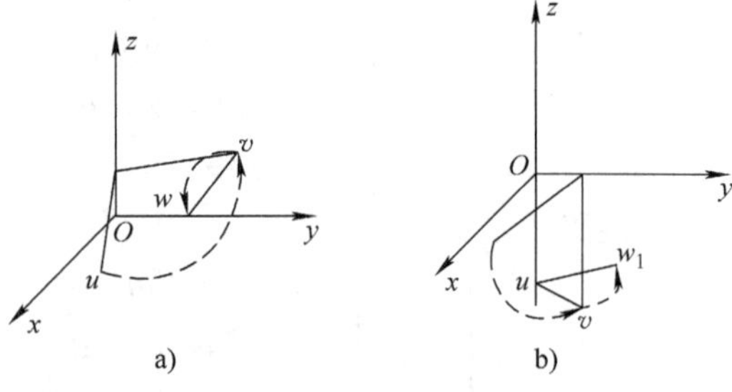

图 3-16　旋转变换前后点在坐标系中的位置
a）变换次序一　b）变换次序二

如果把上述两旋转变换 $\boldsymbol{v}=\boldsymbol{Rot}(z,90)\boldsymbol{u}$ 与 $\boldsymbol{w}=\boldsymbol{Rot}(y,90)\boldsymbol{v}$ 组合，可得

$$\boldsymbol{w}=\boldsymbol{Rot}(y,90)\boldsymbol{Rot}(z,90)\boldsymbol{u}$$

因为

$$\boldsymbol{Rot}(y,90)\boldsymbol{Rot}(z,90)=\begin{pmatrix}0&0&1&0\\1&0&0&0\\0&1&0&0\\0&0&0&1\end{pmatrix} \tag{3-24}$$

所以

$$\boldsymbol{w}=\begin{pmatrix}0&0&1&0\\1&0&0&0\\0&1&0&0\\0&0&0&1\end{pmatrix}\begin{pmatrix}7\\3\\2\\1\end{pmatrix}=\begin{pmatrix}2\\7\\3\\1\end{pmatrix} \tag{3-25}$$

如果改变旋转次序，首先使点 u 绕 y 轴旋转 90°，那么就会使点 u 变换至与点 w 不同的位置 w_1，如图 3-16b 所示。从计算也可得出 $w_1 \neq w$ 的结果。这个结果是必然的，因为矩阵的乘法不具有交换性质，即 $\boldsymbol{AB}\neq\boldsymbol{BA}$。变换矩阵的左乘和右乘的运动解释是不同的：变换顺序“从右向左”，指运动是相对固定坐标系而言的；变换顺序“从左向右”，指运动是相对运动坐标系而言的。

3. 平移加旋转的齐次变换

平移变换和旋转变换可以组合在一个齐次变换中，即进行复合变换（或一般齐次变换）。一般齐次变换并不限定平移变换或旋转变换的次数和先后顺序。

同平移变换和旋转变换一致，凡是相对于固定坐标系进行变换则算子左乘，凡是相对于动坐标系变换则算子右乘。同样，一般齐次变换适用于点的变换，也适用于坐标系和物体的变换。

4. 变换方程的建立

为了描述机器人的操作，必须建立起机器人各连杆之间，以及机器人与周围环境之间的

运动关系。过程中常常需要定义多种坐标系以便编程控制，常用的几种坐标系有 $\{B\}$（基座坐标系）、$\{W\}$（腕部坐标系）、$\{T\}$（工具坐标系）、$\{S\}$（工作台坐标系）和 $\{G\}$（工件坐标系），如图 3-17 所示。各坐标系之间的位姿关系可以用相应的齐次变换来描述。例如：

${}^{B}_{S}\boldsymbol{T}$ 描述工作台坐标系 $\{S\}$ 相对于基座坐标系 $\{B\}$ 的位姿；

${}^{S}_{G}\boldsymbol{T}$ 描述工件坐标系 $\{G\}$ 相对于工作台坐标系 $\{S\}$ 的位姿；

${}^{B}_{W}\boldsymbol{T}$ 描述腕部坐标系 $\{W\}$ 相对于基座坐标系 $\{B\}$ 的位姿；

对物体进行操作时，工具坐标系 $\{T\}$ 相对工件坐标系 $\{G\}$ 的位姿${}^{G}_{T}\boldsymbol{T}$ 直接影响操作效果，它是机器人控制和规划的目标。实际上，它与其他变换（位姿）之间的关系类似于空间尺寸链，${}^{G}_{T}\boldsymbol{T}$ 则是封闭环。如图 3-18 所示，工具坐标系 $\{T\}$ 相对于基座坐标系 $\{B\}$ 的描述可用两种变换矩阵的乘积来表示

$$ {}^{B}_{T}\boldsymbol{T} = {}^{B}_{W}\boldsymbol{T}{}^{W}_{T}\boldsymbol{T} \tag{3-26} $$

$$ {}^{B}_{T}\boldsymbol{T} = {}^{B}_{S}\boldsymbol{T}{}^{S}_{G}\boldsymbol{T}{}^{G}_{T}\boldsymbol{T} \tag{3-27} $$

令上面两式相等，则得变换方程为

$$ {}^{B}_{W}\boldsymbol{T}{}^{W}_{T}\boldsymbol{T} = {}^{B}_{S}\boldsymbol{T}{}^{S}_{G}\boldsymbol{T}{}^{G}_{T}\boldsymbol{T} \tag{3-28} $$

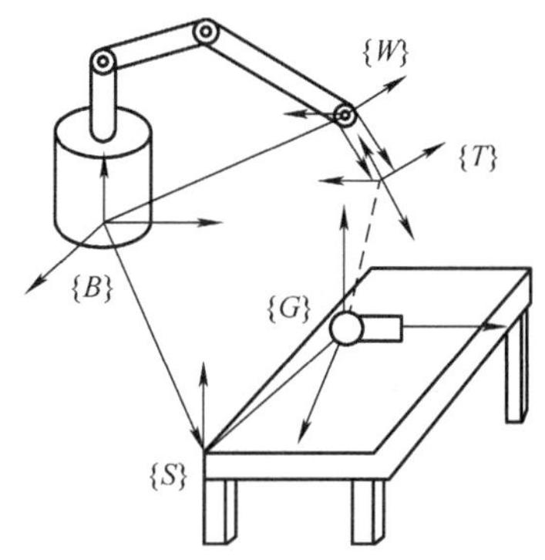

图 3-17 常用坐标系

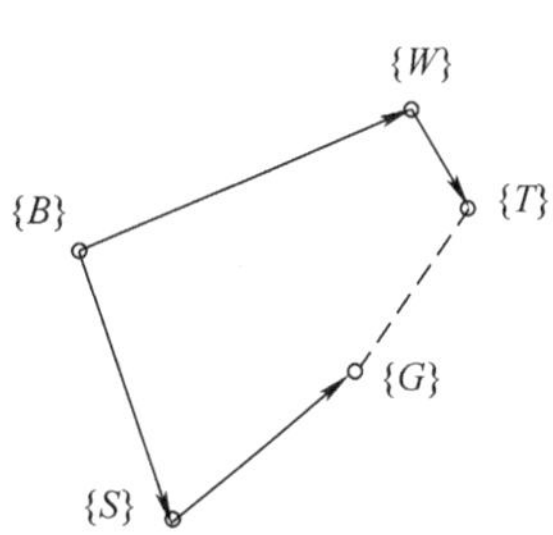

图 3-18 空间尺寸链

变换方程式（3-28）中的任一变换矩阵都可用其余的变换矩阵来表示。例如，为了对目标物进行有效操作，工具坐标系 $\{T\}$ 相对于目标坐标系的位姿${}^{G}_{T}\boldsymbol{T}$ 是预先规定的，需要改变${}^{B}_{W}\boldsymbol{T}$ 以达到这一目的，根据变换方程式（3-28），可以立即求出

$$ {}^{B}_{W}\boldsymbol{T} = {}^{B}_{S}\boldsymbol{T}{}^{S}_{G}\boldsymbol{T}{}^{G}_{T}\boldsymbol{T}{}^{W}_{T}\boldsymbol{T}^{-1} \tag{3-29} $$

第三节 连杆参数及其齐次变换矩阵

机器人运动学的重点是研究手部（末端执行器）的位姿和运动（不考虑力的影响），而手部位姿是与机器人各杆件的尺寸、运动副类型及杆件间的相互关系直接相关的。因此，在研究手部相对于各连杆以及机座的位姿关系和空间运动时，首先必须分析两相邻杆件的相互关系，即建立杆件坐标系。

1. 连杆的描述

如前所述，机器人的结构往往可以描述为一系列的连杆通过平移或旋转关节连接而来。

如图 3-19 所示空间中的一般连杆，其两端有转动关节 n 和 $n+1$。该连杆尺寸可以用两个量来描述：一个是两个关节轴线沿公垂线的距离 a_n，称为连杆长度；另一个是垂直于 a_n 的平面内两个轴线的夹角 α_n，称为连杆扭角。这两个参数为连杆 n 的尺寸参数。

进一步考虑连杆 n 与相邻连杆 $n-1$ 的关系。如图 3-20 所示，若它们通过旋转关节相连，其相对位置可用两个参数 d_n 和 θ_n 来确定。其中，d_n是沿关节 n 轴线两个公垂线的距离，θ_n是垂直于关节 n 轴线的平面内两个公垂线的夹角。d_n 和 θ_n 表达了空间任意相邻杆件之间的关系。

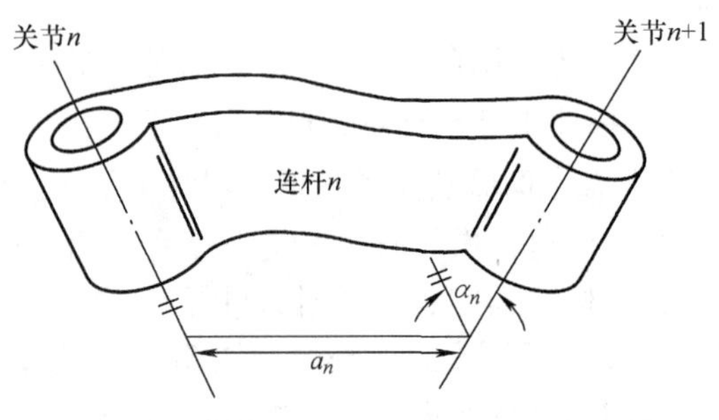

图 3-19　连杆尺寸参数

由此，每个连杆可以由上述 4 个参数所描述：其中两个描述连杆尺寸，另外两个描述连杆与相邻杆件的连接关系。对于特定的连杆，其尺寸参数为定值；如果是旋转关节，θ_n是关节变量，其他 3 个参数固定不变；如果是移动关节变量，d_n是关节变量，其他 3 个参数固定不变。

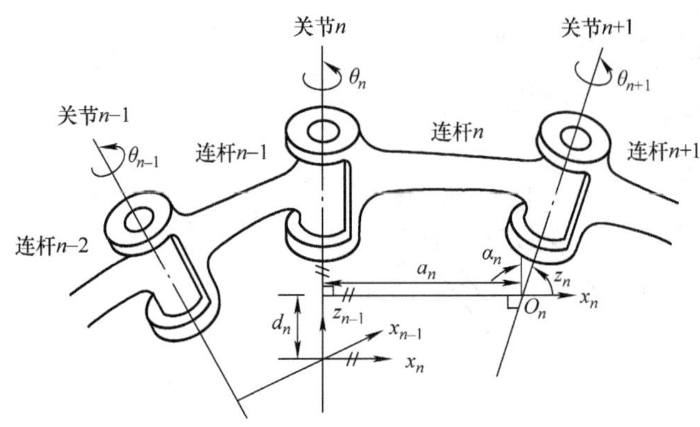

图 3-20　连杆关系参数

2. 连杆坐标系的建立

建立连杆坐标系要按以下规则进行：连杆 n 坐标系（简称 n 系）的坐标原点设在关节 n 的轴线和关节 $n+1$ 的轴线的公垂线同关节 $n+1$ 的轴线相交之处（如图 3-20 所示）。n 系的 z 轴与关节 $n+1$ 的轴线重合，x 轴与上述公垂线重合且方向从关节 n 指向关节 $n+1$，y 轴则按右手法则确定。

连杆参数及连杆 n 的坐标系见表 3-1 和表 3-2。

表 3-1　连杆参数

名称	含义	±号	性质
θ_n 转角	连杆 n 绕关节 n 的 z_{n-1} 轴的转角	右手法则	转动关节为变量，移动关节为常量
d_n 距离	连杆 n 沿关节 n 的 z_{n-1} 轴的位移	沿 z_{n-1} 正向为 +	转动关节为常量，移动关节为变量
a_n 长度	沿 x_n 方向上，连杆 n 的长度，尺寸参数	与 x_n 方向一致	常量
α_n 扭角	连杆 n 两关节轴线之间的扭角，尺寸参数	右手法则	常量

表 3-2 连杆 n 的坐标系

原点 O_n	轴 x_n	轴 y_n	轴 z_n
位于关节 $n+1$ 轴线与连杆 n 两关节轴线的公垂线的交点处	沿连杆 n 两侧关节轴线的公垂线，并指向 $n+1$ 关节	按右手法则确定	与关节 $n+1$ 的轴线重合

3. 连杆坐标系之间的变换矩阵

建立了各连杆坐标系后，$n-1$ 系与 n 系间的变换关系就可以通过坐标系的平移和旋转变换来实现。如图 3-20 所示，连杆坐标系 $n-1$ 和坐标系 n 的差异主要体现在上述的 4 个连杆参数上，因此可通过 4 步变换实现坐标关系的转换。先令 $n-1$ 系绕 z_{n-1} 轴旋转 θ_n 角，再沿 z_{n-1} 轴平移 d_n，然后沿 x_n 轴平移 a_n，最后绕 x_n 轴旋转 α_n 角，最终使得 $n-1$ 系与 n 系重合。可用一个变换矩阵 $\boldsymbol{A}_n$ 来综合描述上述 4 次变换，由于坐标系在每次旋转或平移后发生了变动，后一次变换都是相对动系进行的，因此在运算中变换算子均为右乘。从而连杆 n 的齐次变换矩阵表述为

$$
\begin{aligned}
\boldsymbol{A}_n &= \underset{①}{\boldsymbol{Rot}(z,\theta_n)}\,\underset{②}{\boldsymbol{Trans}(0,0,d_n)}\,\underset{③}{\boldsymbol{Trans}(a_n,0,0)}\,\underset{④}{\boldsymbol{Rot}(x,\alpha_n)} \\
&= \begin{pmatrix} \cos\theta_n & -\sin\theta_n & 0 & 0 \\ \sin\theta_n & \cos\theta_n & 0 & 0 \\ 0 & 0 & 1 & 0 \\ 0 & 0 & 0 & 1 \end{pmatrix} \begin{pmatrix} 1 & 0 & 0 & a_n \\ 0 & 1 & 0 & 0 \\ 0 & 0 & 1 & d_n \\ 0 & 0 & 0 & 1 \end{pmatrix} \begin{pmatrix} 1 & 0 & 0 & 0 \\ 0 & \cos\alpha_n & -\sin\alpha_n & 0 \\ 0 & \sin\alpha_n & \cos\alpha_n & 0 \\ 0 & 0 & 0 & 1 \end{pmatrix} \\
&= \begin{pmatrix} \cos\theta_n & -\sin\theta_n\cos\alpha_n & \sin\theta_n\sin\alpha_n & a_n\cos\theta_n \\ \sin\theta_n & \cos\theta_n\cos\alpha_n & -\cos\theta_n\sin\alpha_n & a_n\sin\theta_n \\ 0 & \sin\alpha_n & \cos\alpha_n & d_n \\ 0 & 0 & 0 & 1 \end{pmatrix}
\end{aligned}
\tag{3-30}
$$

实际上很多机器人在设计时，为了简单化，往往使某些连杆参数取特值，如使 $\alpha_n=0°$ 或 $90°$，也有使 $d_n=0$ 或 $a_n=0$，从而可以简化变换矩阵 $\boldsymbol{A}_n$ 的计算和运动方程的求解，也可进一步简化机器人的控制。

第四节 机器人的运动学方程

本节研究机器人的运动学方程，机器人的运动学方程分为正向运动学方程和反向运动学方程两种。正向运动学方程是描述机器人末端相对于绝对坐标系或基座坐标系的位姿的数学表达式，即给定机器人各连杆和关节参数，求解机械手（末端执行器）的相对位姿；反向运动学方程即给定机械手末端位姿，求解能够达到该预期位姿的各个关节变量。

1. 机器人运动学方程建立

本节将为机器人的每一个连杆建立一个坐标系，并用齐次变换来描述这些坐标系间的相对关系（相对位姿）。通常把描述一个连杆坐标系与下一个连杆坐标系间相对关系的齐次变换矩阵称为 $\boldsymbol{A}$ 变换矩阵（或 $\boldsymbol{A}$ 矩阵）。如果 $\boldsymbol{A}_i$ 矩阵表示第 i 连杆坐标系相对于固定坐标系

的位姿，则第 1 连杆坐标系相对于固定坐标系的位姿 $\boldsymbol{T}_1$ 为

$$\boldsymbol{T}_1=\boldsymbol{A}_1\boldsymbol{T}_0=\boldsymbol{A}_1 \tag{3-31}$$

其中

$$\boldsymbol{T}_0=\begin{pmatrix}1&0&0&0\\0&1&0&0\\0&0&1&0\\0&0&0&1\end{pmatrix} \tag{3-32}$$

显然，$\boldsymbol{T}_0$是标准的单位矩阵，表示第 0 个连杆相对固定坐标系的位姿。如果 $\boldsymbol{A}_2$矩阵表示第 2 连杆坐标系相对于第 1 连杆坐标系的齐次变换，则第 2 连杆坐标系在固定坐标系的位姿 $\boldsymbol{T}_2$可用 $\boldsymbol{A}_2$和 $\boldsymbol{A}_1$的乘积来表示。由于是相对于动坐标系变换，$\boldsymbol{A}_2$应该右乘，则有

$$\boldsymbol{T}_2=\boldsymbol{A}_1\boldsymbol{A}_2 \tag{3-33}$$

同理，若 $\boldsymbol{A}_3$矩阵表示第 3 连杆坐标系相对于第 2 连杆坐标系的齐次变换，则有

$$\boldsymbol{T}_3=\boldsymbol{A}_1\boldsymbol{A}_2\boldsymbol{A}_3 \tag{3-34}$$

如此类推，对于最一般的六连杆机器人，则有

$$\boldsymbol{T}_6=\boldsymbol{A}_1\boldsymbol{A}_2\boldsymbol{A}_3\boldsymbol{A}_4\boldsymbol{A}_5\boldsymbol{A}_6 \tag{3-35}$$

式（3-35）右边表示了从固定参考系至手部坐标系的各连杆坐标系之间的变换矩阵的连乘，左边 $\boldsymbol{T}_6$表示这些变换矩阵的乘积，也就是手部坐标系相对于固定参考系的位姿，我们称式（3-35）为机器人运动学方程。式（3-35）计算结果是一个 4×4 的矩阵

$$\boldsymbol{T}_6=\begin{pmatrix}n_x&o_x&a_x&p_x\\n_y&o_y&a_y&p_y\\n_z&o_z&a_z&p_z\\0&0&0&1\end{pmatrix} \tag{3-36}$$

式中，前 3 列表示手部的姿态，第 4 列表示手部的位置。

2. 正向运动学求解及实例

正向运动学主要解决机器人运动学方程的建立及手部位姿求解，即已知各个关节的变量，求手部的位姿。

运动学方程的模型为

$$M=f(q_i) \tag{3-37}$$

式中，M 为机器人手在空间的位姿；q_i为机器人各个关节的变量。

需要说明的是：

1）一旦确定了机器人的各个关节坐标，机器人末端的位姿也就随之确定。因此由机器人的关节空间到机器人的末端笛卡儿空间之间的映射，是一种单映射关系。

2）机器人的正向运动学，描述的就是机器人的关节空间到机器人的末端笛卡儿空间之间的映射关系。

3）对于具有 n 个自由度的串联结构工业机器人，各个连杆坐标系之间属于联体坐标关系。若各个连杆的变换矩阵分别为 $\boldsymbol{A}_i$，则机器人末端的位置和姿态为：$\boldsymbol{T}=\boldsymbol{A}_1\boldsymbol{A}_2\boldsymbol{A}_3\cdots\boldsymbol{A}_n$。

例 3-6 图 3-21 所示的机器人有 2 个关节，分别为 O_A、O_B点，机械手中心为 O_C点。这 3 个点分别为 3 个坐标系的原点，调整机器人各关节使得末端执行器最终到达指定位置（末

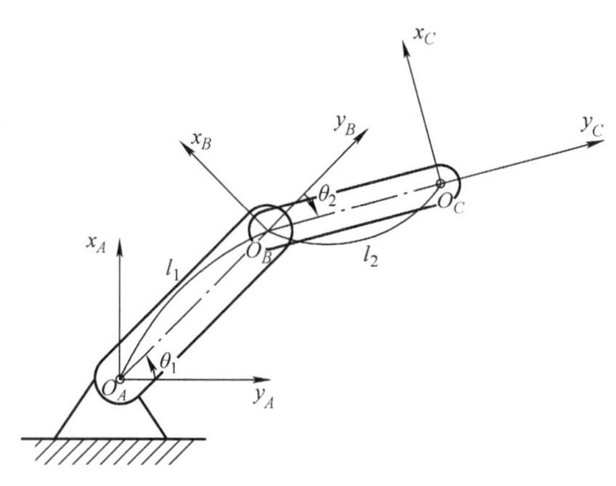

图 3-21　二连杆机器人

沿 z 轴发生平移），其中：$l_1=100$，$l_2=50$，$\theta_1=45°$，$\theta_2=-30°$。试求机械手末端执行器的位姿。

解：

由题可知，该机器人两个关节轴线互相平行，为典型的 SCARA 机器人（即平面关节型机器人），其机械手末端执行器位姿表述为

$$\boldsymbol{T}=\boldsymbol{Rot}(z_{\mathrm{A}},\theta_1)\ \boldsymbol{Trans}(l_1,0,0)\ \boldsymbol{Rot}(z_{\mathrm{B}},\theta_2)\ \boldsymbol{Trans}(l_2,0,0)$$

$$=\begin{pmatrix}\cos45° & -\sin45° & 0 & 0\\ \sin45° & \cos45° & 0 & 0\\ 0 & 0 & 1 & 0\\ 0 & 0 & 0 & 1\end{pmatrix}\begin{pmatrix}1 & 0 & 0 & 100\\ 0 & 1 & 0 & 0\\ 0 & 0 & 1 & 0\\ 0 & 0 & 0 & 1\end{pmatrix}$$

$$\begin{pmatrix}\cos(-30°) & -\sin(-30°) & 0 & 0\\ \sin(-30°) & \cos(-30°) & 0 & 0\\ 0 & 0 & 1 & 0\\ 0 & 0 & 0 & 1\end{pmatrix}\begin{pmatrix}1 & 0 & 0 & 50\\ 0 & 1 & 0 & 0\\ 0 & 0 & 1 & 0\\ 0 & 0 & 0 & 1\end{pmatrix}$$

$$=\begin{pmatrix}\frac{\sqrt{6}}{4}+\frac{\sqrt{2}}{4} & \frac{\sqrt{2}}{4}-\frac{\sqrt{6}}{4} & 0 & 25\frac{\sqrt{6}}{2}+125\frac{\sqrt{2}}{2}\\ \frac{\sqrt{6}}{4}-\frac{\sqrt{2}}{4} & \frac{\sqrt{2}}{4}+\frac{\sqrt{6}}{4} & 0 & 25\frac{\sqrt{6}}{2}+75\frac{\sqrt{2}}{2}\\ 0 & 0 & 1 & 0\\ 0 & 0 & 0 & 1\end{pmatrix}$$

3. 反向运动学求解及实例

上面我们介绍了正向运动学求解问题，即给出关节变量求出手部位姿各向量，这种求解方法只需将关节变量代入运动学方程中即可。但在机器人控制中，问题往往是相反的，即在已知手部要到达的目标位姿的情况下如何求出关节变量，以驱动各关节的马达，使手部的位姿得到满足，这就是反向运动学问题，也称作求运动学逆解。

反向运动学的求解流程：

1）根据机械手关节坐标设置确定出 A_i，由关节变量和参数确定机器人运动学方程。

$$T_6 = A_1A_2A_3A_4A_5A_6 \tag{3-38}$$

2）根据工作任务确定机器人的各连杆坐标系相对于基座坐标系的位姿 T_i，如为六自由度机器人，则 T_6 为机械手末端在直角坐标系（参考坐标或基坐标）中的位姿，由任务确定。

3）由 T_6 和 A_i（$i=1, 2, \cdots, 6$），求出相应的关节变量 θ_i 或 d_i。

分别用 A_i（$i=1, 2, \cdots, 5$）的逆左乘式（3-38），有

$$A_1^{-1}T_6 = {}^1T_6 \quad ({}^1T_6 = A_2A_3A_4A_5A_6) \tag{3-39}$$

$$A_2^{-1}A_1^{-1}T_6 = {}^2T_6 \quad ({}^2T_6 = A_3A_4A_5A_6) \tag{3-40}$$

$$A_3^{-1}A_2^{-1}A_1^{-1}T_6 = {}^3T_6 \quad ({}^3T_6 = A_4A_5A_6) \tag{3-41}$$

$$A_4^{-1}A_3^{-1}A_2^{-1}A_1^{-1}T_6 = {}^4T_6 \quad ({}^4T_6 = A_5A_6) \tag{3-42}$$

$$A_5^{-1}A_4^{-1}A_3^{-1}A_2^{-1}A_1^{-1}T_6 = {}^5T_6 \quad ({}^5T_6 = A_6) \tag{3-43}$$

根据上述5个矩阵方程对应元素相等，可得到若干个可解的代数方程，便可求出关节变量 θ_i 或 d_i。

上述求解的过程称为分离变量法，即将一个未知数由矩阵方程的右边移向左边，使其与其他未知数分开，解开这个未知数，再把下一个未知数移到左边，重复进行，直到解出所有未知数。

需要注意的是，求解机器人的逆解时，可能存在以下问题：

第一，解可能不存在。机器人具有一定的工作域，假如给定手部目标位置在工作域之外，则解不存在。如图3-22所示为二自由度平面关节机械手，假如给定手部位置向量（x，y）位于外半径为 l_1+l_2 与内半径为 $|l_1-l_2|$ 的圆环之外，则无法求出逆解 θ_1 及 θ_2，即该逆解不存在。

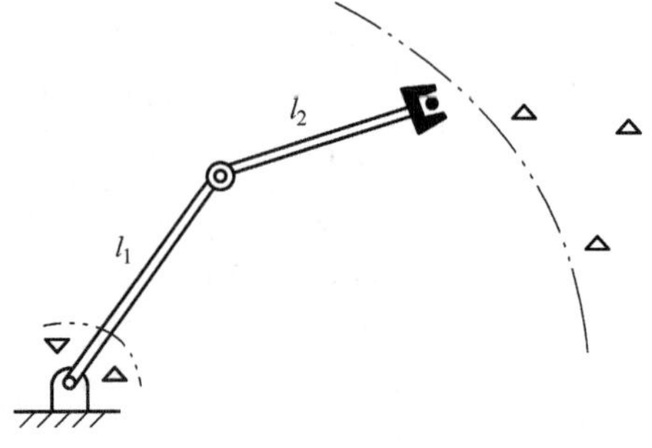

图3-22　工作域外逆解不存在

第二，解的多重性。机器人的逆运动学问题可能出现多解。图3-23所示为一个二自由度平面关节机械手出现两个逆解的情况。对于给定的在机器人工作域内的手部位置 A（x，y）可以得到两个逆解：θ_1、θ_2 及 θ'_1、θ'_2。从图3-23a可知，手部是不能以任意方向到达目标点 A 的。如图3-23b所示，增加一个手腕关节自由度，三自由度平面关节机械手即可实现手部以任意方向到达目标点 A。

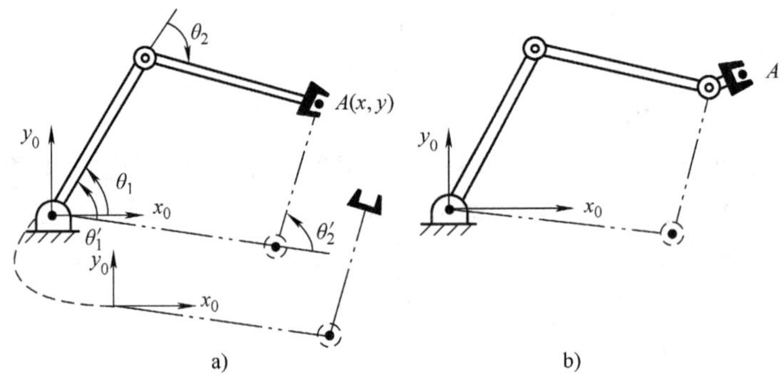

图3-23　逆解的多重性

在多解情况下，一定有一个最接近解，即最接近起始点的解。多自由度机械手的手部从起始点运动到目标点，在多解的情况下会存在一个“最短行程”的优化解。但是，在有障碍或其他约束条件存在的情况下，最接近解会引起碰撞，只能采用其他解。尽管“大臂、小臂”将经过“遥远”的行程，但为了避免碰撞也只能用这个解，这就是解的多重性带来可供选择的好处。

一般来说，非零的连杆参数越多，达到某一目标的方式越多，运动学逆解的数目越多。因此，应该根据具体情况，在避免碰撞的前提下，可以按“最短行程”原则来择优，即每个关节的移动量最小。又由于机器人连杆的尺寸大小不同，从能耗角度出发，应遵循“多移动小关节，少移动大关节”的原则来寻求最优解。

例 3-7　如图 3-24 所示，已知机器人末端的坐标值（x，y），试利用 x，y 表示 θ_1 和 θ_2。

解：

根据图中几何关系可知

$$x = l_1\cos\theta_1 + l_2\cos(\theta_1 + \theta_2)$$

$$y = l_1\sin\theta_1 + l_2\sin(\theta_1 + \theta_2)$$

联立求解上述两方程的平方和，可以得到

$$x^2 + y^2 = l_1^2 + l_2^2 + 2l_1l_2\cos\theta_2$$

进一步得到

$$\theta_2 = \arccos\left(\frac{x^2 + y^2 - l_1^2 - l_2^2}{2l_1l_2}\right)$$

将上式代回即可求出 θ_1 的表达式。

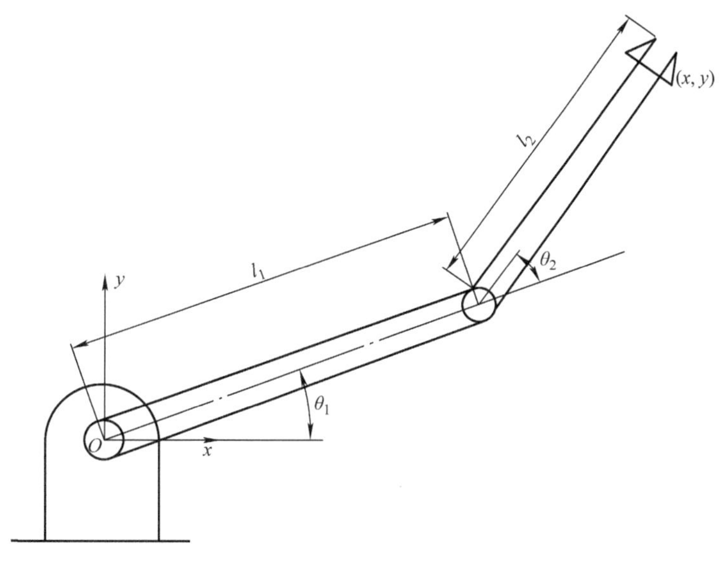

图 3-24　二自由度机器人

例 3-8　如图 3-25 所示为 PUMA 560 机器人连杆坐标系及参数，该机器人属于关节式机器人，其 6 个关节都是转动关节。前 3 个关节确定手腕参考点的位置，后 3 个关节确定手腕的方位。和大多数工业机器人一样，后 3 个关节轴线交于一点。该点选作为手腕的参考点，

也选作为连杆坐标系｛4｝、｛5｝和｛6｝的原点。关节1的轴线为铅直方向，关节2和3的轴线水平且平行，距离为a_2。关节1和2的轴线垂直相交，关节3和4的轴线垂直交错，距离为a_3。相应的机器人连杆参数见表3-3。其中，$a_2=431.8\text{mm}$，$a_3=20.32\text{mm}$，$d_2=149.09\text{mm}$，$d_4=433.07\text{mm}$，$d_6=56.25\text{mm}$。

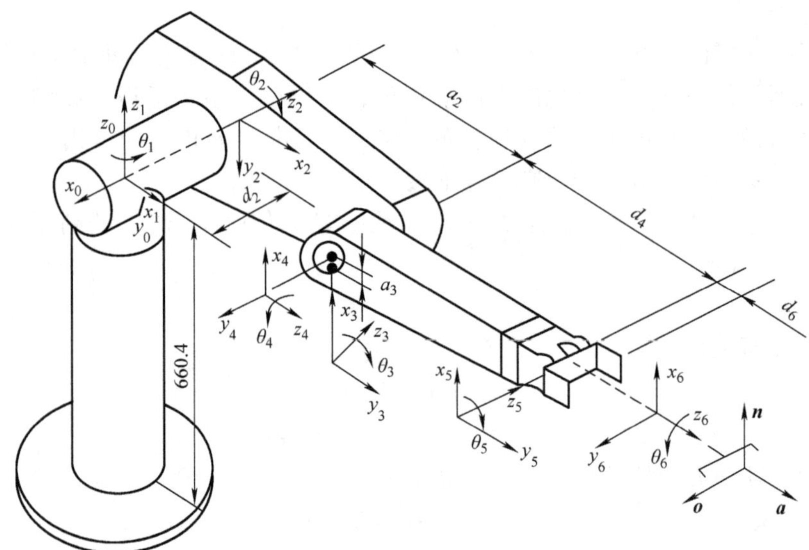

图3-25　PUMA 560机器人连杆坐标系及参数

表3-3　PUMA 560机器人连杆参数

连杆 i	变量 θ_i	α_{i-1}	a_{i-1}	d_i	变量范围
1	θ_1（90°）	0°	0	0	-160°～160°
2	θ_2（0°）	-90°	0	d_2	-225°～45°
3	θ_3（-90°）	0°	a_2	0	-45°～225°
4	θ_4（0°）	-90°	a_3	d_4	-110°～170°
5	θ_5（0°）	90°	0	0	-100°～100°
6	θ_6（0°）	-90°	0	d_6	-266°～266°

根据变换矩阵通式 $ {}^{i-1}_{\ \ i}\boldsymbol{T}=\begin{pmatrix} c\theta_i & -s\theta_i & 0 & a_{i-1} \\ s\theta_i c\alpha_{i-1} & c\theta_i c\alpha_{i-1} & -s\alpha_{i-1} & -d_i s\alpha_{i-1} \\ s\theta_i s\alpha_{i-1} & c\theta_i s\alpha_{i-1} & c\alpha_{i-1} & d_i c\alpha_{i-1} \\ 0 & 0 & 0 & 1 \end{pmatrix}$ 和表3-3中连杆参数（式中$c\theta_i$为$\cos\theta_i$，$s\theta_i$为$\sin\theta_i$，下同），可求得各连杆变换矩阵如下

$$
{}^0_1\boldsymbol{T}=\begin{pmatrix} c\theta_1 & -s\theta_1 & 0 & 0\\ s\theta_1 & c\theta_1 & 0 & 0\\ 0 & 0 & 1 & 0\\ 0 & 0 & 0 & 1\end{pmatrix}\quad {}^1_2\boldsymbol{T}=\begin{pmatrix} c\theta_2 & -s\theta_2 & 0 & 0\\ 0 & 0 & 1 & d_2\\ -s\theta_2 & -c\theta_2 & 0 & 0\\ 0 & 0 & 0 & 1\end{pmatrix}
$$

$$
{}^2_3\boldsymbol{T}=\begin{pmatrix} c\theta_3 & -s\theta_3 & 0 & a_2\\ s\theta_3 & c\theta_3 & 0 & 0\\ 0 & 0 & 1 & 0\\ 0 & 0 & 0 & 1\end{pmatrix}\quad {}^3_4\boldsymbol{T}=\begin{pmatrix} c\theta_4 & -s\theta_4 & 0 & a_3\\ 0 & 0 & 1 & d_4\\ -s\theta_4 & -c\theta_4 & 0 & 0\\ 0 & 0 & 0 & 1\end{pmatrix}
$$

$$
{}^4_5\boldsymbol{T}=\begin{pmatrix} c\theta_5 & -s\theta_5 & 0 & 0\\ 0 & 0 & -1 & 0\\ s\theta_5 & c\theta_5 & 0 & 0\\ 0 & 0 & 0 & 1\end{pmatrix}\quad {}^5_6\boldsymbol{T}=\begin{pmatrix} c\theta_6 & -s\theta_6 & 0 & 0\\ 0 & 0 & 1 & 0\\ -s\theta_6 & -c\theta_6 & 0 & 0\\ 0 & 0 & 0 & 1\end{pmatrix}
$$

各连杆变换矩阵相乘，得到 PUMA 560 的机械手变换矩阵为

$$
{}^0_6\boldsymbol{T}={}^0_1\boldsymbol{T}(\theta_1){}^1_2\boldsymbol{T}(\theta_2){}^2_3\boldsymbol{T}(\theta_3){}^3_4\boldsymbol{T}(\theta_4){}^4_5\boldsymbol{T}(\theta_5){}^5_6\boldsymbol{T}(\theta_6)
$$

该矩阵即为关节变量 θ_1，θ_2，…，θ_6 的函数。要求解此运动方程，需先计算某些中间结果。

$$
{}^4_6\boldsymbol{T}={}^4_5\boldsymbol{T}{}^5_6\boldsymbol{T}=\begin{pmatrix} c_5c_6 & -c_5s_6 & -s_5 & 0\\ s_6 & c_6 & 0 & 0\\ s_5c_6 & -s_5s_6 & c_5 & 0\\ 0 & 0 & 0 & 1\end{pmatrix}
$$

$$
{}^3_6\boldsymbol{T}={}^3_4\boldsymbol{T}{}^4_6\boldsymbol{T}=\begin{pmatrix} c_4c_5c_6-s_4s_6 & -c_4c_5c_6-s_4c_6 & -c_4s_5 & a_3\\ s_5c_6 & -s_5s_6 & c_5 & d_4\\ -s_4c_5c_6-c_4s_6 & s_4c_5s_6-c_4c_6 & s_4s_5 & 0\\ 0 & 0 & 0 & 1\end{pmatrix}
$$

由于 PUMA 560 的关节 2 和 3 相互平行，把${}^1_2\boldsymbol{T}$（θ_2）${}^2_3\boldsymbol{T}$（θ_3）相乘得

$$
{}^1_3\boldsymbol{T}={}^1_2\boldsymbol{T}{}^2_3\boldsymbol{T}=\begin{pmatrix} c_{23} & -s_{23} & 0 & a_2c_2\\ 0 & 0 & 1 & d_2\\ -s_{23} & -c_{23} & 0 & -a_2s_2\\ 0 & 0 & 0 & 1\end{pmatrix}
$$

式中，$c_{23}=\cos(\theta_2+\theta_3)=c_2c_3-s_2s_3$；$s_{23}=\sin(\theta_2+\theta_3)=c_2s_3-s_2c_3$。可见，两旋转关节平行时，利用角度之和的公式，可以得到比较简单的表达式。

$$
{}^1_6\boldsymbol{T}={}^1_3\boldsymbol{T}{}^3_6\boldsymbol{T}=\begin{pmatrix} {}^1n_x & {}^1o_x & {}^1a_x & {}^1p_x\\ {}^1n_y & {}^1o_y & {}^1a_y & {}^1p_y\\ {}^1n_z & {}^1o_z & {}^1a_z & {}^1p_z\\ 0 & 0 & 0 & 1\end{pmatrix}
$$

式中，

$$\begin{cases} {}^1n_x = c_{23}(c_4c_5c_6 - s_4s_6) - s_{23}s_5s_6 \\ {}^1n_y = -s_4c_5c_6 - c_4s_6 \\ {}^1n_z = -s_{23}(c_4c_5c_6 - s_4s_6) - c_{23}s_5c_6 \\ {}^1o_x = -c_{23}(c_4c_5c_6 + s_4c_6) + s_{23}s_5s_6 \\ {}^1o_y = s_4c_5s_6 - c_4c_6 \\ {}^1o_z = s_{23}(c_4c_5s_6 + s_4c_6) + c_{23}s_5c_6 \\ {}^1a_x = -c_{23}c_4s_5 - s_{23}c_5 \\ {}^1a_y = s_4s_5 \\ {}^1a_z = s_{23}c_4s_5 - c_{23}c_5 \\ {}^1p_x = a_2c_2 + a_3c_{23} - d_4s_{23} \\ {}^1p_y = d_2 \\ {}^1p_z = -a_3s_{23} - a_2s_2 - d_4s_{23} \end{cases}$$

最后，可求得 6 个连杆坐标变换矩阵的乘积，即 PUMA 560 机器人的正向运动学方程为

$${}_6^0\boldsymbol{T} = {}_1^0\boldsymbol{T}{}_6^1\boldsymbol{T} = \begin{pmatrix} n_x & o_x & a_x & p_x \\ n_y & o_y & a_y & p_y \\ n_z & o_z & a_z & p_z \\ 0 & 0 & 0 & 1 \end{pmatrix}$$

式中，

$$\begin{cases} n_x = c_1[c_{23}(c_4c_5c_6 - s_4s_6) - s_{23}s_5s_6] + s_1(s_4c_5c_6 + c_4s_6) \\ n_y = s_1[c_{23}(c_4c_5c_6 - s_4s_6) - s_{23}s_5s_6] + c_1(s_4c_5c_6 + c_4s_6) \\ n_z = -s_{23}(c_4c_5c_6 - s_4s_6) - c_{23}s_5c_6 \\ o_x = c_1[c_{23}(-c_4c_5s_6 - s_4c_6) + s_{23}s_5s_6] + s_1(c_4c_6 + s_4c_5s_6) \\ o_y = s_1[c_{23}(-c_4c_5s_6 - s_4c_6) + s_{23}s_5s_6] + c_1(c_4c_6 + s_4c_5c_6) \\ o_z = -s_{23}(-c_4c_5s_6 - s_4c_6) + c_{23}s_5c_6 \\ a_x = -c_1(c_{23}c_4s_5 + s_{23}c_5) - c_1s_4s_5 \\ a_y = -s_1(c_{23}c_4s_5 + s_{23}c_5) + c_1s_4s_5 \\ a_z = s_{23}c_4s_5 - c_{23}c_5 \\ p_x = c_1(a_2c_2 + a_3c_{23} - d_4s_{23}) - d_2s_1 \\ p_y = s_1(a_2c_2 + a_3c_{23} - d_4s_{23}) + d_2c_1 \\ p_z = -a_3s_{23} - a_2s_2 - d_4c_{23} \end{cases}$$

上式表示的 PUMA 560 机器人手臂变换矩阵${}_6^0\boldsymbol{T}$，描述了末端连杆坐标系 {6} 相对基坐标系 {0} 的位姿，是 PUMA 560 全部运动学分析的基本方程。为校核所得${}_6^0\boldsymbol{T}$ 的正确性，计算 $\theta_1 = 90°$、$\theta_2 = 0°$、$\theta_3 = -90°$、$\theta_4 = \theta_5 = \theta_6 = 0°$时手臂变换矩阵${}_6^0\boldsymbol{T}$ 的值。计算结果为

$$
{}_6^0\boldsymbol{T}=\begin{pmatrix}0&1&0&-d_2\\0&0&1&a_2+d_4\\1&0&0&a_3\\0&0&0&1\end{pmatrix}
$$

进一步对其逆运动学方程求解进行分析。对于 PUMA 560 机器人而言，逆运动学求解可描述如下：已知${}_6^0\boldsymbol{T}$的 16 个数值，求解其 6 个关节角 $\theta_1\sim\theta_6$。对上面推导过的 PUMA 560 机器人运动学方程进行求解。已知 PUMA 560 机器人的运动方程为

$$
{}_6^0\boldsymbol{T}=\begin{pmatrix}n_x&o_x&a_x&p_x\\n_y&o_y&a_y&p_y\\n_z&o_z&a_z&p_z\\0&0&0&1\end{pmatrix}={}_1^0\boldsymbol{T}(\theta_1){}_2^1\boldsymbol{T}(\theta_2){}_3^2\boldsymbol{T}(\theta_3){}_4^3\boldsymbol{T}(\theta_4){}_5^4\boldsymbol{T}(\theta_5){}_6^5\boldsymbol{T}(\theta_6)
$$

若末端连杆的位姿已经给定，即 n、o、a 和 p 为已知，则求关节变量 θ_1 ，θ_2，…，θ_6 的值称为运动反解。用未知的连杆逆变换同时左乘${}_6^0\boldsymbol{T}$ 的两边，可以把关节变量分离出来，从而进行求解。具体步骤如下。

将$\begin{pmatrix}n&o&a&p\\0&0&0&1\end{pmatrix}={}_1^0\boldsymbol{T}{}_6^1\boldsymbol{T}$ 等式两端左乘${}_1^0\boldsymbol{T}^{-1}$，得

首先求 θ_1，

$$
\begin{pmatrix}c_1&s_1&0&0\\-s_1&c_1&0&0\\0&0&1&0\\0&0&0&1\end{pmatrix}\begin{pmatrix}n_x&o_x&a_x&p_x\\n_y&o_y&a_y&p_y\\n_z&o_z&a_z&p_z\\0&0&0&1\end{pmatrix}={}_6^1\boldsymbol{T}=\begin{pmatrix}{}^1n_x&{}^1o_x&{}^1a_x&{}^1p_x\\{}^1n_y&{}^1o_y&{}^1a_y&{}^1p_y\\{}^1n_z&{}^1o_z&{}^1a_z&{}^1p_z\\0&0&0&1\end{pmatrix}
$$

上式两端的元素（2，4）对应相等再利用三角代换得

$$
p_x=\rho\cos\varphi,p_y=\rho\sin\varphi
$$

式中，

$$
\begin{cases}\rho=\sqrt{p_x^2+p_y^2}\\\varphi=\operatorname{atan2}(p_y,p_x)\end{cases}
$$

其中，计算函数 $\operatorname{atan2}(a,b)=\arg(b+\mathrm{j}a)$，j 是虚数单位，arg 表示复数的偏角。

将它代入前面的式得

$$
\sin(\varphi-\theta_1)=\frac{d_2}{\rho}
$$

$$
\cos(\varphi-\theta_1)=\pm\sqrt{1-\sin^2(\varphi-\theta_1)}=\pm\sqrt{1-\left(\frac{d_2}{\rho}\right)^2}
$$

$$
\varphi-\theta_1=\operatorname{atan2}\left(\frac{d_2}{\rho},\pm\sqrt{1-\left(\frac{d_2}{\rho}\right)^2}\right)
$$

$$
\theta_1=\operatorname{atan2}(p_y,p_x)-\operatorname{atan2}(d_2,\pm\sqrt{p_x^2+p_y^2-d_2^2})
$$

再求 θ_3，令矩阵方程两端的元素（1，4）和（3，4）分别对应相等得

$$\begin{cases} c_1p_x + s_1p_y = a_3c_{23} - d_4s_{23} + a_2c_2 \\ -p_z = a_3s_{23} + d_4c_{23} + a_2s_2 \end{cases}$$

两边平方和为

$$a_3c_3 - d_4s_3 = k$$

令 $k = \dfrac{(p_x^2 + p_y^2 + p_z^2 - a_2^2 - a_3^2 - d_2^2 - d_4^2)}{2a_2}$，再利用三角代换可得

$$\theta_3 = \mathrm{atan2}(a_3, d_4) - \mathrm{atan2}(k, \pm\sqrt{a_3^2 + d_4^2 - k^2})$$

式中，正负号对应着 θ_3 的 2 种可能解。

然后求 θ_2，在矩阵方程 ${}^0_6\boldsymbol{T}$ 两边左乘逆矩阵 ${}^1_3\boldsymbol{T}^{-1}$，

即可得 $\begin{pmatrix} c_1c_{23} & s_1c_{23} & -s_{23} & -a_2c_3 \\ -c_1c_{23} & -s_1c_{23} & -c_{23} & a_2s_3 \\ -s_1 & c_1 & 0 & -d_2 \\ 0 & 0 & 0 & 1 \end{pmatrix}\begin{pmatrix} n_x & o_x & a_x & p_x \\ n_y & o_y & a_y & p_y \\ n_z & o_z & a_z & p_z \\ 0 & 0 & 0 & 1 \end{pmatrix} = {}^3_6\boldsymbol{T}$

令上式两边元素（1，4）和（2，4）分别对应相等，可得

$$\begin{cases} c_1c_{23}p_x + s_1c_{23}p_y - s_{23}p_z - a_2c_3 = a_3 \\ -c_1s_{23}p_x - s_1c_{23}p_y - c_{23}p_z + a_2s_3 = d_4 \end{cases}$$

联立求解得 s_{23} 和 c_{23}

$$\begin{cases} s_{23} = \dfrac{(-a_3 - a_2c_3)p_z + (c_1p_x + s_1p_y)(a_2s_3 - d_4)}{p_z^2 + (c_1p_x + s_1p_y)^2} \\ c_{23} = \dfrac{(-d_4 + a_2s_3)p_z - (c_1p_x + s_1p_y)(-a_2c_3 - a_3)}{p_z^2 + (c_1p_x + s_1p_y)^2} \end{cases}$$

s_{23} 和 c_{23} 表达式的分母相等，且为正。于是

$$\theta_{23} = \theta_2 + \theta_3 = \mathrm{atan2}[-(a_3 + a_2c_3)p_z + (c_1p_x + s_1p_y)(a_2s_3 - d_4), (-d_4 + a_2s_3)p_z + (c_1p_x + s_1p_y)(a_2c_3 + a_3)]$$

根据 θ_1 和 θ_3 解的 4 种可能组合，由上式可以得到相应的 4 种可能值 θ_{23}，于是可得到 θ_2 的可能解为

$$\theta_2 = \theta_{23} - \theta_3$$

式中，θ_2 取与 θ_3 相对应的值。

其他关节变量求解过程类似，这里不再赘述。

【知识拓展】

仿生青蛙机器人

青蛙作为两栖动物，为了适应自然界中复杂的环境，其运动模式、各肢体结构特点也较为复杂。哈尔滨工业大学研究者设计了一款仿生青蛙机器人，其将青蛙模型抽象简化为连杆机构，连杆之间采用单自由度转动关节，形成如图 3-26 所示的仿生青蛙机器人机构模型。青蛙躯干在游动时可以看作一个整体且相对扁平，因此将其简化为一个平板；为实现生物青

蛙运动模式，将生物青蛙中的多自由度柔性脚蹼简化为能够实现张开与闭合的脚蹼；后腿包含了髋、膝和踝关节，能够完成在平面内的运动，从而符合青蛙游动时主要沿平面运动的特点。

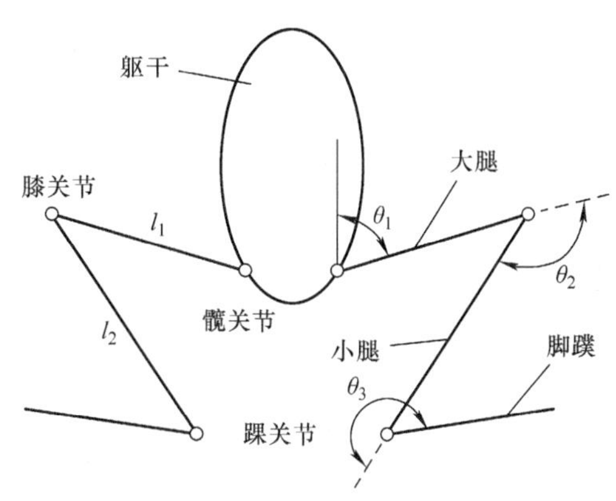

图 3-26　仿生青蛙机器人机构模型

采用气动肌肉模拟青蛙后腿驱动的能力。为了实现机器人长时间无缆自主游动，机器人系统中集成了独立气源、气动控制系统以及电气系统。根据对青蛙机构模型的分析，设计仿生青蛙机器人的一条后腿为三自由度平面运动连杆机构。气动肌肉驱动仿生青蛙机器人模型如图 3-27 所示。躯干中包含了微型气泵、储气瓶高压腔、低压排气腔、高速开关阀组、电气系统等，形成了具有独立运动能力的机器人系统。

在后腿设计方面，将其设计成单驱动关节，气动肌肉作为伸肌驱动关节（拮抗式关节）转动，复位弹簧作为屈肌实现关节复位，如图 3-28 所示。拮抗式关节中，肌肉以对拉形式安装，关节正反转动均由气动肌肉驱动，从而可以在控制关节角度的同时调整关节刚度，但是这种形式的关节需要肌肉数量多、结构复杂。而弹簧复位关节则是一侧安装肌肉，另一侧安装复位弹簧，气动肌肉能够驱动关节沿一个方向转动，其反向转动则通过复位弹簧实现。这样的结构可以有效简化关节结构，减小肌肉数量，但是其不能调节关节刚度。

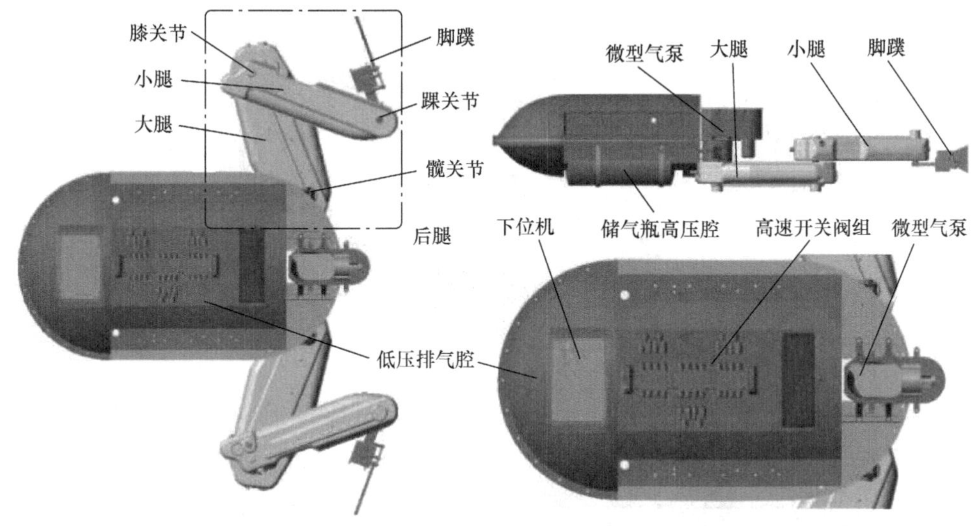

图 3-27　气动肌肉驱动仿生青蛙机器人模型

如图 3-29a 所示为拮抗式气动肌肉驱动关节，最大的优点是能够在转动的同时控制关节刚度，但是使用气动肌肉数量较多，需要较大的供气量，且肌肉需要安装在躯干、大腿和小腿上。如图 3-29b 所示为弹簧复位式关节，每个关节只需要一个气动肌肉作为驱动，复位通过弹簧实现，后腿中所需要的肌肉数量减少了一半且结构更加紧凑。考虑到机器人系统中的

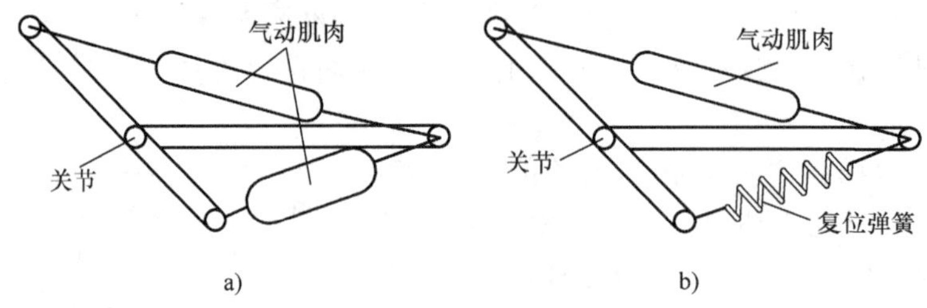

图 3-28　气动肌肉驱动关节

a）拮抗式驱动关节　b）弹簧复位关节

气源是通过自身携带的微型气泵提供的，则耗气量是机器人设计中的重要因素，因此弹簧复位式关节更适合独立的水下机器人系统。

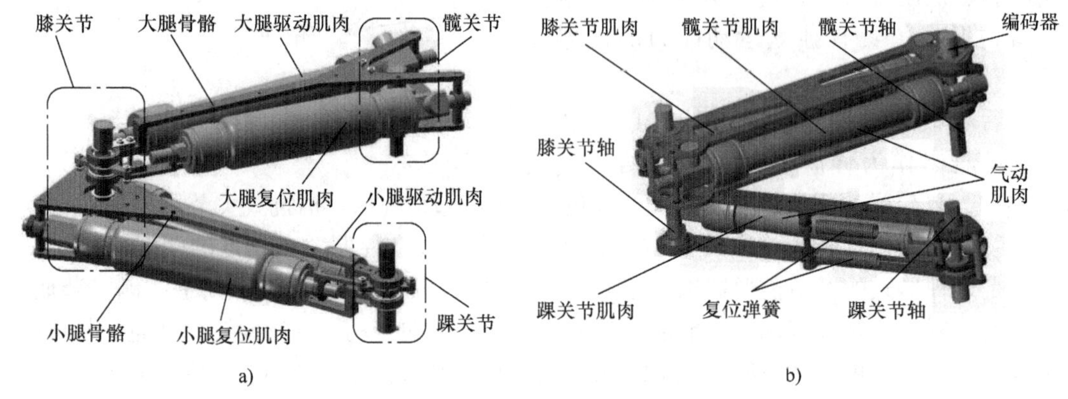

图 3-29　后腿设计

a）拮抗式气动肌肉驱动关节　b）弹簧复位式关节

图 3-30 所示为设计完成的仿生青蛙机器人整体系统。

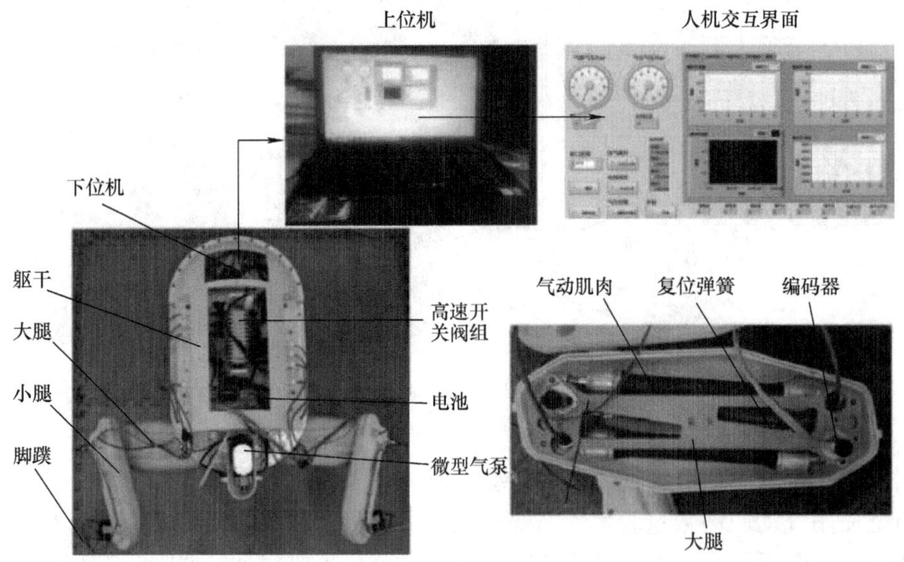

图 3-30　仿生青蛙机器人整体系统

第四章

机器人静力学及动力学

上一章我们探讨了物体的位姿描述、齐次坐标变换、连杆参数及变换矩阵，并学习了机器人正向和反向运动学方程及其求解方法。本章将探讨与机器人速度、加速度以及受力（力矩）相关的问题。学习机器人速度和力学问题时，雅可比矩阵是必须涉及的基础知识，机器人的平衡和运动也都离不开雅可比矩阵。机器人雅可比矩阵描述的是关节转速（自变量）同末端笛卡儿速度和角速度（函数值）之间的关系。

本章将首先讨论同机器人速度和静力有关的雅可比矩阵，然后介绍机器人的静力学和动力学问题。

【案例导入】

类人机器人手指，抓取能力更强、活动更灵活

目前，农业、食品包装等行业越来越多地实现了自动化操作，但人手的自然灵巧对于某些任务来说仍然是必要的。如图 4-1 所示，新加坡国立大学（NUS）研究者开发了一种可以抓取包括各种柔软的、精致的甚至笨重的物体的机器人系统，其能够满足许多行业的需求，并且极大提高了生产效率。

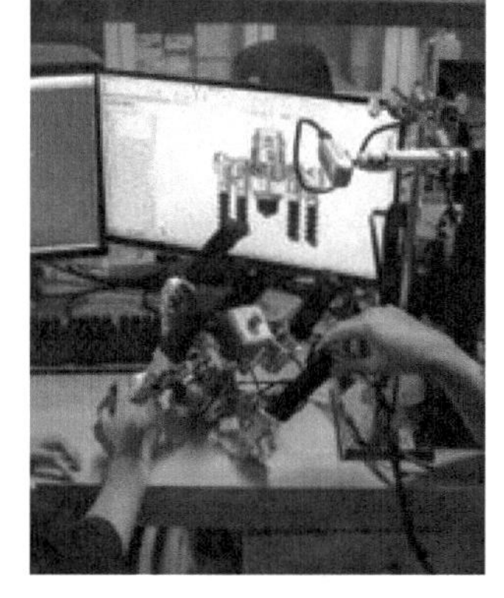

图 4-1　NUS 研究者开发的类人机器人手指系统

利用 3D 打印技术打印类人手指，该手指由空气驱动并配备了一个锁定机构，锁定机构可以调整手指的僵硬程度；进一步地，研究者将 3 个或 4 个 3D 打印的手指装配在底座上，从而构建一个抓取能力更强、活动更灵活的机器人手指系统。该系统还结合了机器视觉和深度学习技术，

能够减少人工干预，其可以自主识别物体的类型和方向，自动决定以最佳方式抓取和放置物体。

该手指系统可“按需”配置，并可配备多种抓取选项，以满足不同的要求。例如，处理草莓、樱桃等小食品或容易损坏的产品，并将它们包装到外卖盒中，可采用“软手模式”（如图 4-2 所示），此模式支持不同的抓握方式，并能在各种空间限制下操作；另一个通用软抓取器适用于处理生产线上的包装货物，如图 4-3 所示，特别是当这些产品处于装箱运输的最后阶段，其可灵活处理宽度达 30cm、重量达 3kg 的物品。

图 4-2　类人机器人“软手模式”

图 4-3　类人机器人抓取包装货物

此外，该类人机器人手指系统可配置能旋转的柔软抓手，适用于抓取精致的产品，甚至通过真空吸盘，使其能够在更狭小的空间进行操作。

第一节　机器人的速度雅可比矩阵及速度分析

1. 机器人的速度雅可比矩阵

数学上的雅可比矩阵（Jacobian Matrix）是一个多元函数的偏导数矩阵。假设有 6 个函数，每个函数有 6 个变量，即

$$
\begin{aligned}
y_1 &= f_1(x_1, x_2, x_3, x_4, x_5, x_6) \\
y_2 &= f_2(x_1, x_2, x_3, x_4, x_5, x_6) \\
&\vdots \\
y_6 &= f_6(x_1, x_2, x_3, x_4, x_5, x_6)
\end{aligned}
\tag{4-1}
$$

可写成

$$\boldsymbol{Y} = F(\boldsymbol{X})$$

将式（4-1）进行微分，得

$$
\begin{aligned}
\mathrm{d}y_1 &= \frac{\partial f_1}{\partial x_1}\mathrm{d}x_1 + \frac{\partial f_1}{\partial x_2}\mathrm{d}x_2 + \cdots + \frac{\partial f_1}{\partial x_6}\mathrm{d}x_6 \\
\mathrm{d}y_2 &= \frac{\partial f_2}{\partial x_1}\mathrm{d}x_1 + \frac{\partial f_2}{\partial x_2}\mathrm{d}x_2 + \cdots + \frac{\partial f_2}{\partial x_6}\mathrm{d}x_6 \\
&\vdots \\
\mathrm{d}y_6 &= \frac{\partial f_6}{\partial x_1}\mathrm{d}x_1 + \frac{\partial f_6}{\partial x_2}\mathrm{d}x_2 + \cdots + \frac{\partial f_6}{\partial x_6}\mathrm{d}x_6
\end{aligned}
\tag{4-2}
$$

也可简写成

$$\mathrm{d}\boldsymbol{Y} = \frac{\partial \boldsymbol{F}}{\partial \boldsymbol{X}}\mathrm{d}\boldsymbol{x} \tag{4-3}$$

式（4-3）中的 6×6 矩阵$\frac{\partial \boldsymbol{F}}{\partial \boldsymbol{X}}$称为雅可比矩阵。

在机器人速度分析和静力分析中将会遇到类似的矩阵，这类矩阵称为机器人的雅可比矩阵。机器人的雅可比矩阵可以用来表示操作空间与关节空间之间速度的线性映射关系，同时也可以用来表示两个空间之间力的传递关系。因此，其在机器人学中的地位十分重要，机器人的力学平衡与运动分析均离不开雅可比矩阵。

如图 4-4 所示，以一个二自由度平面关节机器人为例分析雅可比矩阵的建立过程。

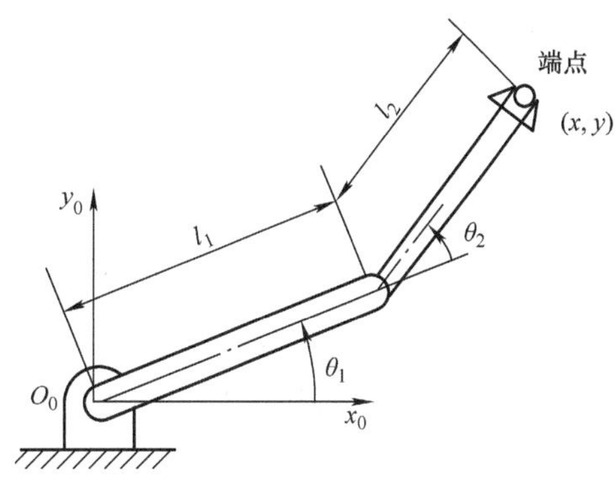

图 4-4　二自由度平面关节机器人

端点位置（x，y）与关节变量 θ_1、θ_2 的关系为

$$\begin{cases} x = l_1\cos\theta_1 + l_2\cos(\theta_1+\theta_2) \\ y = l_1\sin\theta_1 + l_2\sin(\theta_1+\theta_2) \end{cases} \tag{4-4}$$

即

$$\begin{cases} x = x(\theta_1,\theta_2) \\ y = y(\theta_1,\theta_2) \end{cases} \tag{4-5}$$

将其进行微分，得

$$\begin{cases} \mathrm{d}x = \dfrac{\partial x}{\partial \theta_1}\mathrm{d}\theta_1 + \dfrac{\partial x}{\partial \theta_2}\mathrm{d}\theta_2 \\ \mathrm{d}y = \dfrac{\partial y}{\partial \theta_1}\mathrm{d}\theta_1 + \dfrac{\partial y}{\partial \theta_2}\mathrm{d}\theta_2 \end{cases}$$

将其写成矩阵形式为

$$\begin{pmatrix} \mathrm{d}x \\ \mathrm{d}y \end{pmatrix} = \begin{pmatrix} \dfrac{\partial x}{\partial \theta_1} & \dfrac{\partial x}{\partial \theta_2} \\ \dfrac{\partial y}{\partial \theta_1} & \dfrac{\partial y}{\partial \theta_2} \end{pmatrix} \begin{pmatrix} \mathrm{d}\theta_1 \\ \mathrm{d}\theta_2 \end{pmatrix} \tag{4-6}$$

$$\boldsymbol{J} = \begin{pmatrix} \dfrac{\partial x}{\partial \theta_1} & \dfrac{\partial x}{\partial \theta_2} \\ \dfrac{\partial y}{\partial \theta_1} & \dfrac{\partial y}{\partial \theta_2} \end{pmatrix} \tag{4-7}$$

式（4-6）可简写为

$$\mathrm{d}\boldsymbol{X} = \boldsymbol{J}\mathrm{d}\boldsymbol{\theta} \tag{4-8}$$

式中，$\mathrm{d}\boldsymbol{X} = \begin{pmatrix} \mathrm{d}x \\ \mathrm{d}y \end{pmatrix}$；$\mathrm{d}\boldsymbol{\theta} = \begin{pmatrix} \mathrm{d}\theta_1 \\ \mathrm{d}\theta_2 \end{pmatrix}$。

$\boldsymbol{J}$ 即为图 4-4 所示的二自由度平面关节机器人的速度雅可比矩阵，它反映了关节空间的微小运动 $\mathrm{d}\boldsymbol{\theta}$ 与手部操作空间微小位移 $\mathrm{d}\boldsymbol{X}$ 的关系。

若对式（4-7）进行运算，则该二自由度机器人的雅可比矩阵为

$$J=\begin{pmatrix} -l_1\sin\theta_1-l_2\sin(\theta_1+\theta_2) & -l_2\sin(\theta_1+\theta_2) \\ l_1\cos\theta_1+l_2\cos(\theta_1+\theta_2) & l_2\cos(\theta_1+\theta_2) \end{pmatrix} \tag{4-9}$$

从 J 中元素的组成可见，雅可比矩阵 J 的值是关节变量 θ_1 和 θ_2 的函数。

对于 n 自由度机器人的情况，关节变量可用广义关节变量 q 表示为 $q=(q_1,\ q_2,\ \cdots,\ q_n)^{\mathrm{T}}$。当关节为转动关节时，$q_i=\theta_i$，当关节为移动关节时，$q_i=d_i$。$\mathrm{d}q=[\mathrm{d}q_1,\ \mathrm{d}q_2,\ \cdots,\ \mathrm{d}q_n)^{\mathrm{T}}$ 反映了关节空间的微小运动；机器人末端在操作空间的位置和方向可用末端手爪的位姿 X 表示，它是关节变量的函数，即 $X=X(q)$，并且是一个六维列向量，$\mathrm{d}X=(\mathrm{d}x,\mathrm{d}y,\mathrm{d}z,\delta\varphi_x,\delta\varphi_y,\delta\varphi_z)^{\mathrm{T}}$ 反映了操作空间的微小运动，它由机器人末端微小线位移和微小转动组成。因此，式（4-8）可写为

$$\mathrm{d}X=J(q)\mathrm{d}q \tag{4-10}$$

式中，J（q）是 $6\times n$ 的偏导数矩阵，称为 n 自由度机器人速度雅可比矩阵。它的第 i 行第 j 列元素为

$$J_{ij}(q)=\frac{\partial x_i(q)}{\partial q_i},\quad i=1,2,\cdots,n \tag{4-11}$$

2. 机器人的速度分析

下面进一步对机器人开展速度分析。对式（4-10）左右两边同时除以 $\mathrm{d}t$，得

$$\frac{\mathrm{d}X}{\mathrm{d}t}=J(q)\frac{\mathrm{d}q}{\mathrm{d}t} \tag{4-12}$$

或

$$V=J(q)\dot{q} \tag{4-13}$$

式中，V 为机器人末端在操作空间中的广义速度，$V=\dot{X}$；$\dot{q}$ 为机器人关节在关节空间中的关节速度；J（q）为关节空间的关节速度 $\dot{q}$ 与操作空间速度 V 之间关系的雅可比矩阵。

对于图 4-4 所示的二自由度平面关节机器人来说，J（q）是式（4-9）所示的 2×2 矩阵。若令 J_1、J_2 分别为式（4-9）所给的雅可比矩阵的第 1 列向量和第 2 列向量，则式（4-13）可写成

$$V=J_1\dot{\theta}_1+J_2\dot{\theta}_2 \tag{4-14}$$

式中，右边第 1 项表示仅由第 1 个关节运动（第 2 个关节不动）引起的端点速度；右边第 2 项表示仅由第 2 个关节运动（第 1 个关节不动）引起的端点速度；总的端点速度为这 2 个速度的合成。因此，机器人的速度雅可比矩阵的每一列表示其他关节不动而某一关节单独运动所产生的端点速度。

图 4-4 所示二自由度平面关节机器人手部速度为

$$V=\begin{pmatrix} v_x \\ v_y \end{pmatrix}=\begin{pmatrix} -l_1\sin\theta_1-l_2\sin(\theta_1+\theta_2) & -l_2\sin(\theta_1+\theta_2) \\ l_1\cos\theta_1+l_2\cos(\theta_1+\theta_2) & l_2\cos(\theta_1+\theta_2) \end{pmatrix}\begin{pmatrix} \dot{\theta}_1 \\ \dot{\theta}_2 \end{pmatrix}$$

$$=\begin{pmatrix} [-l\sin\theta_1-l_2\sin(\theta_1+\theta_2)]\dot{\theta}_1-l_2\sin(\theta_1+\theta_2)\dot{\theta}_2 \\ [l_1\cos\theta_1+l_2\cos(\theta_1+\theta_2)]\dot{\theta}_1+l_2\cos(\theta_1+\theta_2)\dot{\theta}_2 \end{pmatrix}$$

假如已知关节上 $\dot{\theta}_1$ 及 $\dot{\theta}_2$ 是时间的函数，$\dot{\theta}_1=f_1(t)$，$\dot{\theta}_2=f_2(t)$，则可求出该机器人手部在某一时刻的速度，即手部（末端执行器）的瞬时速度。

反之，假如给定机器人手部速度，可由式（4-13）解出相应的关节速度为

$$\dot{q}=\boldsymbol{J}^{-1}(q)\boldsymbol{V} \tag{4-15}$$

式中，$\boldsymbol{J}^{-1}$称为机器人逆雅可比矩阵。

式（4-15）具有重要的物理意义，如希望机器人手部在空间按规定的速度进行作业，那么用式（4-15）可以计算出沿路径上每一瞬时相应的关节速度。但是，一般来说，求逆速度雅可比$\boldsymbol{J}^{-1}$是比较困难的，有时还会出现奇异解（逆矩阵不存在），就无法算出关节速度。

通常，机器人逆雅可比矩阵$\boldsymbol{J}^{-1}$出现奇异解有以下两种情况：

1）工作域边界上发生奇异。当机器人的手臂完全伸展开或全部折回，使手部处于机器人工作域的边界上或边界附近时，由于雅可比矩阵奇异，则无法求解逆速度雅可比矩阵。此时，机器人相应的形位称作奇异形位。

2）工作域内部发生奇异。当机器人由两个以上关节构成，奇异并不一定发生在工作域边界上，也可能是由两个或多个关节轴线重合所引起的，此时便发生了工作域的内部奇异。

当机器人处于奇异形位时，机器人会丧失一个或更多的自由度，即产生退化现象。这意味着在空间某个方向（或子域）上，不管机器人关节速度如何选择，手部也不可能实现相应运动。

例　如图4-5所示为二自由度机械手，其手部沿固定坐标x_0轴正向以1m/s速度移动，杆长为$l_1=l_2=0.5$m。设在某瞬时$\theta_1=30°$，$\theta_2=-60°$，求该机械手相应瞬时的关节速度。

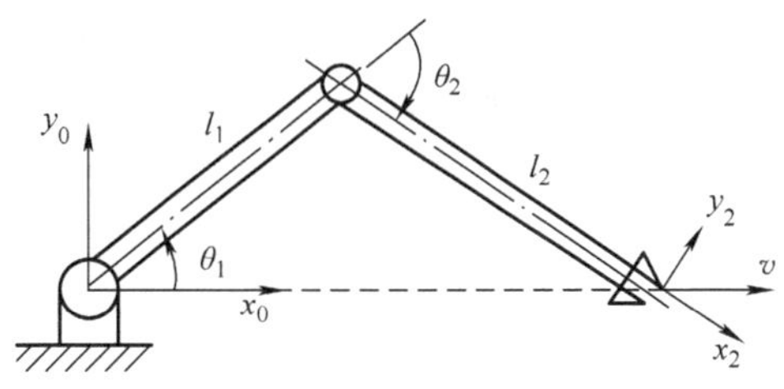

图4-5　二自由度机械手

解：

由式（4-9）知，二自由度机械手速度雅可比矩阵为

$$\boldsymbol{J}=\begin{pmatrix}-l_1\sin\theta_1-l_2\sin(\theta_1+\theta_2) & -l_2\sin(\theta_1+\theta_2)\\ l_1\cos\theta_1+l_2\cos(\theta_1+\theta_2) & l_2\cos(\theta_1+\theta_2)\end{pmatrix}$$

因此，逆雅可比矩阵为

$$\boldsymbol{J}^{-1}=\frac{1}{l_1l_2\sin\theta_2}\begin{pmatrix}l_2\cos(\theta_1+\theta_2) & l_2\sin(\theta_1+\theta_2)\\ -l_1\cos\theta_1-l_2\cos(\theta_1+\theta_2) & -l_1\sin\theta_1-l_2\sin(\theta_1+\theta_2)\end{pmatrix} \tag{4-16}$$

由式（4-15）可知，$\dot{q}=\boldsymbol{J}^{-1}(q)\boldsymbol{V}$，且$v_x=1$m/s，$v_y=0$m/s，即$\boldsymbol{V}=\begin{pmatrix}1\\0\end{pmatrix}$。因此，瞬时的关节速度为

$$\begin{pmatrix}\dot{\theta}_1\\ \dot{\theta}_2\end{pmatrix}=\frac{1}{l_1l_2\sin\theta_2}\begin{pmatrix}l_2\cos(\theta_1+\theta_2) & l_2\sin(\theta_1+\theta_2)\\ -l_1\cos\theta_1-l_2\cos(\theta_1+\theta_2) & -l_1\sin\theta_1-l_2\sin(\theta_1+\theta_2)\end{pmatrix}\begin{pmatrix}1\\0\end{pmatrix}$$

$$\dot{\theta}_1=\frac{\cos(\theta_1+\theta_2)}{l_1\sin\theta_2}=2\text{rad/s}$$

$$\dot{\theta}_2=\frac{-l_1\cos\theta_1-l_2\cos(\theta_1+\theta_2)}{l_1l_2\sin\theta_2}=-4\text{rad/s}$$

由上述分析可知，在该瞬间两关节的位置和速度分别为$\theta_1=30°$，$\theta_2=-60°$，$\dot{\theta}_1=2$rad/s，$\dot{\theta}_2=-4$rad/s，手部瞬时速度1m/s。

由上述求解过程发现，当 $l_1 l_2 \sin\theta_2 = 0$ 时，式（4-16）无解。因为 $l_1 \neq 0$，$l_2 \neq 0$，所以只有在 $\theta_2 = 0°$或 $\theta_2 = 180°$时，即机器人两手臂完全伸直或完全折回（两杆重合），二自由度机器人逆速度雅可比矩阵 $\boldsymbol{J}^{-1}$不可求，此时该机器人处于奇异形位。在这种奇异形位下，手部正好处在工作域的边界上，该瞬时手部只能沿着一个方向（即与臂垂直的方向）运动，不能沿其他方向运动，从而退化了一个自由度。

第二节　机器人的静力计算

1. 机器人静力分析

机器人作业时与外界环境的接触会使机器人与环境之间产生相互的作用力和力矩。机器人静力学的研究目的就是确定机械手处于平衡状态时，作用于末端执行器的广义力与作用于关节上的广义力矩。对移动关节而言是力的关系，对转动关节而言则是力矩之间的关系。

机器人各关节的驱动装置提供关节力（或力矩），通过连杆传递到末端执行器，用于克服外界作用力和力矩。各关节的驱动力（或力矩）与末端执行器施加的力（广义力，包括力和力矩）之间的关系是机器人操作控制臂力的基础。机器人的静力学分析主要讨论操作臂在静止状态下力的平衡关系。假定各关节“锁住”，机器人处于平衡状态。这种“锁住”关节的力矩与手部所支持的载荷或与外界环境作用的力达到静力平衡。求解这种“锁住”的关节力矩，或求解在已知驱动力矩作用下手部的输出力，就是机器人操作臂的静力计算。

如图 4-6 所示，杆 i 通过关节 i 以及关节 $i+1$ 分别同杆 $i-1$ 和 $i+1$ 相连接，两个连杆坐标系 i 和 $i-1$ 的建立形式上一章已经分析，这里不再赘述。令 $\boldsymbol{f}_{i-1,i}$表示杆 $i-1$ 作用在杆 i 上的力，$\boldsymbol{f}_{i,i+1}$表示杆 i 作用在杆 $i+1$ 上的力，因此 $-\boldsymbol{f}_{i,i+1}$表示杆 $i+1$ 作用在杆 i 上的力，C_i 为 i 杆的重心，重力 $m_i g$ 作用在 C_i 上，于是杆 i 的力平衡方程为

$$\boldsymbol{f}_{i-1,i} + \boldsymbol{f}_{i+1,i} + m_i g = 0 \quad i = 1, 2, \cdots, n \tag{4-17}$$

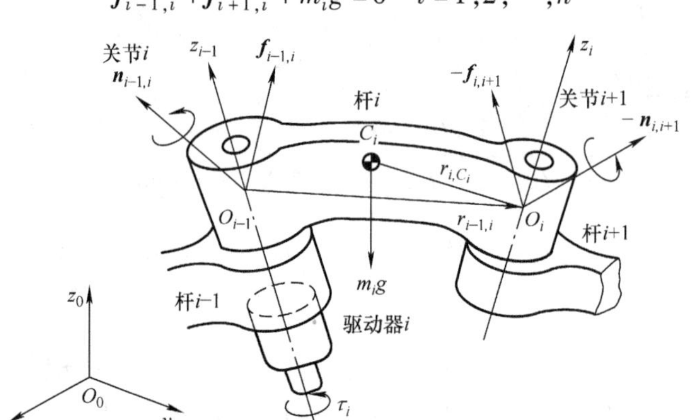

图 4-6　杆 i 件上的力和力矩

若用 $-\boldsymbol{f}_{i,i+1}$代替 $\boldsymbol{f}_{i+1,i}$，则有

$$\boldsymbol{f}_{i-1,i} - \boldsymbol{f}_{i,i+1} + m_i g = 0 \tag{4-18}$$

上述矢量均相对于固定坐标系而言。

令 $\boldsymbol{n}_{i-1,i}$为杆 $i-1$ 作用于杆 i 上的力矩，$-\boldsymbol{n}_{i,i+1}$为杆 $i+1$ 作用于杆 i 的力矩，则力矩平

衡方程为

$$\begin{cases} \boldsymbol{n}_{i-1,i} - \boldsymbol{n}_{i,i+1} + (r_{i-1,i} + r_{i,C_i}) \times \boldsymbol{f}_{i-1,i} + r_{i,C_i} \times (-\boldsymbol{f}_{i,i+1}) = 0 \\ i = 1, 2, \cdots, n \end{cases} \tag{4-19}$$

式中，$r_{i-1,i}$为从 $i-1$ 系原点 O_{i-1} 到 O_i 的位移量；r_{i,C_i}为 O_i 到重心 C_i 的位移量。

当 $i=1$ 时，力和力矩分别为$\boldsymbol{f}_{0,1}$和$\boldsymbol{n}_{0,1}$，它们表示机器人底座对杆 1 的作用力和力矩；当 $i=n$ 时，$\boldsymbol{f}_{n,n+1}$和$\boldsymbol{n}_{n,n+1}$表示机器人对环境的作用力和力矩，而$-\boldsymbol{f}_{n,n+1}$和$-\boldsymbol{n}_{n,n+1}$则表示环境对机器人杆 n 的作用力和力矩。

当机器人有 n 个杆件时，根据式（4-18）和式（4-19）可列出 $2n$ 个方程，两式中所涉及的力和力矩共有 $2n+2$ 个，故一般需给出两个初始条件，方程才有解。在机器人工作过程中，机器人手部与环境之间的作用力和力矩是设计要求所给定的，故可假设这两个量为已知，使方程组有解。

2. 机器人力的雅可比矩阵

如图 4-7 所示，令 $\boldsymbol{\tau}_i$ 为驱动杆 i 的第 i 个驱动器的驱动力矩或驱动力。

对于移动关节，假设关节处无摩擦，$\boldsymbol{\tau}_i$ 应与该关节的作用力$\boldsymbol{f}_{i-1,i}$在 z_{i-1} 轴上的分量平衡，即

$$\boldsymbol{\tau}_i = \boldsymbol{b}_{i-1}^{\mathrm{T}} \boldsymbol{f}_{i-1,i} \tag{4-20}$$

式中，$\boldsymbol{b}_{i-1}$为 $i-1$ 关节轴的单位分量。此式说明驱动器的输入力只与$\boldsymbol{f}_{i-1,i}$在 z_{i-1} 轴上的分量平衡，其他方向上的分量由约束力平衡，约束力不做功。

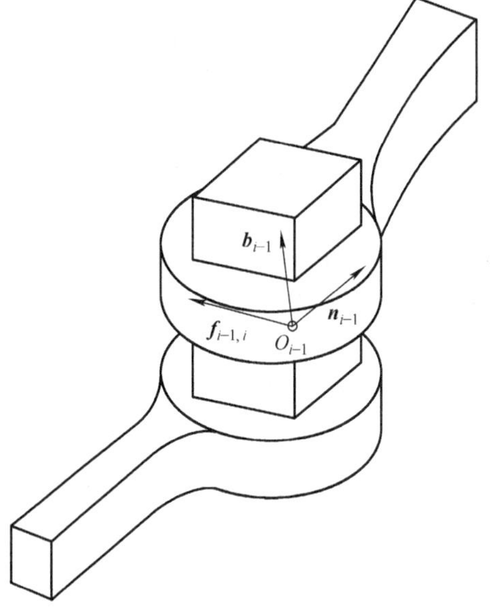

图 4-7 移动关节上的关节力和作用力

对于转动关节，$\boldsymbol{\tau}_i$ 代表驱动力矩，它与作用力矩在 z_{i-1} 轴上的分量相平衡，即

$$\boldsymbol{\tau}_i = \boldsymbol{b}_{i-1}^{\mathrm{T}} \boldsymbol{n}_{i-1,i} \tag{4-21}$$

作用力矩在其他方向上的分量由约束力矩平衡。

将各驱动器的驱动力和驱动力矩写成一个 n 维向量的形式，即

$$\boldsymbol{\tau} = \begin{pmatrix} \boldsymbol{\tau}_1 \\ \boldsymbol{\tau}_2 \\ \vdots \\ \boldsymbol{\tau}_n \end{pmatrix}$$

式中，n 为驱动器的个数；$\boldsymbol{\tau}$ 为关节力矩和力矢量，简称关节力矩。

关节力矩 $\boldsymbol{\tau}$ 与机器人手部端点力 $\boldsymbol{F}$ 的关系可用下式描述：假定关节无摩擦且不计各杆的重力，则平衡手部端点力所需的关节力矩为

$$\boldsymbol{\tau} = \boldsymbol{J}^{\mathrm{T}} \boldsymbol{F} \tag{4-22}$$

式中，$\boldsymbol{J}^{\mathrm{T}}$ 为 $n \times 6$ 阶机器人力雅可比矩阵；$\boldsymbol{\tau}$ 为与 $\boldsymbol{F}$ 平衡的等效关节力矩。式（4-22）可用虚功原理证明，令

$$\delta W = \tau_1 \sigma q_1 + \tau_2 \sigma q_2 + \cdots + \tau_n \sigma q_n - fd - n\sigma$$

或写成

$$\delta W=\tau^{T}\sigma q-F^{T}\sigma X$$

根据虚位移原理得，机器人处于平衡状态时

$$\delta W=0$$

将 $\mathrm{d}\boldsymbol{X}=\boldsymbol{J}\mathrm{d}\boldsymbol{\theta}$ 代入上式，则

$$\delta W=\tau^{T}\sigma q-F^{T}\sigma X=\tau^{T}\sigma q-F^{T}J\sigma q=(\tau-J^{T}F)^{T}\sigma q$$

对于任意 σq，要使得 $\delta W=0$，则必有下式成立

$$\boldsymbol{\tau}=\boldsymbol{J}^{T}\boldsymbol{F}$$

上式表达了在静力学平衡状态，手部端点力和广义关节力矩之间的映射线性关系。很明显，力雅可比矩阵是机器人速度雅可比矩阵的转置。

3. 机器人静力计算的两类问题

从操作臂手部端点力 $\boldsymbol{F}$ 与广义关节力矩 $\boldsymbol{\tau}$ 之间的关系式可知，操作臂静力计算可分为以下两类问题：

1）已知机器人手部端点力 $\boldsymbol{F}$ 或外界环境对机器人手部作用力 $\boldsymbol{F}'$（即手部端点力 $\boldsymbol{F}=-\boldsymbol{F}'$），求满足静力平衡条件的关节驱动力矩 $\boldsymbol{\tau}$。

2）已知关节驱动力矩 $\boldsymbol{\tau}$，确定机器人手部对外界环境的作用力 $\boldsymbol{F}$ 或载荷的质量。这类问题是第一类问题的反问题。

但是，由于机器人的自由度可能不是 6，力雅可比矩阵就有可能不是一个方阵，则 $\boldsymbol{J}^{T}$ 就没有逆解。因此，对这类问题的求解就困难得多，在一般情况下不一定能得到唯一的解。如果 $\boldsymbol{F}$ 的维数比 $\boldsymbol{\tau}$ 的维数低，且 $\boldsymbol{J}$ 是满秩的话，则可利用最小二乘法求得 $\boldsymbol{F}$ 的估计值。

第三节　机器人的动力学

1. 机器人动力学问题分析

机器人是一种主动机械装置，原则上它的每个自由度都可单独运动。从控制观点来看，机械手系统是冗余的、多变量的和本质非线性的自动控制系统，也是个复杂的动力学耦合系统。每个控制任务本身，就是一个动力学任务。随着机器人（特别是工业机器人）向重载、高速、高精度以及智能化方向发展，对机器人控制系统提出了更高要求，提高机器人动态实时响应能力是机器人发展的必然趋势。

类似于静力学问题，机器人动力学也有以下两个相反的问题：

1）动力学正问题：已知机械手各关节的作用力或力矩，求各关节的位移、速度和加速度，进一步求得运动轨迹。这类问题可用于模拟机器人的运动特性。例如在设计机器人时，需要根据连杆质量、运动学参数、传动机构特征及载荷大小进行动态仿真，从而决定机器人的结构参数和传动方案，验算设计方案的合理性和可行性，以及结构优化程度；在机器人离线编程时，为了顾及机器人高速运动引起的动载荷和路径偏差，需要进行路径控制仿真和动态模型仿真。

2）动力学逆问题：已知机械手的运动轨迹，即各关节的位移、速度和加速度，求各关节所需要的驱动力或力矩，以实现预期的轨迹运动，并达到良好的动态性能和最优指标。这类问题可用于解决机器人的动态控制。由于机器人是个复杂的动力学系统，由多个连杆和关节组成，具有多个输入和多个输出，存在着错综复杂的耦合关系和严重的非线性，所以动力学的实时计算很复杂，在实际控制时需要做一些简化和假设。

一般的操作机器人的动态方程由 6 个非线性微分方程表示。实际上，除了一些比较简单的情况外，这些方程式是不可能求得一般解的。

分析机器人动力学问题时主要采用下列两种理论：①动力学基本理论，如牛顿－欧拉方程；②拉格朗日力学，特别是二阶拉格朗日方程。

此外，还可采用高斯原理和凯恩（Kane）法等来分析动力学问题。

力的动态平衡法，即从运动学角度出发求得加速度，并消去各部内作用力。对于较复杂的系统，此种分析方法十分复杂与麻烦。拉格朗日法，只需要速度而不必求内作用力，能够以较为简单的形式求解复杂的动力学方程，且物理含义比较明确。因此，本书采用拉格朗日法来分析和求解机器人的动力学问题。

2. 拉格朗日函数

拉格朗日函数 L 被定义为系统的动能 K 和势能 P 之差，即

$$L = K - P \tag{4-23}$$

式中，K 和 P 可以用任何方便的坐标系来表示。系统动能是位置和速度的函数，势能是位置的函数，因此拉格朗日函数是机器人位置和速度的函数。

3. 拉格朗日方程

系统动力学方程式，即拉格朗日方程为

$$F_i = \frac{\mathrm{d}}{\mathrm{d}t}\frac{\partial L}{\partial \dot{q}_i} - \frac{\partial L}{\partial q_i}, \quad i = 1, 2, \cdots, n \tag{4-24}$$

式中，q_i为表示动能和势能的坐标；$\dot{q}_i$为相应的速度；F_i为作用在第 i 个坐标上的力或力矩。这些力、力矩和坐标分别称为广义力、广义力矩和广义坐标，n 为连杆数目。

4. 刚体的动能和势能

在理论力学或物理学力学部分，曾对一般物体运动时所具有的动能和势能进行计算，其求法如下

$$K = \frac{1}{2}m_1\dot{x}_1^2 + \frac{1}{2}m_0\dot{x}_0^2$$

$$P = \frac{1}{2}k(x_1 - x_0)^2 - m_1 g x_1 - m_0 g x_0$$

$$D = \frac{1}{2}c\ (\dot{x}_1 - \dot{x}_0)^2$$

$$W = Fx_1 - Fx_0$$

式中，K，P，D 和 W 分别为物体所具有的动能、势能、所消耗的能量和外力做的功；m_0 和 m_1 为支架和运动物体的质量；x_0 和 x_1 为运动坐标；$\dot{x}_0$ 和 $\dot{x}_1$ 为相应的速度；g 为重力加速度；k 为弹劲度系数；c 为摩擦系数；F 为施加外力。

对于这一问题，存在以下两种情况：

（1）$x_0 = 0$，x_1 为广义坐标

$$\frac{\mathrm{d}}{\mathrm{d}t}\left(\frac{\partial K}{\partial \dot{x}_1}\right) - \frac{\partial K}{\partial x_1} + \frac{\partial D}{\partial \dot{x}_1} + \frac{\partial P}{\partial x_1} = \frac{\partial W}{\partial x_1}$$

式中，左式第1项为动能随速度（或角速度）和时间的变化；第2项为动能随位置（或角度）的变化；第3项为能耗随速度的变化；第4项为势能随位置的变化。右式为实际外加力或力矩。代入相对应各项的表达式，并化简可得

$$m_1\ddot{x}_1 + c_1\dot{x}_1 + kx_1 = F + m_1 g$$

上式即为所求$x_0=0$时的动力学方程式。其中，左式3项分别表示物体的加速度、阻力和弹力，而右式2项分别表示外加作用力和重力。

（2）$x_0=0$，x_0和x_1均为广义坐标

这时有下式

$$m_1\ddot{x}_1 + c_1(\dot{x}_1 - \dot{x}_0) + k(x_1 - x_0) - m_1 g = F$$

$$m_0\ddot{x}_0 + c_1(\dot{x}_0 - \dot{x}_1) + k(x_0 - x_1) - m_0 g = -F$$

或用矩阵形式表示为

$$\begin{pmatrix} M_1 & 0 \\ 0 & M_0 \end{pmatrix}\begin{pmatrix} \ddot{x}_1 \\ \ddot{x}_0 \end{pmatrix} + \begin{pmatrix} c & -c \\ -c & c \end{pmatrix}\begin{pmatrix} \dot{x}_1 \\ \dot{x}_0 \end{pmatrix} + \begin{pmatrix} k & -k \\ -k & k \end{pmatrix}\begin{pmatrix} x_1 \\ x_0 \end{pmatrix}$$

$$= \begin{pmatrix} F + m_1 g \\ -F + m_0 g \end{pmatrix}$$

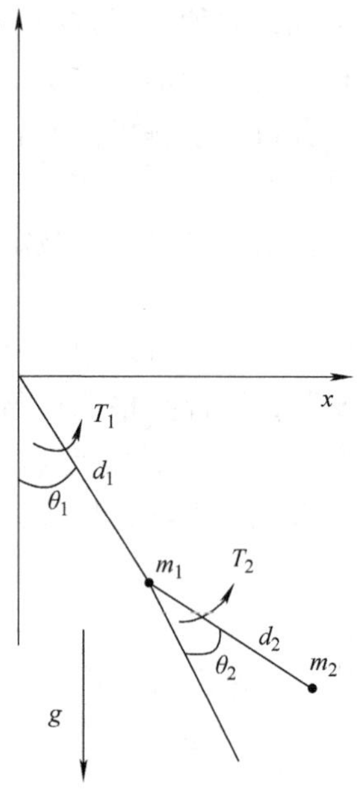

图4-8　二连杆机械手示意图

下面考虑如图4-8所示二连杆机械手的动能和势能。这种运动机构具有开式运动链，与复摆运动有许多相似之处。

m_1 和 m_2 为连杆1和连杆2的质量，且以连杆末端的点质量表示；d_1 和 d_2 分别为两个连杆的长度；θ_1 和 θ_2 为广义坐标；g 为重力加速度。

先计算连杆1的动能K_1 和势能P_1。因为

$K_1 = \frac{1}{2}m_1 v_1^2$，$v_1 = d_1\dot{\theta}_1$，$P_1 = m_1 g h_1$，$h_1 = -d_1\cos\theta_1$，所以有

$$K_2 = \frac{1}{2}m_2 v_2^2, P_2 = mgy_2$$

式中，

$$v_2^2 = \dot{x}_2^2 \dot{y}_2^2$$

$$x_2 = d_1\sin\theta_1 + d_2\sin(\theta_1 + \theta_2)$$

$$y_2 = -d_1\cos\theta_1 - d_2\cos(\theta_1 + \theta_2)$$

$$\dot{x}_2 = \dot{\theta}_1 d_1\cos\theta_1 + (\dot{\theta}_1 + \dot{\theta}_2)d_2\cos(\theta_1 + \theta_2)$$

$$\dot{y}_2 = \dot{\theta}_1 d_1\sin\theta_1 + (\dot{\theta}_1 + \dot{\theta}_2)d_2\sin(\theta_1 + \theta_2)$$

于是可求得

$$v_2^2 = d_1^2\dot{\theta}_1^2 + d_2^2(\dot{\theta}_1 + \dot{\theta}_2)^2 + (\dot{\theta}_1^2 + \dot{\theta}_1\dot{\theta}_2)2d_1 d_2\cos\theta_2$$

以及

$$K_2 = \frac{1}{2}m_2 d_1^2\dot{\theta}_1^2 + \frac{1}{2}m_2 d_2^2(\dot{\theta}_1 + \dot{\theta}_2)^2 + (\dot{\theta}_1^2 + \dot{\theta}_1\dot{\theta}_2)m_2 d_1 d_2\cos\theta_2$$

$$P_2 = -m_2 g d_1\cos\theta_1 - m_2 g d_2\cos(\theta_1 + \theta_2)$$

这样，二连杆机械手系统的总动能和总势能分别为

$$K=K_1+K_2=\frac{1}{2}(m_1+m_2)d_1^2\dot{\theta}_1^2+\frac{1}{2}m_2d_2^2(\dot{\theta}_1+\dot{\theta}_2)^2+(\dot{\theta}_1^2+\dot{\theta}_1\dot{\theta}_2)m_2d_1d_2\cos\theta_2$$

$$P=P_1+P_2=-(m_1+m_2)gd_1\cos\theta_1-m_2gd_2\cos(\theta_1+\theta_2)$$

二连杆机械手系统的拉格朗日函数 L 为

$$\begin{aligned}L&=K-P\\&=\frac{1}{2}(m_1+m_2)d_1^2\dot{\theta}_1^2+\frac{1}{2}m_2d_2^2(\dot{\theta}_1+\dot{\theta}_2)^2+(\dot{\theta}_1^2+\dot{\theta}_1\dot{\theta}_2)m_2d_1d_2\cos\theta_2+\\&\quad(m_1+m_2)gd_1\cos\theta_1+m_2gd_2\cos(\theta_1+\theta_2)\end{aligned}$$

对 L 求偏导数和导数：

$$\frac{\partial L}{\partial\theta_1}=-(m_1+m_2)gd_1\sin\theta_1-m_2gd_2\sin(\theta_1+\theta_2)$$

$$\frac{\partial L}{\partial\theta_2}=-(\dot{\theta}_1^2+\dot{\theta}_1\dot{\theta}_2)m_2gd_1d_2\sin\theta_2-m_2gd_2\sin(\theta_1+\theta_2)$$

$$\frac{\partial L}{\partial\dot{\theta}_1}=(m_1+m_2)d_1^2\dot{\theta}_1+m_2d_2^2\dot{\theta}_1+m_2d_2^2\dot{\theta}_2+2m_2d_1d_2\dot{\theta}_1\cos\theta_2+m_2d_1d_2\dot{\theta}_2\cos\theta_2$$

$$\frac{\partial L}{\partial\dot{\theta}_2}=m_2d_2^2\dot{\theta}_1+m_2d_2^2\dot{\theta}_2+m_2d_1d_2\dot{\theta}_1\cos\theta_2$$

以及

$$\begin{aligned}\frac{\mathrm{d}}{\mathrm{d}t}\frac{\partial L}{\partial\dot{\theta}_1}&=[(m_1+m_2)d_1^2+m_2d_2^2+2m_2d_1d_2\cos\theta_2]\ddot{\theta}_1+\\&\quad(m_2d_2^2+m_2d_1d_2\cos\theta_2)\ddot{\theta}_2-2m_2d_1d_2\dot{\theta}_1\dot{\theta}_2\sin\theta_2-\\&\quad m_2d_1d_2\dot{\theta}_2^2\sin\theta_2\end{aligned}$$

$$\frac{\mathrm{d}}{\mathrm{d}t}\frac{\partial L}{\partial\dot{\theta}_2}=m_2d_2^2\ddot{\theta}_1+m_2d_2^2\ddot{\theta}_2+m_2d_1d_2\ddot{\theta}_1\cos\theta_2-m_2d_1d_2\dot{\theta}_1\dot{\theta}_2\sin\theta_2$$

把对应导数和偏导数代入式（4-24），即可求得广义力矩 T_1 和 T_2 的动力学方程式：

$$\begin{aligned}T_1&=\frac{\mathrm{d}}{\mathrm{d}t}\frac{\partial L}{\partial\dot{\theta}_1}-\frac{\partial L}{\partial\theta_1}\\&=[(m_1+m_2)d_1^2+m_2d_2^2+2m_2d_1d_2\cos\theta_2]\ddot{\theta}_1+(m_2d_2^2+\\&\quad m_2d_1d_2\cos\theta_2)\ddot{\theta}_2-2m_2d_1d_2\dot{\theta}_1\dot{\theta}_2\sin\theta_2-m_2d_1d_2\dot{\theta}_2^2\sin\theta_2+\\&\quad(m_1+m_2)gd_1\sin\theta_1+m_2gd_2\sin(\theta_1+\theta_2)\end{aligned}$$

$$\begin{aligned}T_2&=\frac{\mathrm{d}}{\mathrm{d}t}\frac{\partial L}{\partial\dot{\theta}_2}-\frac{\partial L}{\partial\theta_2}\\&=m_2d_2^2\ddot{\theta}_1+m_2d_2^2\ddot{\theta}_2+m_2d_1d_2\ddot{\theta}_1\cos\theta_2-m_2d_1d_2\dot{\theta}_1\dot{\theta}_2\sin\theta_2+\\&\quad m_2gd_1d_2(\dot{\theta}_1^2+\dot{\theta}_1\dot{\theta}_2)\sin\theta_2+m_2gd_2\sin(\theta_1+\theta_2)\end{aligned}$$

系统各系数为

$$D_{11}=(m_1+m_2)d_1^2+m_2d_2^2+2m_2d_1d_2\cos\theta_2$$

$$D_{22}=m_2d_2^2$$

耦合惯量为

$$D_{12}=m_2d_2^2+m_2d_1d_2\cos\theta_2$$

向心加速度系数为

$$D_{111}=0$$
$$D_{122}=-m_2d_1d_2\sin\theta_2$$
$$D_{211}=m_2d_1d_2\sin\theta_2$$
$$D_{222}=0$$

科氏加速度系数为

$$D_{112}=D_{121}=-m_2\ d_1d_2\sin\theta_2$$
$$D_{212}=D_{221}=0$$

重力项为

$$D_1=(m_1+m_2)gd_1\sin\theta_1+m_2gd_2\sin(\theta_1+\theta_2)$$
$$D_2=m_2gd_2\sin(\theta_1+\theta_2)$$

由上述分析可见，简单的二自由度平面关节机器人的动力学问题已经非常复杂。为此，在实际控制时，往往要对动态方程做出某些假设，从而进行简化处理。例如，当机器人杆件质量较小时，动力学方程中的重力矩项可以忽略不计；当机器人关节速度不是很大时，含有速度量的一些项可以忽略不计；当机器人关节加速度不是很大时，加速度项可以忽略不计。

【知识拓展】

智能义肢关键技术——触觉反馈

近年来，智能义肢技术取得重大进展。触觉反馈、人造皮肤、仿生手等人工体感的应用为智能义肢的发展提供了坚实基础，其中，触觉反馈是最基础的功能要求。

人们触摸物体时，即使闭着眼睛，也可以大致识别出手中的物体，这主要依赖于人类皮肤上的低阈值力学感受器。低阈值力学感受器可以将复杂的触觉信息转化为神经代码，其由4种不同类别的传入纤维支配，每种纤维细胞对物体的反应与适应速度不同。除此以外，当手指接触物体时，大脑皮层中的特定群体神经元被激活，从而判断哪根手指与物体接触。

仿生义肢设备借助触觉传感器充当皮肤上的低阈值力学感受器，如图4-9所示，它们可以模仿人体皮肤的响应特性，以传输有关被抓物体的信息，例如压力、频率、硬度、形状、粗糙度和纹理等；在静态触摸中，可以通过从接触压力分布中提取形状特征，从而识别接触对象的形状。

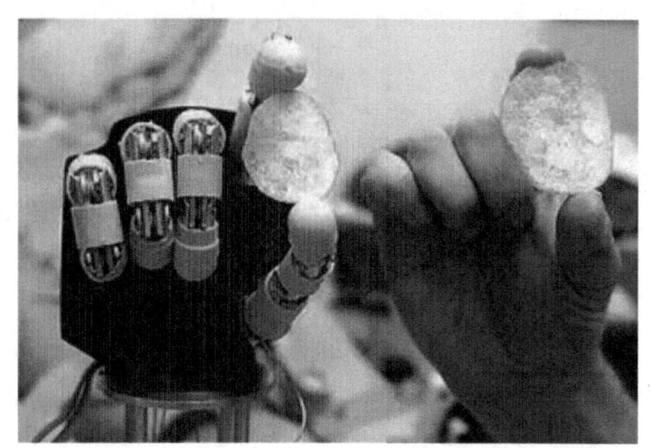
图4-9 智能义肢

在动态触摸过程中，粗糙度和纹理与高频振动有关，需要通过智能算法对基于脉冲的触觉神经编码进行建模，从而创建触觉特征提取器。触觉感受器接收到信息后，体感区域与其他大脑区域相互作用，来实现高层次的触觉感知。例如：智能义肢轻轻拿起一颗鸡蛋，既不会让鸡蛋脱手，也不会因用力过猛将其捏碎。“摸”到鸡蛋的触觉和“拿”起鸡蛋的动作密切相关，相互影响，在对物体的识别过程中，触觉和动作两者形成一个闭环路径，体感提供有关物体和位置的信息，并指导动作和调整姿势。

基于对人类体感通路的了解，仿生义肢设备也需要体感反馈来帮助使用者恢复触觉功能，以直观地获取有关物体的信息，并进一步指导动作，灵活地与物体交互。

仿生义肢的体感反馈可以通过模拟触觉纤维，将来自触觉传感器的信号转换为电刺激的生物模式；也可以通过手术植入残肢内的电极来提取信号。抓握物体时，信息可以转化为神经形态信号，然后通过刺激残肢者的周围神经引发触觉感知。研究人员将体感系统分为“What”和“Where”。“What”系统用于通过触觉传感器识别物体的表面特征，而“Where”系统提供了对皮肤接触位置的描述，这可以改进手动操作、对象特征提取和反馈控制。

第五章 Chapter

机器人感知系统

在机器人技术的研究中，机器人感知系统一直是人们关注的焦点之一。所谓感知，是指客观世界直接作用于人或者动物感觉器官而得到的信息，例如视觉、触觉、听觉、嗅觉等。通过给机器人安装一系列的传感器，不仅可以使机器人代替人类完成单调乏味的重复性工作，而且可以将人类从危险甚至是不可达的工作中解放出来。

本章主要介绍传感器的基础知识及应用，并进一步介绍机器人位置、位移传感器、视觉和触觉系统。

【案例导入】

爬行机器人——“大狗”BigDog

这个形似狗的机器人被命名为“大狗”（BigDog），由波士顿动力学工程公司（Boston Dynamics）专门为美国军队研究设计，如图 5-1 所示。

这只机器狗能够在战场上发挥重要作用，例如为士兵运送弹药、食物和其他物品。它由液压系统驱动四肢运动，机载计算机根据陀螺仪和其他传感器提供的信息规划每一步的运动。机器人依靠传感器来保持身体的平衡，如果有一条腿比预期更早地碰到地面，计算机就会认为它可能踩到了岩石或者山坡，然后 BigDog 就会相应地调节自己的步伐。其中，内力传感器用于探测到地势的变化。而当我们“骚扰”它时，“大狗”的主动平衡性使其可以保持稳定。这种平衡性是通过 4 条腿来维持的，每条腿有 3 个靠传动装置提供动力的关节，并且有一个“弹性”关节。这些关节由一个机载计算机处理器控制。

“大狗”可以在那些军车难以出入的险要地势中助士兵一臂之力。最新款“大狗”可以攀越 35°的斜坡，可以承载 40kg 以上的装备。“大狗”还可以自行沿着简单的路线行进，或是被远程控制。

图 5-1 “大狗”机器人

第一节 机器人传感器概述

1. 传感器的概念

传感器（Transducer/Sensor）是一种常见的检测装置，它能够感知到被测量的信息，并按照一定的规律将这些信息转换为电信号或其他所需形式的信号输出。传感器是机器人完成感觉的必要手段，通过传感器的感知作用，可以将机器人自身的相关特性或周围环境的特性转换为机器人执行某项功能所需的基本信息。

传感器通常由敏感元件、转换元件、转换电路以及辅助电源等组成，如图 5-2 所示。其中，敏感元件用于感知被测量；转换元件用于将被测量按照一定规律转换成电信号；转换电路是对转换元件输出的微弱电信号进行放大；辅助电源用于给转换元件和转换电路供电。

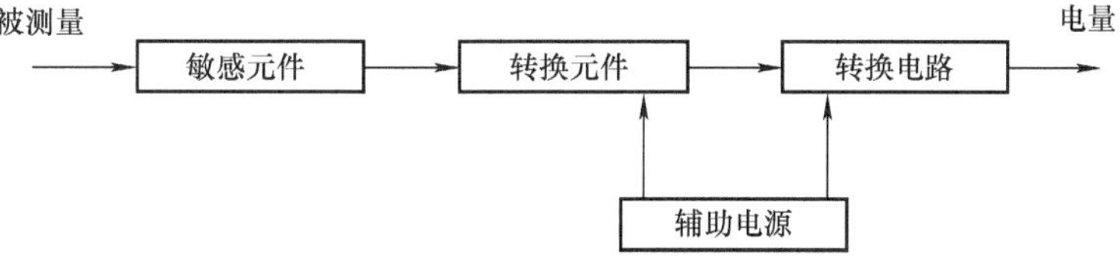

图 5-2 传感器的一般组成

2. 传感器的分类

传感器的种类很多，分类方法也很多。

（1）按检测对象分类　根据检测对象的不同，传感器分为内部传感器和外部传感器两种，如图 5-3 所示。

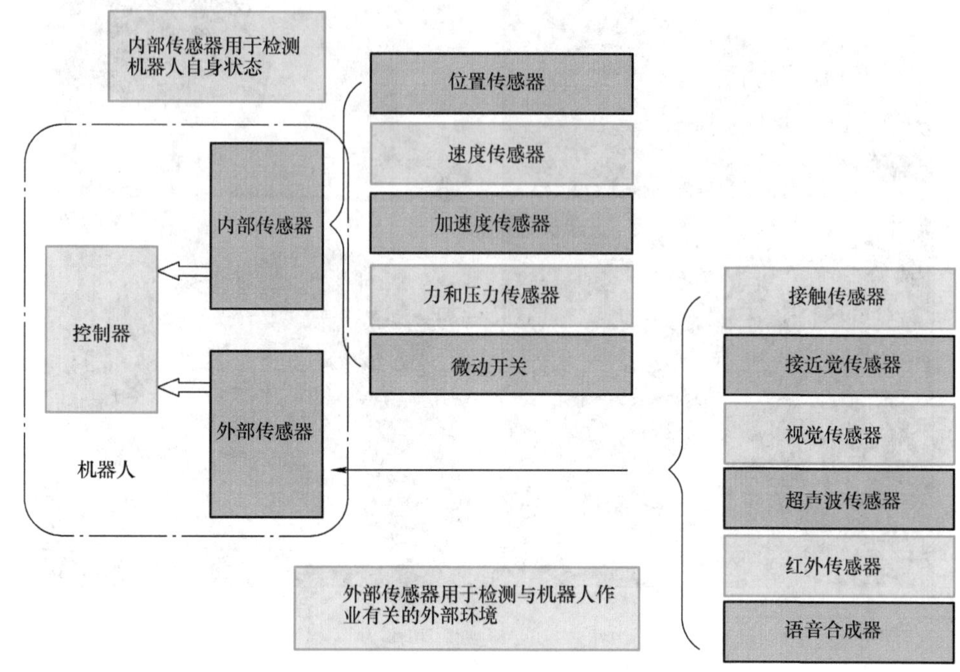

图 5-3　传感器按检测对象分类

1）内部传感器用于检测机器人自身状态的参数，如工业机器人各关节的位置、速度和加速度等。该类传感器安装在机器人内部，用来感知机器人自身的状态，并将所测得的信息作为反馈信息送至控制器，形成闭环控制。内部传感器通常由位置、速度及加速度传感器等组成。

2）外部传感器用于获取有关机器人的作业对象及外界环境等方面的信息，是机器人与周围交互工作的信息通道，包括视觉、接近觉、触觉、力觉等传感器，可获得距离、声音、光线等信息。

外部传感器进一步可分为末端执行器传感器和环境传感器。末端执行器传感器是指安装在末端执行器上用于检测微小而精密作业感觉信息的传感器，如触觉传感器、力觉传感器等。环境传感器用于识别环境状态，从而辅助机器人完成作业，如视觉传感器、超声波传感器等。

（2）按工作原理分类　该分类方法以工作原理进行划分，将物理、化学、生物等学科的原理、规律和效应作为划分依据，具体见表 5-1。该分类方法的优点是传感器的工作原理表述清楚且类别相对较少，便于对传感器进行深入研究和分析，但是不便于使用者根据用途选用。

表 5-1 传感器按工作原理分类

类型		工作原理	典型应用
电阻式	电阻应变片	利用应变片的电阻值发生变化	力、压力、加速度、力矩、应变、位移、载重
	固体压阻式	利用半导体的压阻效应	压力、加速度
	电位器式	移动电位器触点改变电阻值	位移、力、压力
电感式	自感式	改变磁阻	力、压力、振动、液位、厚度、位移、角位移
	互感式	改变互感（互感变压器、旋转变压器）	
	涡流式	利用电涡流现象改变线圈自感或阻抗	位移、厚度、探伤
	压磁式	利用导磁体的压磁效应	力、压力
	感应同步器	两个平面绕组的互感随位置不同而变化	速度、转速
磁电式	磁电感应式	利用半导体和磁场相对运动的感应变化	速度、转速、转矩
	霍尔式	利用霍尔效应	位移、力、压力、振动
	磁栅式	利用磁头读取不同位置磁栅上的磁信号	长度、线位移、角位移
压电式	正压电式	利用压电元件的正压电效应	力、压力、加速度、表面粗糙度
	声表面波式		力、压力、角速度、位移
电容式	电容式	改变电容量	位移、加速度、力、压力、液位、含水量、厚度
	容栅式	改变电容量或加以激励产生感应电动势	位移
光电式	一般形式	改变光路的光通量	位移、温度、转速、浑浊度
	光栅式	利用光栅形成的莫尔条纹变化	位移、长度、角度、角位移
	光纤式	利用光导纤维的传输特性或材料的效应	位移、加速度、速度、水声、温度、压力
	光学编码器	利用光线衍射、反射、透射引起的变化	线位移、角位移、转速
	固体图像式	利用半导体集成器件阵列	图像、文字、符号、尺寸
	激光式	利用激光干涉、多普勒效应、衍射	长度、位移、速度、尺寸
	红外式	利用红外辐射的热效应或光电效应	温度、探伤、气体分析
热电式	热电偶	利用热电效应	温度
	热电阻	利用金属的热电阻效应	温度
	热敏电阻	利用半导体的热电阻效应	温度

3. 传感器的性能指标

选用传感器时，一般应考虑测试或控制的目的、使用环境、被测对象、允许的测量误差和信号处理等条件，并兼顾经济因素。

（1）线性度　线性度是指传感器输出信号与输入信号之间的线性程度。假设传感器的输出信号为 y，输入信号为 x，则 y 与 x 的关系可表示为

$$y = bx \tag{5-1}$$

若 b 为常数，或者近似为常数，则传感器的线性度较好，否则传感器的线性度较差。机器人控制系统应该选用线性度较好的传感器。实际上，只有在少数情况下，传感器的输出信号和输入信号呈线性关系。在大多数情况下，b 都是 x 的函数，即

$$b = f(x) = a_0 + a_1 x_1 + a_2 x_2 + \cdots + a_n x_n \tag{5-2}$$

如果传感器的输入量变化较小，且a_1，a_2，…，a_n均远小于a_0，那么可以近似地取 $b \approx a_0$，此时传感器的输出信号和输入信号之间满足线性关系。

（2）灵敏度　灵敏度是指传感器在稳态下输出信号变化与输入信号变化的比值。设传感器的输出信号和输入信号呈线性关系，则其灵敏度可表示为

$$s = \frac{\Delta y}{\Delta x} \tag{5-3}$$

式中，s 为传感器的灵敏度；Δx 为传感器输入信号的变化量；Δy 为由 Δx 引起的传感器输出信号的变化量。

若传感器的输出信号与输入信号呈非线性关系，则其灵敏度就是其输出－输入关系曲线的导数。传感器输出量的量纲和输入量的量纲不一定相同。若输出和输入具有相同的量纲，则传感器的灵敏度也称为放大倍数。一般来说，传感器的灵敏度越大越好，这样可以使传感器的输出信号精确度更高、线性度更好。但是过高的灵敏度有时会导致传感器的输出稳定性下降，所以设计者应该根据机器人的要求选择灵敏度大小适中的传感器。

（3）分辨率　分辨率是指传感器在整个测量范围内所能辨别的被测量的最小变化量，或者所能辨别的不同被测量的个数。传感器所能辨别的被测量最小变化量越小或被测量个数越多，则其分辨率越高；反之，则其分辨率越低。传感器的分辨率直接影响机器人的可控程度和控制品质，一般需要根据机器人的工作任务规定其分辨率的最低限度要求。

（4）精度　精度也称为静态误差，是指传感器的测量输出值与实际被测量值之间的差值。在机器人设计中，应该根据控制精度要求选择合适的传感器。同时，应该注意传感器精度的使用条件和测量方法。

（5）重复性　重复性是指传感器在对输入信号按同一方向进行全量程连续多次测量时，相应测试结果的变化程度。测试结果的变化越小，传感器的测量误差就越小，重复性越好。对于示教再现型机器人，传感器的重复性尤其重要，它直接关系到机器人能否准确地再现示教轨迹。

（6）响应时间　响应时间是传感器的动态特性指标，是指传感器的输入信号变化后，其输出信号随之变化并达到一个稳定值所需要的时间。传感器输出信号的振荡对于机器人控制系统来说非常不利，有时可能会造成一个虚设位置，直接影响机器人的控制精度和工作精度，所以要求传感器的响应时间越短越好。

（7）抗干扰能力　抗干扰能力是指传感器抵御外界电磁干扰的能力。由于机器人的工作环境是多种多样的，在有些情况下可能相当恶劣，因此对于机器人用传感器必须考虑其抗干扰能力。由于传感器输出信号的稳定是控制系统稳定工作的前提，为防止机器人做出意外动作或发生故障，设计感知系统时必须采用可靠性设计技术。

在选择机器人用传感器时，需要根据实际工况、检测精度、控制精度等具体要求来确定所用传感器的各项性能指标，同时还需要考虑机器人工作的一些特殊要求，比如重复性、稳定性、可靠性、抗干扰性要求等，最终选择出性价比较高的传感器。

4. 传感器的发展趋势

随着机器人技术的不断发展和机器人的广泛应用，应用于机器人感知系统的传感器正朝以下几个方向发展。

（1）传感器新材料　传感器材料是传感器技术的重要基础，随着材料科学的进步，人们在制造时，可任意控制材料的成分，从而设计制造出用于各种传感器的功能材料，例如陶瓷材料、高分子材料、生物材料、磁性材料、半导体敏感材料、智能材料等新型材料。这些材料的产生不仅扩充了传感器的种类，而且改善了传感器的性能，拓宽了传感器的应用领域。例如，新一代光纤传感器、超导传感器、红外焦平面阵列探测器、生物传感器、诊断传感器、智能传感器、基因传感器及模糊传感器等。因此，传感器新材料的开发一直是传感器技术的研究重点之一。

（2）传感器新工艺　在新型传感器的发展中，离不开新工艺的采用。新工艺的含义范围很广，这里主要指与发展新型传感器联系特别密切的微细加工技术。该技术又称微机械加工技术，是近年来随着集成电路工艺发展起来的，它是将离子束、电子束、分子束、激光束和化学刻蚀等用于微电子加工的技术，目前已越来越多地用于传感器开发领域。

（3）微型化　微电子工艺、微机械加工、超精密加工和纳米级加工等先进制造技术在各类传感器的开发和生产中不断普及，使传感器正在从传统的结构设计向以微机械加工技术为基础、仿真程序为工具的微结构技术方向发展。例如采用微机械加工技术制作的微机械（MEMS）产品（微传感器和微系统），具有划时代的微小体积、低成本、高可靠性等独特的优点。

（4）多层次传感器融合　由于单个传感器具有不确定性、观测失误和不完整性的弱点，因此单层数据融合限制了系统的能力和鲁棒性。对于要求高鲁棒性和强灵活性的先进系统，可以采用多层次传感器融合的方法。低层次融合方法可以融合多传感器数据；中间层次融合方法可以融合数据和特征，得到融合的特征或决策；高层次融合方法可以融合特征和决策，帮助人们得到最终的决策。对此，可采用传感器集成化和多功能化的方式，使传感器由单一功能、单一检测向多功能和多点检测方向发展。为同时测量几种不同被测参数，可将几种不同的传感器元件复合在一起，做成集成块。把多个功能不同的传感元件集成在一起，除可同时进行多种参数的测量外，还可对这些参数的测量结果进行综合处理和评价，可反映出被测系统的整体状态。多功能化体现在传感器能测量不同性质的参数，实现综合检测。例如，集成有压力、温度、湿度、流量、加速度、化学等不同功能敏感元件的传感器，能同时检测外界环境的物理特性或化学特性，进而实现对环境的多参数综合监测。

（5）物联网智能化　近年来，智能化传感器发展开始与人工智能相结合，创造出了各种基于模糊推理、人工神经网络、专家系统等人工智能技术的高度智能传感器，称为软传感器技术。基于物联网传感器的开发，使测控系统主动进行信息处理以及远距离实时在线测量成为可能。

（6）高精度化　随着自动化生产程度的不断提高，对传感器的可靠性要求越来越高，这是因为传感器的可靠性直接影响到电子设备的性能。目前大部分传感器的工作范围都在20～70℃，在军用系统中要求工作温度在40～85℃，汽车、锅炉等场合对传感器的工作温度要求更高。因此研制高可靠性、宽温度范围、高灵敏度、高精确度、响应速度快、互换性好的新型传感器是目前传感器主要的发展方向之一。

（7）微功耗及无源化　传感器一般都是非电量向电量的转化，工作时离不开电源，开发微功耗的传感器及无源传感器是必然的发展方向。

5. 机器人的感官系统

人类熟悉的5种感觉，有视觉、嗅觉、味觉、听觉和触觉。机器人传感器是将机器人目标物特性（或参量）变换为电量输出的装置。传感器被称为机器人的“电五官”。

在人类生活中，从视觉输入外界信息的比例最大，同样视觉对于机器人适应环境也是极其重要的。视觉最重要的功能是选择合适的、安全的运动路径。双目视觉和其他知觉的刺激，使我们能辨别物体的距离。彩色视觉可以帮助人类很快辨别明暗不同的光线和颜色。从很亮的环境到很暗的环境，靠自动亮度控制，人们可以很快地调整适应。

人的感觉中重要程度仅次于视觉的是听觉。随着语音处理技术的进一步发展，使用声音来指挥、控制机器人也成为目前机器人发展的一个重要领域。另外，在原子反应堆或火灾现场等极端工作环境工作的机器人，对声音的检测也很有用。

与机器人的控制最紧密相关的是触觉。视觉适合于检测对象是否存在，检测其大概位置、姿势等状态。相比之下，触觉协助视觉，能够检测出对象更细微的状态，而且能用于重复实时检测和修正工作等的实时控制。

其他的感觉，如味觉、嗅觉等，除检测煤气等特殊场合外，还没有很好的、较通用的检测方法。

第二节　机器人的位置和位移传感器

位置感觉和位移感觉是机器人最基本的感知要求，没有它们机器人将不能正常工作。机器人的位置和位移可以通过位置和位移传感器来测量。

机器人的位置传感器所测量的不是一段距离的变化量，而是通过检测，确定是否已达到某一确定的位置。因此它不需要产生连续变化的模拟量，只需要产生能反映某种状态的开关量即可。位置传感器一般采用ON/OFF两个状态值来检测机器人的起始原点、终点位置或某个确定的位置。

机器人的位移是指物体的某个表面或某点相对于参考表面的位置变化。通常位移包括线位移和角位移两种。

机器人各关节和连杆的运动定位精度要求、重复精度要求以及运动范围要求是选择机器人位置传感器和位移传感器的基本依据。

1. 机器人位置传感器

位置传感器用来测量机器人自身位置，它能感知被测物的位置并将该信号转换成可用的输出信号。常用的位置传感器可分为两种：接触式传感器和接近式传感器。

（1）接触式传感器　接触式传感器的触头由两个物体接触挤压而动作，常见的有行程开关、二维矩阵式位置传感器等。下面以行程开关为例说明接触式传感器的原理、特点及应用。

行程开关是位置开关（又称限位开关）的一种，其利用生产机械运动部件的碰撞使其触头动作来实现接通或断开控制电路，达到一定的控制目的。当某个物体在运动过程中碰到行程开关时，其内部触头会动作，从而完成控制，如在加工中心的 x、y、z 轴方向两端分别装有行程开关，则可以控制移动范围。通常，这类开关被用来限制机械运动的位置或行程，使运动机械按一定的位置或行程实现自动停止、反向运动、变速运动或自动往返运动等。

行程开关按结构形式可分为直动式（按钮式）、滚轮式（旋转式）、微动式等。①直动式行程开关（图5-4和图5-5）的动作原理和按钮类似，所不同的是：一个是手动，另一个则由运动部件的撞块碰撞产生开关信号。当外界运动部件上的撞块碰压按钮使其触头动作后，运动部件会离开，在弹簧作用下，其触头自动复位。②滚轮式行程开关如图5-6所示，当运动机械的挡铁（撞块）压到行程开关的滚轮上时，传动杠连同转轴一同转动，使凸轮推动撞块，当撞块碰压到一定位置时，推动微动开关快速动作。当滚轮上的挡铁移开后，复位弹簧就使行程开关复位，这种是单轮自动恢复式行程开关。而双轮旋转式行程开关不能自动复位，它依靠运动机械反向移动时，挡铁碰撞另一滚轮而将其复位。当被控机械上的撞块撞击带有滚轮的撞杆时，撞杆转向右边，带动凸轮转动，顶下推杆，使微动开关中的触点迅速动作。当运动机械返回时，在复位弹簧的作用下，各部分动作部件复位。③微动式行程开关（图5-7）是一种尺寸很小而又非常灵活的、弹簧引动的磁吸附式行程开关。该类开关是具有细微触点间隔和快动安排，可用一定的行程和力进行开关动作，在其外部有驱动杆的一种开关。因为其开关的触点间隔比较小，故名微动开关，又叫灵敏开关。微动开关常用在需频繁换接电路的设备中进行自动控制及安全保护等，如电子设备、仪器仪表、矿山设备、电力系统、家用电器，以及航天、航空、舰船、导弹、坦克等。

行程开关具有结构简单、动作可靠、价格低廉的优点。

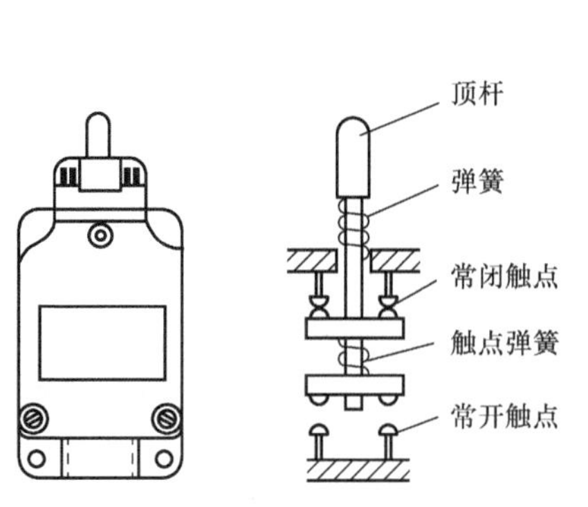

图5-4　直动式行程开关的原理图

图5-5　直动式行程开关

图5-6　滚轮式行程开关

图5-7　微动式行程开关

（2）接近式传感器　接近式传感器即接近开关，当物体与其接近到设定距离时就可以发出“动作”信号，它无须和物体直接接触，具有动作可靠、性能稳定、频率响应快、应

用寿命长、抗干扰能力强等优点。接近式传感器种类繁多，主要有电磁式、光电式、差动变压器式、涡流式、电容式和霍尔式等。下面以几种常用于机器人的接近式传感器为例进行该类传感器工作原理、特点及应用的说明。

1）光电式位置传感器。光电式位置传感器作为一种光机电一体化测量位置的部件，其原理是先将位置信息通过光电码盘转换为光学信号，然后通过光电转换变为电信号，从而对位置信息进行测量，光电效应原理如图 5-8 所示。

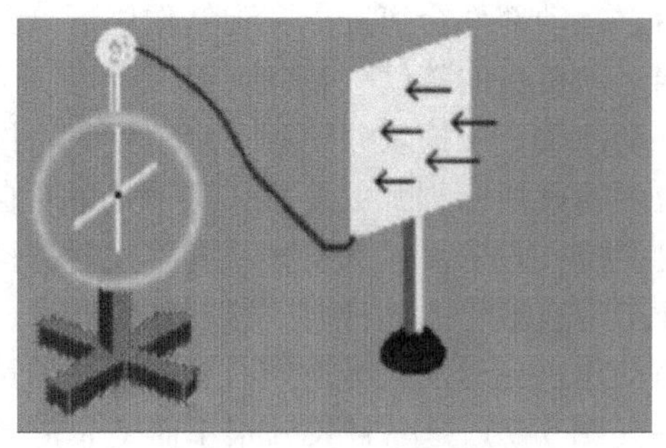

图 5-8　光电效应原理

光电式位置传感器除具有动作可靠、性能稳定、频率响应快、应用寿命长、抗干扰能力强等特点，还具有防水、防振、耐腐蚀等特点。但光学器件和电子器件价格高，对测量的环境条件要求高，故该类传感器常应用在环境比较好、无粉尘污染的场合。常用的光电式位置传感器通常通过 AD 采集芯片来实现位置细分结构的信号采集，这样无疑可以获得较高的精度，然而在高低温环境下会造成传感器零点的漂移，出现温度漂移、零点漂移的现象。

2）涡流式接近开关。涡流式接近开关就是利用涡流效应来控制高频振荡器的起振和停振两种状态，从而将金属体位置信号转换成“0”（低电平）和“1”（高电平）的开关量。

涡流开关与常规的涡流传感器相类似，它也含有高频激励线圈，工作时通以稳频稳幅的大幅值交流电；其还有一个线圈为检测线圈，其功能为感应涡流磁信号。由这两个线圈构成涡流开关的探头。在激励线圈的激励作用下探头周围产生磁场。当没有金属物体进入磁场时，检测线圈获得的信号幅值最大；一旦有金属体进入磁场时，金属体内便形成电涡流并对探头中的激励信号产生反作用，检测线圈获得的信号幅值将会大幅度减小。

涡流式接近开关被广泛应用于各种自动化生产线，机电一体化设备及石油化工、军工、科研等多个领域，在物理试验中也有应用。

3）电容式接近开关。电容式接近开关是一种具有开关量输出的位置传感器，其测量头通常是构成电容器的一个极板，而另一个极板是物体本身，当物体移向接近开关时，物体和接近开关的介电常数发生变化，使得和测量头相连的电路状态也随之发生变化，由此便可控制开关的接通。电容式接近开关的工作原理如图 5-9 所示。

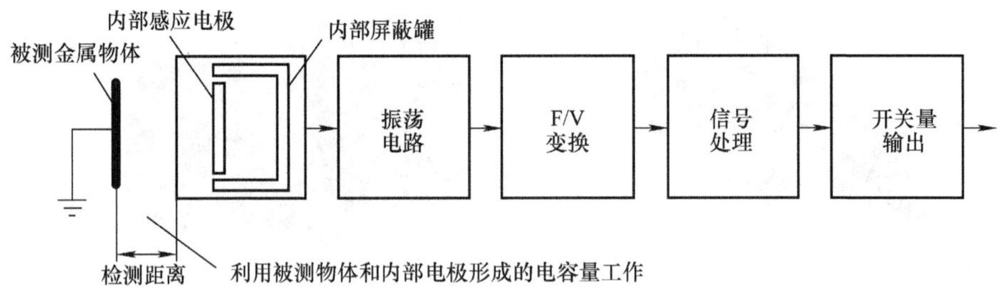

图 5-9　电容式接近开关的工作原理

电容式接近开关是一种新型的无触点传感元件，可在食品、医药、轻工、家电、化工、机械等行业中起行程控制和限位保护作用，也可在自动生产线上进行物位检查，以及食品和饮料的包装、分拣，液面控制，还可进行物料的计数、测长、测数等。此外，它还可以衍生开发出多种多样的二次仪器仪表和防盗报警器、水塔水位控制器等。

4）霍尔式接近开关。霍尔式接近开关（简称霍尔开关）是根据霍尔效应制成的一种传感器。霍尔开关属于有源磁电转换器件，是在霍尔效应原理的基础上，利用集成封装和组装工艺制作而成的，它可方便地把磁输入信号转换成实际应用中的电信号，同时该类开关又具备工业场合实际应用中易操作和可靠性的要求。

霍尔开关的输入端是以磁场强度来表示的，当磁场强度达到一定程度时，霍尔元件内部的触发电路翻转，霍尔开关的输出电平状态也随之翻转，进而控制开关的通或断。输出端采用晶体管输出，有 NPN、PNP、常开型、常闭型、锁存型等。这种接近开关的检测对象必须是磁性物体，安装时要注意磁铁的极性，如磁铁极性装反则无法工作。

霍尔开关不仅具有无触点、无开关瞬态抖动、高可靠性、寿命长等特点，还有很强的负载能力和广泛的其他功能，特别是在恶劣的环境下，它比目前使用的电感式、电容式、光电式等接近开关具有更强的抗干扰能力。

2. 机器人位移传感器

位移传感器又称为线性传感器，是一种金属感应的线性器件，其作用是将各种被测物理量（线位移或角位移）转换为电量。小位移通常用应变式、电感式、差动变压器式、涡流式、霍尔式传感器来检测；大位移常用感应同步器、光栅、容栅、磁栅等传感技术来测量。

位移传感器的种类大致可以分为以下几种类型。

（1）电位器式位移传感器　电位器式位移传感器由一个线绕电阻（或薄膜电阻）和一个滑动触点组成。其中滑动触点通过机械装置受被检测量的控制。当被检测的位置量发生变化时，滑动触点也发生位移，改变了滑动触点与电位器各端之间的电阻值和输出电压值，根据这种输出电压值的变化，可以检测出机器人各关节的位置和位移量。

（2）直线位移传感器　直线位移传感器的功能在于把直线机械位移量转换成电信号。为了达到这一效果，通常将可变电阻滑轨安装在传感器的固定部位，通过滑片在滑轨上的位移来测量不同的阻值。传感器滑轨连接稳态直流电压，允许流过微安培的小电流，滑片和始端之间的电压同滑片移动的大小成正比。直线位移传感器如图 5-10 所示。直线位移传感器的工作范围和分辨率受电阻器长度的限制，这是由于绕线电阻、电阻丝本身的不均匀性会造成传感器的输入输出关系的非线性。以电阻中心为基准位置的移动距离与输入电压有如下关系

$$X=\frac{L(2e-E)}{E} \tag{5-4}$$

式中，E 为输入电压；L 为滑片最大移动距离；X 为向左端移动的距离；e 为电阻器右侧的输出电压。

（3）角位移传感器　角位移传感器采用特殊形状的转子和线绕线圈，将角位移转换成相应的电量，其可以分为 3 种类型：①将角度变化量测量变为电阻变化量测量的变阻器式角位移传感器；②将角度变化量测量变为电容变化量测量的面积变化型电容式角位移传感器；③将角度变化量测量变为感应电动势变化量测量的磁阻式角位移传感器。

角位移传感器采用无接触式设计，具有工作范围大、环境适应性好等优点，被广泛应用

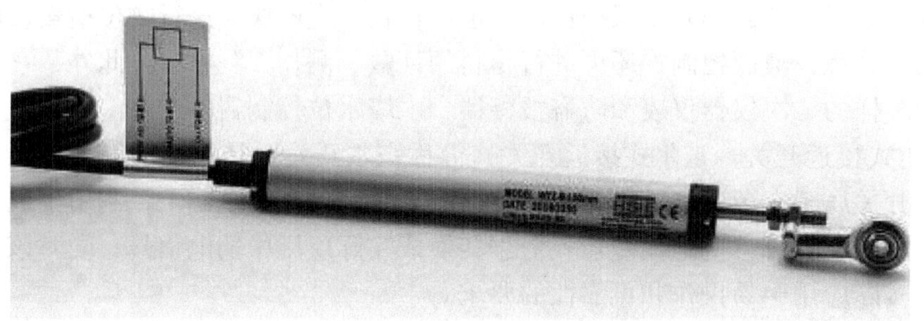

图 5-10　直线位移传感器

于车辆、航海、航空和航天等领域。

（4）旋转变压器　旋转变压器又称分解器，是一种控制用的微型电动机，如图 5-11 所示。它的工作原理是通过转子转动引起磁通量变化，利用次级线圈产生变化的电压，将机械转角变换成与该转角呈某一函数关系的电信号，从而用来测量角位移。旋转变压器结构简单、动作灵敏、对环境无特殊要求、维护方便、输出信号幅度大、抗干扰性强、工作可靠。

图 5-11　旋转变压器

（5）光电编码器　光电编码器是一种通过光电转换将输出轴上的机械几何位移量转换成脉冲量或数字量的传感器，由光源、光码盘和光敏元件组成，是一种应用广泛的位置传感器，其分辨率完全能满足机器人技术要求。使用时，将光电编码器固定在被测轴上，被测轴旋转时，光电管输出的信息就代表了轴的对应位置。

根据刻度方法及信号输出形式，光电编码器可分为增量式、绝对式以及混合式 3 种。其中，增量式光电编码器原理构造简单，机械平均寿命可在几万小时以上，其抗干扰能力强、可靠性高，适用于长距离传输，但其无法输出轴转动的绝对位置信息；绝对式光电编码器可以直接读出角度坐标的绝对值，没有累积误差且电源切断后位置信息不会丢失，但是其结构复杂、成本较高；混合式光电编码器则综合了前两者的优点。

第三节　机器人的视觉技术

视觉是人类感受与认知世界的主要手段之一，视觉获取的信息相较于其他感觉而言更加直观、全面、丰富。随着时代的发展，单纯依靠人体视觉系统已经无法满足人类对于世界探索的需求，因此发明了用来辅助人眼观察的放大镜、显微镜、天文望远镜等一系列工具。近几十年来，随着计算机技术、电子技术和机器人技术的快速发展，出现了机器人视觉系统来代替人眼去感受与认知世界，使得人类对于世界认知的广度与深度得到进一步地延伸。

机器人视觉系统主要包括光源、镜头、相机、信息处理器、信息算法软件等部分，如图 5-12所示。

工作时，物体反射光源光线，通过镜头在相机中成像，通过图像处理得到需要的信息，再将该信息传送到执行单元进行运动控制。

1. 视觉传感器——相机和镜头

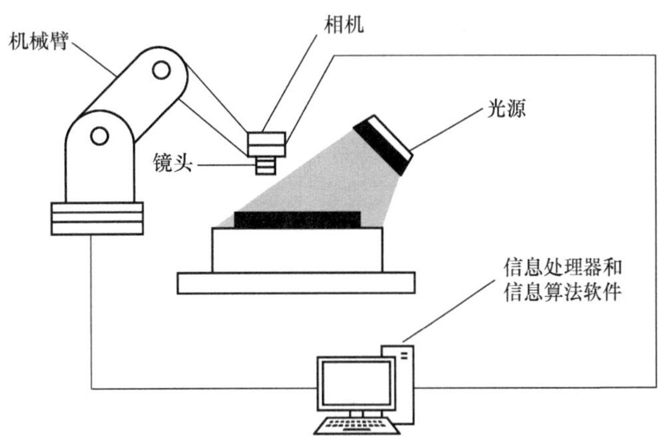

图 5-12 机器人视觉系统组成

视觉传感器是将被测物体的光信号转换成电信号的器件。大多数机器人视觉器官都不必通过胶卷等媒介物，而是直接把景物摄入。过去经常使用光导摄像等电视摄像机作为机器人的视觉传感器，近年来开发了 CCD（电荷耦合器件）和 MOS（金属氧化物半导体）器件等组成的固体视觉传感器，随着其不断成熟，图像敏感器件尺寸不断缩小，分辨率和信息量不断提高，在增益、快门和信噪比等参数上不断优化，通过核心测试指标来对光源、镜头和相机进行综合选择，使得很多以前成像上的难点问题得以不断突破。固体视觉传感器又可以分为一维线性传感器和二维线性传感器。由于固体视觉传感器有体积小、质量轻等优点，因此其应用日趋广泛。

由视觉传感器得到的电信号，经过 A－D 转换成数字信号，形成数字图像。一般地，一个画面可以分成 256×256 像素、512×512 像素或 1024×1024 像素。像素的灰度可以用 4 位或 8 位二进制数来表示。一般情况下，这么大的信息量对机器人系统来说是足够的。要求比较高的场合，还可以通过彩色摄像系统或在黑白摄像管前面加上红、绿、蓝等滤光器，从而得到所需颜色信息和较好的反差。

根据视觉传感器的数量和特性，目前主流的移动机器人视觉系统有单目视觉、双目视觉、多目视觉、全景视觉、混合视觉等。

1）单目视觉系统只使用一个视觉传感器。在成像过程中，单目视觉系统由于是从三维客观世界投影到二维图像上，因此会损失深度信息，这是此类视觉系统的主要缺点。但是单目视觉系统的结构简单、算法成熟且计算量较小，在自主移动机器人中已得到广泛应用，如用于目标跟踪、基于单目特征的室内定位导航等。同时，单目视觉是其他类型视觉系统的基础，如双目视觉、多目视觉等都是在单目视觉系统的基础上，通过附加其他手段和措施而实现的。

2）双目视觉系统由两个摄像机组成，其利用三角测量原理获得场景的深度信息，且可重建周围景物的三维形状和位置，类似人眼的视觉功能，原理简单。双目视觉系统需精确知道两个摄像机之间的空间位置关系，且场景环境的 3D 信息需要两个摄像机从不同角度，同时拍摄同一场景的两幅图像，并进行复杂的匹配，才能准确得到所需信息。

双目视觉系统能比较准确地恢复视觉场景的三维信息，在移动机器人定位导航、避障和地图构建等方面得到了广泛的应用。然而，双目视觉系统的难点是对应点匹配的问题，该问题在很大程度上，制约着双目视觉系统在机器人领域的应用前景。

3）多目视觉系统采用三个或三个以上摄像机，其中三目视觉系统居多，主要用来解决双目视觉系统中匹配多义性的问题，可以提高匹配精度。

三目视觉系统的优点是充分利用了第3个摄像机的信息，减少了错误匹配，但三目视觉系统需要合理安置3个摄像机的相对位置，其结构配置比双目视觉系统更烦琐，而且匹配算法更复杂需要消耗更多的时间，实时性更差。

4）全景视觉系统是具有较大水平视场的多方向成像系统，其突出优点是有较大的视场，可达到360°，这是其他常规系统无法比拟的。

全景视觉系统可通过图像拼接的方法或者通过折反射光学元件实现信息采集。图像拼接的方法使用单个或多个相机旋转，对场景进行大角度扫描，获取不同方向上连续的多帧图像，再用拼接技术得到全景图。折反射全景视觉系统由CCD摄像机、折反射光学元件等组成，利用反射镜成像原理，可观察360°场景，其成像速度快，能达到实时要求，具有十分重要的应用前景，可应用在机器人导航中。

本质上，全景视觉系统也是一种单目视觉系统，也无法得到场景的深度信息。另外，该视觉系统获取的图像分辨率较低，并且图像存在很大的畸变，从而会影响图像处理的稳定性和精度。在进行图像处理时，首先需要根据成像模型对畸变图像进行校正，这种校正过程不但会影响视觉系统的实时性，而且还会造成信息的损失。另外，这种视觉系统对全景反射镜的加工精度要求很高，若双曲反射镜面的精度达不到要求，利用理想模型对图像校正则会存在较大偏差。

5）混合视觉系统吸收了各种视觉系统的优点，采用两种或两种以上的视觉系统组成混合视觉系统，多采用单目或双目视觉系统，同时配备其他视觉系统。

2. 光源及光源控制

光源可分为可见光和不可见光，常见的几种可见光源有白炽灯、日光灯、水银灯和钠光灯。可见光的缺点是光能不稳定；所以如何使光能在一定的程度上保持稳定，是目前亟待解决的问题；环境光源有可能影响图像的质量，所以可采用加防护屏的方法来减少环境光的影响。

光源控制就是通过研究被测物体的光学特性、距离、物体大小、背景特性等，合理地设计光源的强度、颜色、均匀性、结构、大小，并设计合理的光路，以达到获取目标相关结构信息的目的。由于没有通用的机器视觉光源照明设备，所以针对每个特定的应用实例，要选择相应的照明装置，以达到最佳的效果。

光源控制按照照射方法可分为：背向光照明、前向光照明、结构光照明和频闪光照明等。其中，①背向光照明是被测物放在光源和摄像机之间，它的优点是能获得高对比度的图像；②前向光照明是光源和摄像机位于被测物的同侧，这种方式便于安装；③结构光照明是将光栅或光源等投射到被测物上，根据它们产生的畸变，解调出被测物体的三维信息；④频闪光照明是将高频率的光脉冲照射到物体上，摄像机拍摄要求与光源同步。

随着数字图像处理和计算机视觉技术的迅速发展，越来越多的研究者将摄像机作为全自主移动机器人的感知传感器。这主要是因为原来的超声或红外传感器感知的信息量有限、鲁棒性差，而视觉系统则可以弥补这些缺点。现实世界是三维的，而投射于摄像镜头（CCD/CMOS）上的图像则是二维的，视觉处理的最终目的就是要从感知到的二维图像中提取有关三维世界的信息。机器人的视觉系统直接把景物转化成图像输入信号，因此取景部分应当能根据具体情况自动调节光圈的焦点，以便得到一张容易处理的图像。

3. 信息处理器和算法软件

由视觉传感器得到的图像信息要由信息处理器存储和处理，并输出处理后的结果。20世纪80年代以前，由于微计算机的内存量小、内存的价格高，因此往往另加一个图像存储器来储存图像数据。现在除了某些大规模视觉系统之外，一般都使用微计算机或小型机，即使是微计算机，也有足够的内存来存储图像数据了。除了在显示器上输出图形之外，还可以用打印机或绘图仪输出图像。在图像处理算法上，随着图像高精度的边缘信息的提取，很多原本混合在背景噪声中难以直接检测的低对比度瑕疵开始得到分辨。在特征生成上，很多新算法不断出现，包括基于小波、小波包、分形的特征，以及独立分量分析；还有关子支持向量机，形模板匹配，线性以及非线性分类器的设计等都在不断延展。

数字图像处理的内容相当丰富，包括狭义的图像处理、图像分析（识别）与图像理解。狭义的图像处理着重强调在图像之间进行的变换，它是从一个图像到另一个图像的过程，属于底层的操作。它主要在像素级进行处理，处理的数据量非常大。虽然人们常将图像处理泛指各种图像技术，但狭义图像处理主要指对图像进行各种加工，以改善图像的视觉效果，并为自动识别打基础，或对图像进行压缩编码，以减少所需存储空间或传输时间。它将人类作为最终的信息接收者，主要目的是改善图像的质量，主要研究内容包括图像变换，图像压缩编码，图像增强和复原，图像分割等。

1）图像变换。由于图像阵列很大，直接在空间域中进行处理涉及的计算量很大。因此，往往采用各种图像变换方法，如傅里叶变换、离散余弦变换、阿达玛变换、小波变换等间接处理技术，将空间域的处理转化为变换域的处理，不仅可以减少计算量，而且可获得更有效的处理。

2）图像压缩编码。图像压缩编码技术可减少用于描述图像的数据量（即比特数），以便节省图像传输和处理的时间，并减少存储容量。压缩可以在不失真的前提下获得，也可以在允许的失真条件下进行。压缩编码是压缩技术中最重要的方法，它在图像处理技术中是发展最早且比较成熟的技术。

3）图像增强和复原。图像增强和复原技术的目的是为了提高图像的质量，如去除噪声、提高清晰度等。其中图像增强不考虑图像降质的因素，其目的是突出图像中所感兴趣的部分。如果强化图像的高频分量，可使图像中物体的轮廓清晰，细节明显；如果强化图像的低频分量，则可降低图像中噪声的影响。图像复原要求对图像降质（或退化）的原因有一定的了解，进而建立降质模型，再采用某种方法（如去除噪声、干扰和模糊等），恢复或重建原来的图像。

4）图像分割。图像分割是将图像中有意义的特征（包括图像中物体的边缘、区域等）提取出来，是进一步进行图像识别、分析和理解的基础。虽然目前已研究出不少边缘提取、区域分割的方法，但还没有一种普遍适用于各种图像的有效方法。因此，对图像分割的研究还在不断深入之中，是目前图像处理研究的热点之一。

4. 视觉传感器的应用

智能视觉传感技术是近年来机器视觉领域发展最快的一项新技术，它所使用的智能视觉传感器也称智能相机，智能相机是一种嵌入式计算机视觉系统，兼具图像采集、图像处理和信息传递功能，它将图像传感器、数字处理器、通信模块和其他外设集成到一个单一的相机内，这种一体化的设计，可降低系统的复杂度，并提高可靠性。同时系统尺寸大大缩小，拓

宽了视觉技术的应用领域。

视觉传感器的工业应用包括检验、计量、测量、定向、瑕疵检测和分拣。

图 5-13 所示为视觉传感器在汽车车身检测中的应用。车身成形是汽车制造的关键工序之一，对车身的各项指标要求严格，需对车身进行 100% 的检测。车身的关键尺寸主要有挡风玻璃尺寸、车门安装处棱边位置、定位孔位置等，生产线将车身运送到测量工位进行准确定位，然后分布于检测点的双目视觉传感器和轮廓传感器等类型的视觉传感器测量其相应的棱边、孔、表面的空间位置尺寸，计算机采集检测点图像并进行处理，计算出被测点的空间三维坐标，计算值与标准值比对，得出检测结果，并将车身送出测量工位。

如图 5-14 所示为视觉传感器在钢管截面尺寸检测中的应用。无缝钢管是工业生产中一类重要的工业产品，它的质量参数则是控制无缝钢管制造的关键，包括钢管的直线度及截面积。截面尺寸在线视觉检测系统由多个结构光传感器组成，传感器上结构光投射器投射的光平面和被测钢管相交，得到钢管截面圆周上的部分圆弧，传感器测量部分圆弧在空间中的位置。系统中每一个传感器可以实现一个截面上部分圆弧的测量，通过适当的数学方法，由圆弧拟合得到截面尺寸和截面圆心的空间位置，由截面圆心分布的空间包络，得到直线度参数。在计算机的控制下，测量系统在数秒内即可完成测量。

图 5-13　视觉传感器在汽车车身检测中的应用

图 5-14　视觉传感器在钢管截面尺寸检测中的应用

另外，视觉传感器还可以用于三维形貌视觉测量，将视觉非接触、快速测量和最新的高分辨率数字成像技术相结合，是逆向工程和产品数字化设计、管理及制造的基础。由于所测量的物体多是大型、具有复杂表面的物体，测量通常分为局部三维信息获取和整体拼接两部分，先利用视觉扫描传感器对被测形貌各个局部区域进行测量，再采用形貌整体拼接技术将所采集到的数据放到公共坐标上，得到整体的数据描述，并通过高分辨率数码相机从测量空间的上方以不同的角度和位置对被测量进行数据收集，运用光束定向交汇平差原理得到控制点空间坐标并建立全局坐标系，最后通过各个坐标系进行关联、转换，完成数据拼接，最终得到完整图像。

第四节　机器人的触觉系统

机器人触觉在机器人感知系统中占有非常重要的地位，它具有视觉等其他传感器无法实现的功能。视觉借助光的作用完成，当光照受限制时，仅靠触觉也能完成一些简单的识别功能。更为重要的是，触觉还能感知物体的表面特征和物理性能，如柔软性、硬度、弹性、粗糙度、材质等，因此触觉传感器是机器人感觉系统中最重要的研究课题之一。机器人触觉可分成接触觉、接近觉、压觉、滑觉和力觉 5 种，如图 5-15所示。触头可装配在机器人的手指上，用来判断工作中各种状况。

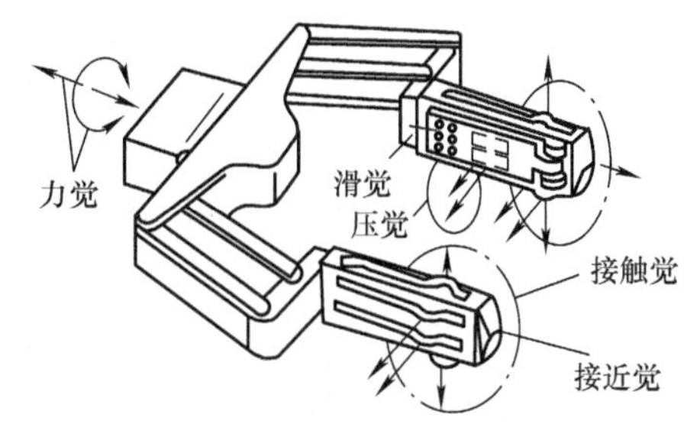

图 5-15 机器人的触觉传感器分布

1. 触觉传感器的一般要求

机器人触觉的原型是模仿人的触觉功能，通过触觉传感器与被识物体相接触或相互作用来完成对物体表面特征和物理性能的感知。为了实现这一功能，研究者们设计了各种形式的触觉传感器以满足多种需要。1980 年，L. Harman 对工业、研究机构、政府部门等进行了有关触觉传感器的调查，认为机器人触觉传感器应具备以下特征：①传感器有很好的顺应性，并且耐磨；②空间分辨率为 1 ~ 2mm，这种分辨率接近人指的分辨率（指上皮肤敏感分离两点的距离为 1mm）；③每个指尖有 50 ~ 200 个触觉单元（即 5 × 10，10 × 20 阵列单元数）；④触点的力灵敏度小于 0. 05N，最好能达到 0. 01N 左右；⑤输出动态范围最好能达到1000∶1；⑥传感器的稳定性、重复性好，无滞后；⑦输出信号单值，线性度良好；⑧输出频响 100 ~ 1000Hz。这些可以作为设计或者选择机器人触觉传感器的依据。

2. 触觉传感器的分类

（1）触觉传感器开关　触觉传感器开关是用于检测物体是否存在的一种最简单的触觉制动器件，其开关内部分隔成两个电接点。当一个电极上承受大于阈值的力时，该电极与另一个电极接触，这样可以用一个电回路来检测该开关接触与否，如图 5-16 所示。工业上利用开关阵列这一概念已开发了许多重要的传感器，这种触觉传感器价格低廉，但是其外形较大，并且这种阵列的空间分辨率低。

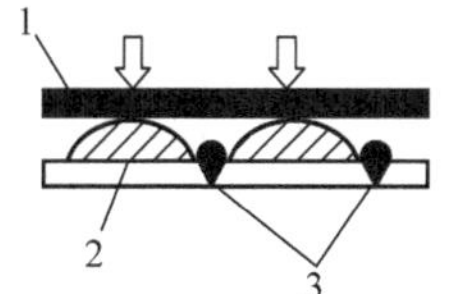

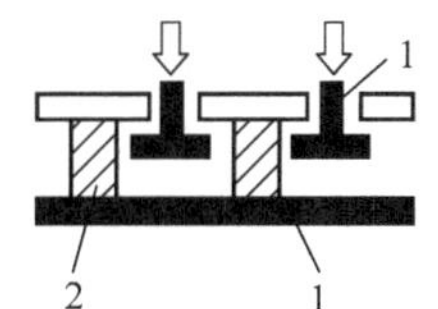

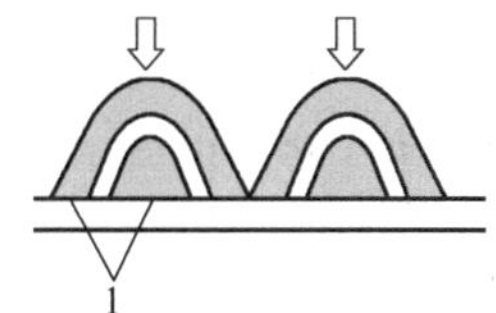

图 5-16 矩阵式接触觉传感器

1—柔软的电极 2—柔软的绝缘体 3—电极板

（2）压阻式触觉传感器　压阻效应简单来说是弹性体材料的电阻率随压力大小变化的现象。其中，以半导体材料最为明显。压阻式触觉传感器的工作原理就是利用半导体材料的压阻效应。压阻式触觉传感器具有动态范围宽、灵敏度高、体积小、耗电少、动态响应好、精度高、有正负两种符号的应力效应，易于微型化和集成化等优点。但也存在迟滞、单调响应非线性弹性材料的力学和电磁性能需要优化等缺点。

半导体的电阻率是其导电率的倒数。导电率 σ 是单位电场作用下所产生的电流密度的大小，其单位为 S/m。故电阻率 $\rho = 1/\sigma$，单位为 Ω · m。

电阻率的大小取决于半导体载流子浓度 n 和载流子迁移率 μ。对于浓度不均匀的扩散区域，往往采用平均电阻率的概念来计算。

在温度比较低的情况时，载流子的浓度指数式地增大，迁移率也是增大的，故半导体的电阻率随温度的上升而增大。在高温下，本征激发开始起作用，载流子浓度将指数式地很快增大，虽然这时迁移率仍然随着温度的升高而降低（晶格振动散射越来越强），但是这种迁移率降低的速度不如载流子浓度增大得快，所以总的效果是电阻率随着温度的升高而降低。

固体受力会引起电阻的相对变化，对于半导体材料而言，电阻率的相对变化率与轴向所受力之比为一常数，即 $\Delta\rho/\rho=\lambda E\varepsilon$，其中 λ 为半导体材料的压阻系数，E 为弹性模量，从而得电阻相对变化式为

$$\Delta R/R=(1+2\mu)\varepsilon+\Delta\rho/\rho=(1+2\mu+\lambda E)\varepsilon \tag{5-5}$$

半导体应变片的灵敏系数可表示为

$$k_0=(\Delta R/R)/\varepsilon=(1+2\mu)+\lambda E \tag{5-6}$$

由上式可以看出，半导体材料的灵敏系数k_0受到两个因素的影响：一个是受力后，材料几何尺寸的变化；另一个是材料受力后电阻率的变化。由于半导体材料受力后，几何形状的变化远小于电阻率的变化，即$(1+2\mu)\ll(\Delta\rho/\rho)/\varepsilon$，故半导体材料的灵敏系数可近似表示为

$$k_0\approx(\Delta\rho/\rho)/\varepsilon=\lambda E \tag{5-7}$$

试验证明，对于半导体材料，压阻系数 $\lambda=(40\sim80)\times10^{-11}\mathrm{m^2/N}$，弹性模量 $E=1.87\times10^{11}\mathrm{N/m^2}$，灵敏系数近似为 50 ~ 100。由此可见，半导体材料的灵敏系数远大于金属电阻丝的灵敏系数。故压阻式传感器灵敏度比金属应变片传感器灵敏度高 50 ~ 100 倍。

（3）压电式触觉传感器　压电式传感器是基于压电效应的传感器，它是一种自发电式和机电转换式传感器。它的敏感元件由压电材料制成。压电材料受力后表面产生电荷。此电荷经电荷放大器、测量电路放大和变换阻抗后就成为正比于所受外力的电量输出。压电式传感器用于测量力和能变换为力的非电物理量。它的优点是频带宽、灵敏度高、信噪比高、结构简单、工作可靠和质量轻等。缺点是某些压电材料需要防潮措施，而且输出的直流响应差，需要采用高输入阻抗电路或电荷放大器来克服这一缺陷。

压电效应可分为正压电效应和逆压电效应。正压电效应是指当晶体受到某固定方向外力的作用时，内部就产生电极化现象，同时在某两个表面上产生符号相反的电荷；当外力撤去后，晶体又恢复到不带电的状态；当外力作用方向改变时，电荷的极性也随之改变；晶体受力所产生的电荷量与外力的大小成正比。压电式传感器大多是利用正压电效应制成的。逆压电效应是指对晶体施加交变电场引起晶体机械变形的现象，又称电致伸缩效应。用逆压电效应制造的变送器可用于电声和超声工程。压电敏感元件的受力变形有厚度变形型、长度变形型、体积变形型、厚度切变型、平面切变型 5 种基本形式。压电晶体是各向异性的，并非所有的晶体都能在这 5 种状态下产生压电效应。例如石英晶体就没有体积变形压电效应，但具有良好的厚度变形和长度变形压电效应。

压电关系表达式为

$$Q=\mathrm{d}F \tag{5-8}$$

式中，d 为压电常数。

更一般的电荷密度表达式为

$$q_i = d_{ij}\sigma_j \tag{5-9}$$

式中，$i=1$，2，3，表示晶体极化方向，指的是与产生电荷的面垂直的方向；$j=1$，2，3，4，5，6，表示受力方向，1 ~3 表示 x，y，z 向受力，4 ~6 表示剪切力方向。

如q_1表示法向矢量为 x 的两个面产生的电荷；

受 x 向（拉）力作用后，在 z 方向产生的电荷的表达式为$q_3 = d_{31}\sigma_1$；

受 z 向（拉）力作用后，在 z 方向产生的电荷的表达式为$q_3 = d_{33}\sigma_1$。

（4）光电式触觉传感器　光电效应是指在高于某特定频率的电磁波照射下，某些物质内部的电子会被光子激发出来而形成电流的物理现象，可分为外光电效应和内光电效应两类。外光电效应是指，在光线作用下物体内的电子逸出物体表面向外发射的物理现象。

光子是以量子化“粒子”的形式对可见光波段内电磁波的描述。光子具有的能量为 $h\nu$，h 为普朗克常量，ν 为光频。光子通量则相应于光强。外光电效应由爱因斯坦光电效应方程描述为

$$E_K = h\nu - W \tag{5-10}$$

式中，h 为普朗克常量；ν 为入射光的频率。当光子能量等于或大于逸出功时才能产生外光电效应。因此每一种物体都有一个对应于光电效应的光频阈值，称为红限频率。对于红限频率以上的入射光，外生光电流与光强成正比。

内光电效应是光电效应的一种，主要由于光量子作用，引发物质电化学性质变化（比如电阻率改变，这是与外光电效应的区别，外光电效应则是逸出电子）。

光电式传感器是将光通量转换成电量的一种传感器，其基础是光电转换元件的光电效应。由于光电测量方法灵活多样，可测参数众多，并具有非接触、高精度、高可靠性和反应快等特点，因此光电传感器在检测和控制领域获得了广泛的应用。弯曲光电式触觉传感器原理如图 5-17 所示。

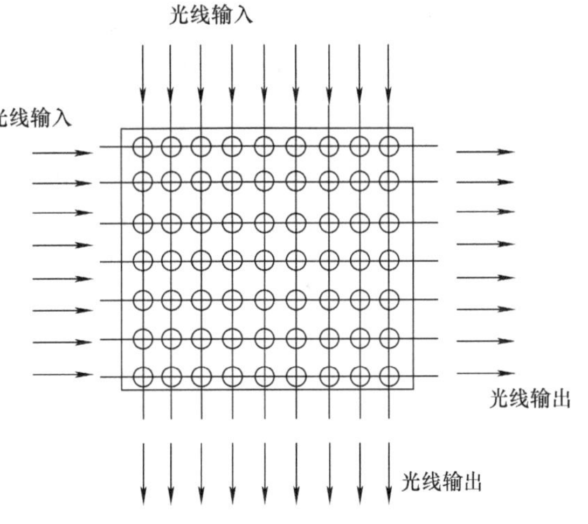

图 5-17　弯曲光电式触觉传感器原理

3. 触觉传感器的常见形式

（1）压觉传感器　图 5-18 所示为阵列式压觉传感器，图 5-18a 所示阵列式压觉传感器由条状导电橡胶排成网状，每个棒上附一层导体引出，送给扫描电路。图 5-18b所示阵列式压觉传感器由单向导电橡胶和印刷电路板构成，电路板上附有条状金属箔。图 5-18c 所示为与阵列式压觉传感器相配的扫描电路。

如图 5-19 所示为针式差动变压器矩阵式压觉传感器，它由若干个触针式触觉传感器构成矩阵形状。每个触针传感器由钢针、塑料套筒以及使针杆复位的弹簧等构成，并在每个触针上绕着激励线圈与检测线圈，用以将感知的信息转换成电信号，再由计算机判定接触程度和接触位置等。当针杆与物体接触而产生位移时，其根部的磁极体将随之运动，从而增强了

两个线圈——激励线圈与检测线圈间的耦合系数，检测线圈上的感应电压随针杆的位移增加而增大。通过扫描电路轮流读出各列检测线圈上的感应电压（代表针杆的位移量），经计算机运算判断，即可知道被接触物体的特征或传感器自身的感知特性。

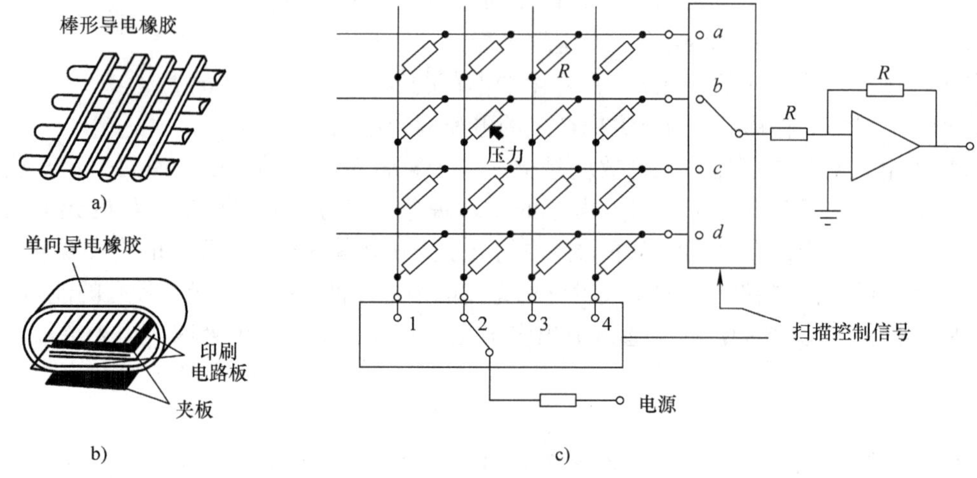

图 5-18　阵列式压觉传感器

a）网状排列的导电橡胶　b）单向导电橡胶和印刷电路板　c）阵列式扫描电路

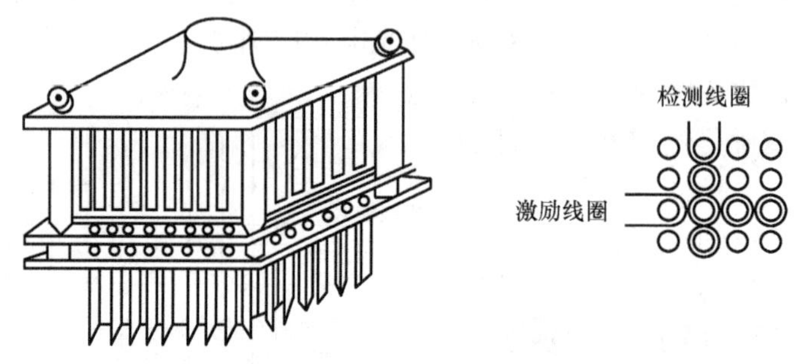

图 5-19　针式差动变压器矩阵式压觉传感器

（2）力觉传感器　力觉传感器是用来检测机器人的手臂和手腕所产生的力或其所受反力的传感器，如进行装配作业。力觉传感器的元件大多使用半导体应变片，将其安装于弹性结构的被检测处，可检测多维的力和力矩。如果使全部的检测部件相互垂直，并且如能将应变片粘贴于与部件中心线准确对称的位置上，则各个方向的力的干扰就可大幅降低，且易于简化信息处理和控制。通常将机器人力传感器分为以下 3 类。

1）装在关键驱动器上，称为关节力传感器，可测量驱动器本身的输出力和力矩，用于控制中的力反馈。

2）装在末端执行器和机器人最后一个关节之间，称腕力传感器，可直接测量作用在末端执行器上的各向力和力矩。

3）装在机器人手抓指关节上，称为指力传感器，可用于测量夹持物体时的受力情况。

如图 5-20 所示的结构中，由脉冲电动机通过螺旋弹簧去驱动机器人的手指。所检测出的螺旋弹簧的转角与脉冲电动机转角之差即为变形量，从而也就可以知道手指所产生的力。

手指部分的应变片，是一种控制力量大小的器件。

对于以精密镶嵌为代表的装配操作，需检测手腕部的受力并进行反馈，以控制手臂和手腕动作。图 5-21 所示为腕部力传感器的结构示意图。这种手腕具有弹性，可通过应变片而构成力觉传感器，从而推算力的大小和方向。

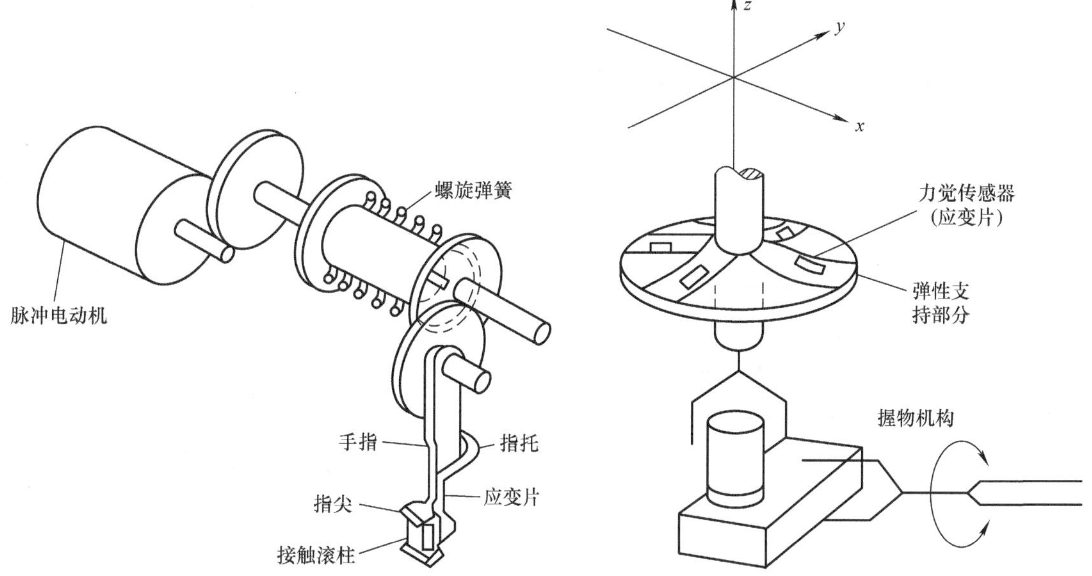

图 5-20　脉冲电动机的指力传感器　　图 5-21　腕部力传感器的结构示意

如图 5-22 所示为斯坦福大学研制的六维腕力传感器结构。其由一个直径为 75mm 的铝管铣削而成，具有 8 个窄长的弹性梁，每个梁的颈部开有小槽使颈部只传递力，减小转矩作用。在梁的另一侧贴有应变片，若应变片的阻值分别为 R_1 和 R_2，则其连接方式如图 5-22b 所示，由于 R_1 和 R_2受力方向相反，因此输出值比使用单个应变片大一倍。

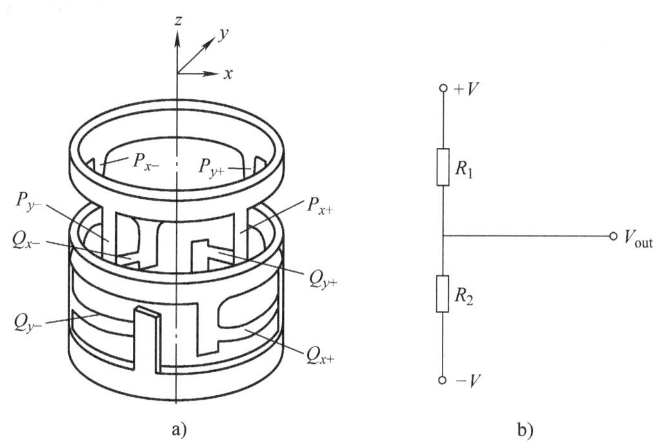

图 5-22　斯坦福大学研制的六维腕力传感器结构

a）传感器结构　b）传感器应变片连接方式

（3）滑觉传感器　滑觉传感器用来检测在垂直于握持方向物体的位移、旋转和由重力引起的变形，以达到修正受力值、防止滑动、进行多层次作业，以及测量物体质量和表面特

性等目的。实际上，滑觉传感器是用于检测物体接触面之间相对运动大小和方向的传感器，即是用于检测物体滑动的传感器。

如图 5-23 所示为一种测振式滑觉传感器。其尖端用一个小直径钢球接触被握持物体，振动通过杠杆传向磁铁，磁铁的振动在线圈中产生感应交变电流并输出。但其测头需直接和对象物接触，握持类似于圆柱体的对象物比较困难；而且其接触点为点接触，可能造成接触力过大损坏对象表面。

如图 5-24 所示为滚柱式滑觉传感器。滚柱表面贴有高摩擦系数的弹性物质，将滚柱固定，

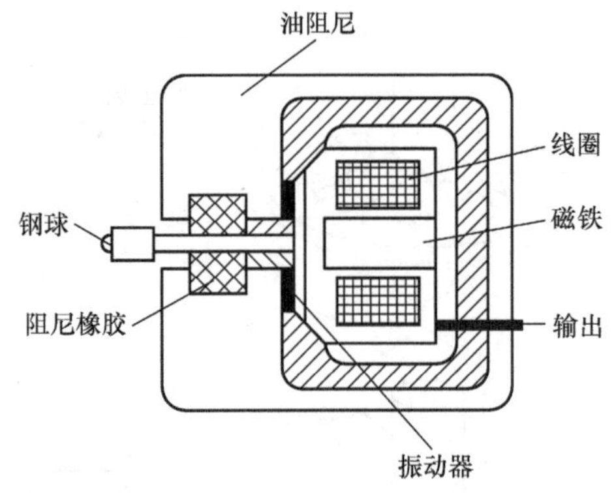

图 5-23　测振式滑觉传感器

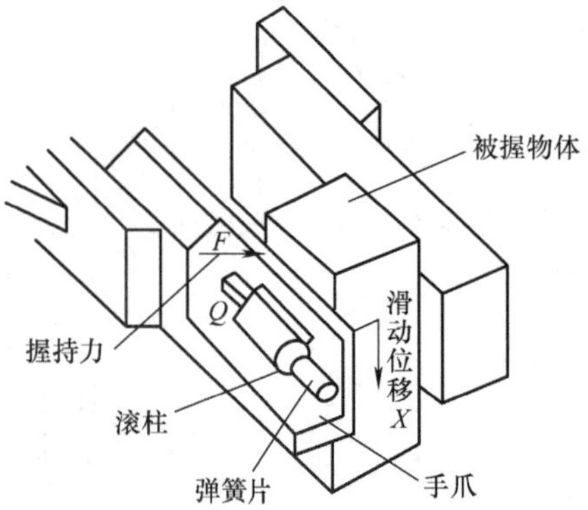

图 5-24　滚柱式滑觉传感器

可使滚柱与物体紧密接触，并使滚柱不产生纵向移动。当手爪中的物体滑动时，将使滚柱旋转，滚柱带动安装在其中的光电传感器和缝隙圆板产生脉冲信号，并通过计数电路和D－A转换器转换成模拟电压信号，通过反馈系统，构成闭环控制，从而不断修正握力，达到消除滑动的目的。

前述滚柱式滑动式传感器只能检测一个方向上的滑动。如图 5-25 所示为滚珠式滑觉传感器。图中的滚球表面是导体和绝缘体配置成的网眼，从物体的接触点可以获取断续的脉冲信号，它能检测全方位的滑动。

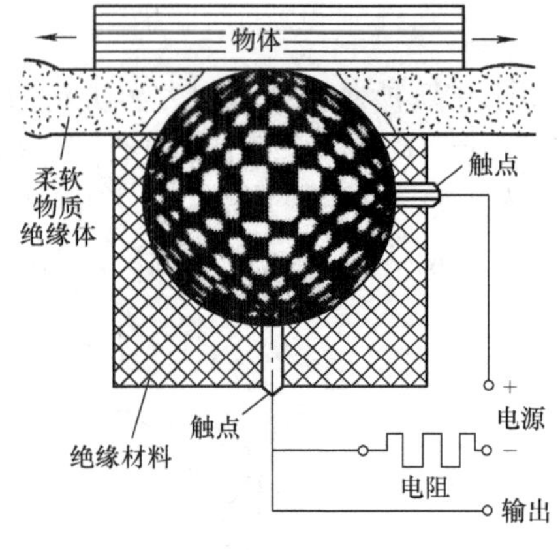

图 5-25　滚珠式滑觉传感器

【知识拓展】

机器视觉助力羽毛球拾取

在重庆大学设计的一款羽毛球拾取机器人中，用到了视觉感知技术——激光雷达和摄像机。该羽毛球拾取机器人以激光雷达和摄像机为感知单元，实现羽毛球灰度信息和位置、位姿信息的获取。因此，对该机器人而言基于光视觉的目标识别是实现其正确捡球的关键，其目标识别模块由基于激光雷达的粗略定位和基于单目视觉的精确定位两大部分组成。其原理

是通过激光雷达扫描到外形大小近似于羽毛球的物体并将该物体的坐标信息映射到图像坐标系；然后利用单目摄像机采集图像并以该坐标为基准生成候选区域进行目标识别。若识别出物体是羽毛球，则目标识别模块对激光雷达和摄像机所采集的数据进行融合生成羽毛球的位姿信息；若识别出物体不是羽毛球，则继续扫描。目标识别流程图如图 5-26 所示。

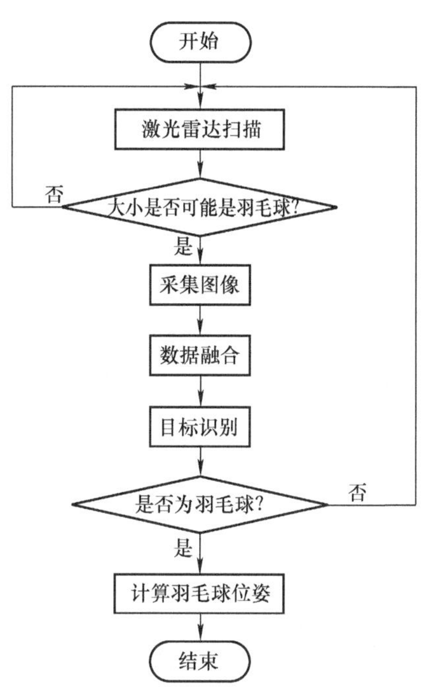

图 5-26　目标识别流程图

1. 基于单线激光雷达的目标粗定位

首先，通过单线激光雷达扫描，可量化为一系列连续点。其次，对得到的这些点进行粗略判断：如果这些点之间的最大径向距离差小于羽毛球的高度，且其跨度在羽毛球直径和羽毛球高度之间，则认为这些连续点包围区域为羽毛球，然后以粗识别的羽毛球中心位置为基准点，进行候选区域计算。最后，在后续的图像处理中，只在图像的候选区域进行目标识别。激光雷达扫描和对连续点的采样如图 5-27 所示。

2. 基于单目视觉的精定位

激光雷达扫描到的物体经粗识别确定为类羽毛球物体后，单目摄像机会采集图像并采用轮廓提取和颜色检测相结合的方法进行目标的准确识别。如图 5-28 所示为基于单目视觉的羽毛球精确识别流程，如图 5-29 所示为羽毛球识别结果。

3. 数据融合、雷达与相机的联合标定

为准确地计算候选区域，需要对激光雷达和相机进行联合标定，实现将羽毛球在激光雷达下的坐标转化为在像素坐标系下的坐标。感知单元的空间位置如图 5-30 所示。

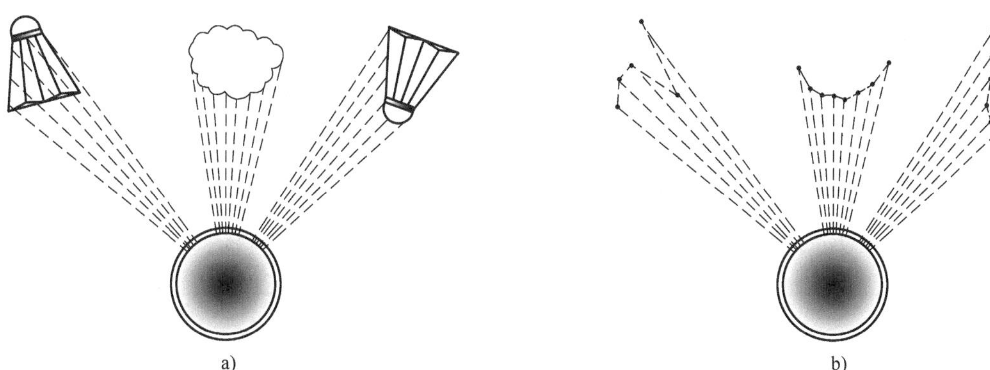

图 5-27　激光雷达扫描和对连续点的采样

a）激光雷达扫描羽毛球　b）采样得到的连续点

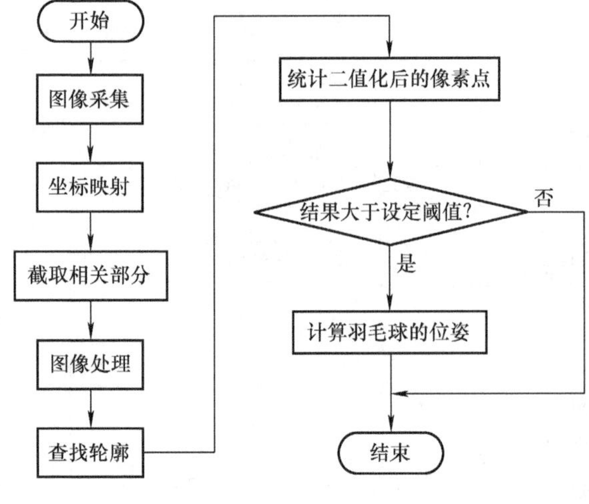

图 5-28　精确识别流程

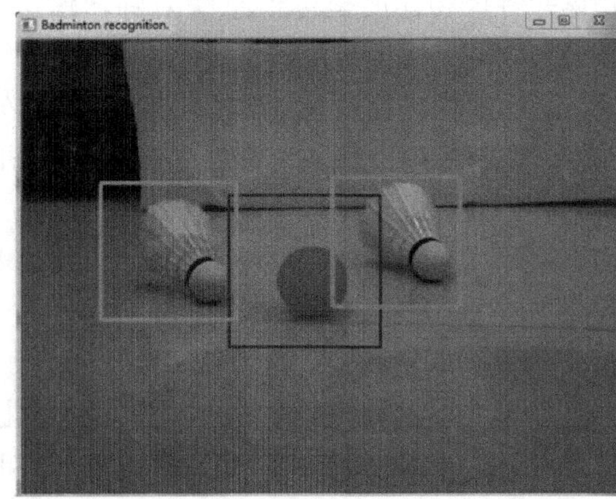

图 5-29　羽毛球识别结果

1）将羽毛球在雷达坐标系下的坐标转换到相机坐标系下

$$\boldsymbol{X}_{\mathrm{C}}=\boldsymbol{RT}_{\mathrm{C}}\boldsymbol{X}_{\mathrm{L}} \quad (5\text{-}11)$$

式中，$\boldsymbol{X}_{\mathrm{C}}$ 为相机坐标系下的坐标；$\boldsymbol{X}_{\mathrm{L}}$ 为雷达坐标系下的坐标；$\boldsymbol{RT}_{\mathrm{C}}$ 为激光雷达坐标系到相机坐标系的旋转平移矩阵。

2）羽毛球在相机坐标系下的坐标转换到像素坐标系下

$$\boldsymbol{uv}=K\boldsymbol{X}_{\mathrm{C}} \quad (5\text{-}12)$$

式中，$\boldsymbol{uv}$ 为图像坐标；K 为相机参数。

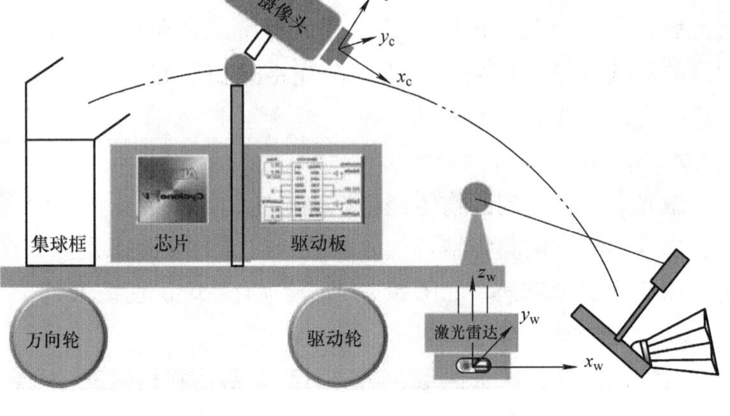

图 5-30　感知单元的空间位置

最后通过对羽毛球像素坐标系下的坐标求解，进行候选区域的划分，如图 5-31 所示，并采用 Adaboost 算法实现羽毛球的识别。

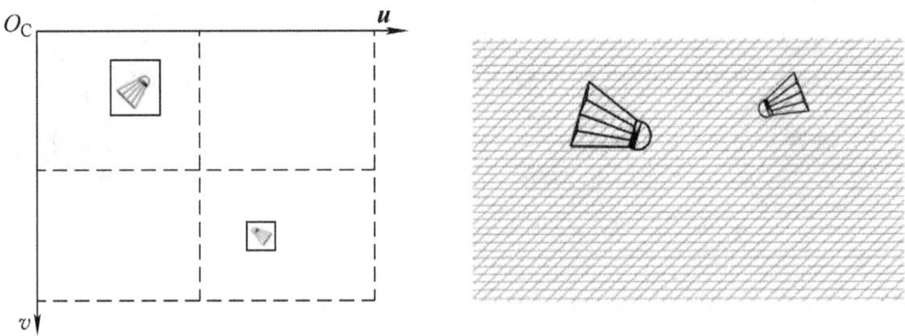

图 5-31　候选区域的划分

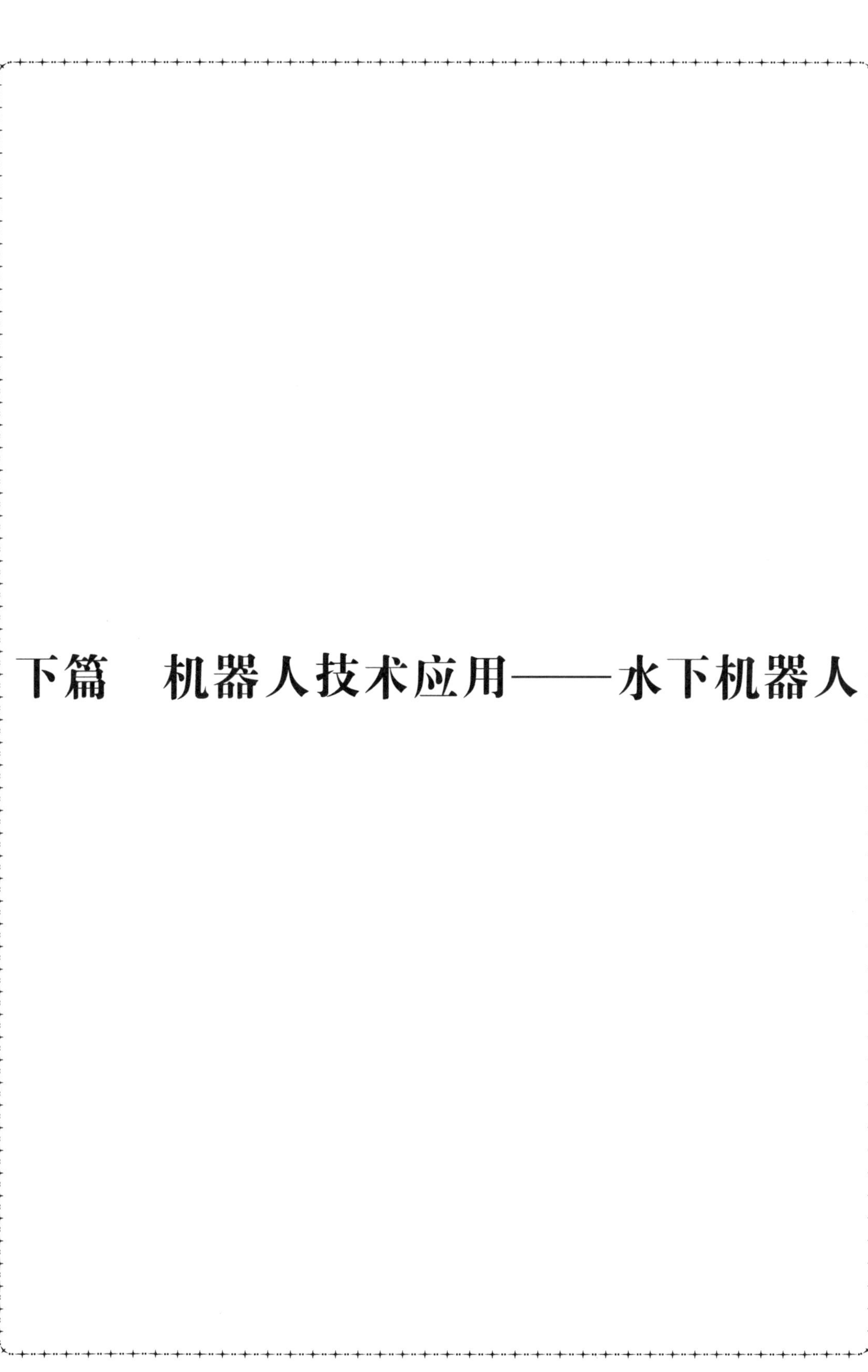

下篇　机器人技术应用——水下机器人

第六章

水下机器人机械结构与控制系统硬件设计

“建设海洋强国”是我国发展的重大战略，探索海洋、开发海洋、保护海洋、管控海洋成为国家战略布局的重要部分。随着水资源污染严重，监测、探索、开发和治理水与水下资源是社会发展的重中之重，探索和开发水下资源已经成为各国关注的重点方向和新兴产业，具有广阔的前景。在水环境中，人类感官作用十分有限，必须要利用一些工具来替代人进行水下作业，由此，水下机器人成为研究和应用的重点。

从水下机器人诞生以来至今，已经被广泛应用于众多领域，为了满足市场需求，针对不同用户的需求，开发出多种功能的水下机器人，例如，水下清洗机器人、水下打捞机器人、水下检测机器人等。水下机器人应用领域也不断扩大，如安全搜救、管道检查、科学研究、水下摄影等。

本章将在水下机器人总体介绍的基础上，围绕自主开发的一款水下机器人的设计过程，从总体设计到机械结构、控制系统硬件等方面进行具体分析。

浙江大学四旋翼式水下机器人

为满足未来海洋发展对无人水下机器人的巨大需求，浙江大学研究学者设计研制了推进器呈 X 型布置的新型四旋翼式水下机器人。图 6-1 为该水下机器人的模型和实物，其采用了无缆自主式控制方式。

与常规无人水下机器人相比，此新型四旋翼式水下机器人具有以下特征：

1）与鱼雷式自主水下机器人相比，此四旋翼式水下机器人具有更好的运动性能。它能实现独立的前进和垂直（升潜）方向运动，而且还可以实现悬停、定点偏航运动。呈 X 型布置的 4 个推进器为四旋翼式水下机器人完成上述鱼雷式自主水下机器人无法实现的运动提供了前提，4 个推进器也提供了相对更多的控制自由度。

2）与开架式缆控无人水下机器人相比，此四旋翼式水下机器人具有更好的水动力性质，这是因为四旋翼式水下机器人外形基本采用流线型设计，使其水阻力相对较小。此外，该类机器人还采用了自主式控制，无须与岸基或海面上位机电缆通信，使其航行机动范围更大。4 个推进器也使其实现了与全驱动缆控机器人近乎相同的运动灵活性。

3）4 个推进器的 X 型布置方式更加适应水下受力特点。空气中，除阻力和动力外，机器人主要受到重力影响，而在水下环境，机器人还要考虑浮力，浮力与重力方向相反可相互抵消。特别是对于无人水下机器人，为保证紧急情况自动上浮，设计要求浮力略大于重力，因此，浮力与重力可近似相互抵消为零，那么机器人在水下主要受动力和阻力影响。为此，推进器被倾斜放置成 X 型以使更多的动力克服运动时的阻力。

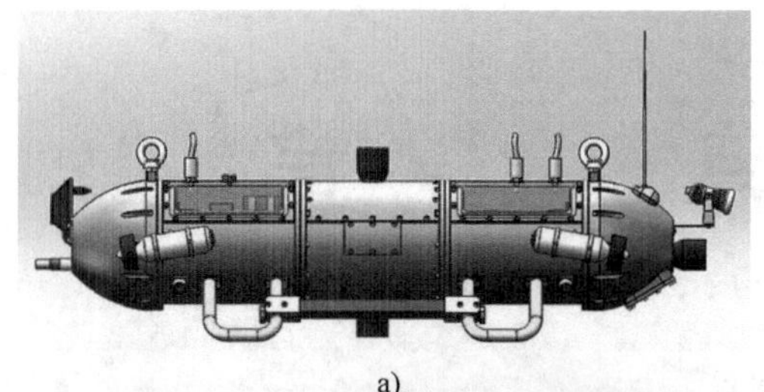

a)

b)

图 6-1　浙江大学四旋翼式水下机器人

a）四旋翼式水下机器人模型

b）四旋翼式水下机器人实物

第一节　水下机器人概述

1. 水下机器人分类

水下环境复杂多变，人的潜水深度有限并且容易发生危险，所以往往利用水下机器人取代人类进行一些极限水下作业。早期的水下机器人被用于军事、科考等领域；近年来，水下机器人开始在渔业环境检测、潜水娱乐等领域兴起。

如图 6-2 所示为水下机器人分类，一般的潜水器都可以算在水下机器人的范围内，根据舱内有无人员可以划分为载人潜水器和无人潜水器。其中，无人潜水器按照水下机器人与母船之间有无电缆连接将其分为有缆水下机器人（ROV）和自主水下机器人（AUV）。ROV 通过电缆由母船向其提供动力，人在母船上通过电缆对 ROV 进行遥控，如图 6-3 所示。而 AUV 自带电源，依靠自身的自治能力来管理和控制自己以完成人赋予的指令。

ROV 不存在续航、通信的问题，控制起来也相对容易，其通过电缆从母船获取电力、接受控制信号。ROV 主要由地面端、水下端组成，地面端包含供电系统、控制台、电缆绞车等，水下端包含潜水器本体及安装在本体上的推进器、相机、照明灯、深度传感器、作业工具（机械手、切割器），可主要进行水下巡检、探测。虽然线缆提供了足够的续航和相对容易的操作控制，但是却限制了 ROV 在水下的活动空间，基于此自主水下机器人（AUV）应运而生。

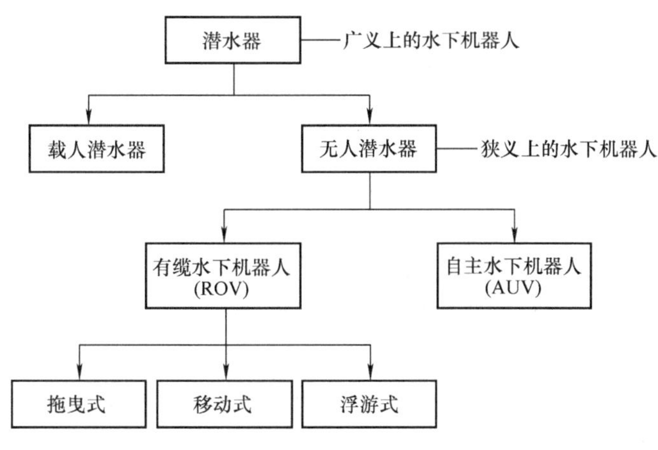

图 6-2　水下机器人分类

自主水下机器人（AUV）也称无缆水下机器人，如图 6-4 所示，主要用于水下抓取、捕捞等用途。由于没有母船供电，依靠自身携带电源模块供电，续航有限；同时，AUV 一般依靠水声通信，存在时延现象，实时控制难度大。此外，AUV 是自主导航，依靠各类传感器来识别陌生环境和建立环境模型，通过自主决策躲避障碍，从而到达指定点完成任务，该类机器人综合了图像识别、水声通信、信息融合、路径规划、自主避障和智能控制等技术。总之，ROV 由水面工作人员实时观测水下并远程遥控操作，智能化程度不高，缺点是有线缆限制，活动空间有限；而 AUV 活动范围大，但其续航、通信、智能控制均是亟待优化的问题。

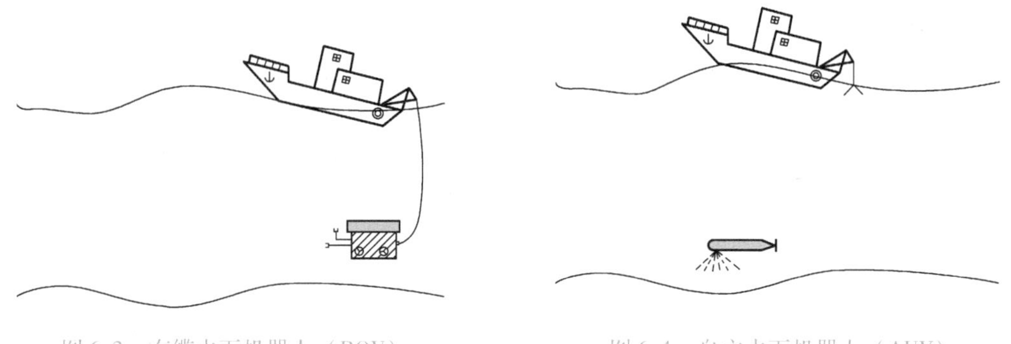

图 6-3　有缆水下机器人（ROV）　　图 6-4　自主水下机器人（AUV）

2. 水下机器人关键技术

（1）总体技术　水下机器人作为一种技术密集性高、系统性强的机电产品，涉及的专业学科多达几十种，各学科之间彼此互相牵制，如果单纯地追求单项技术指标，就会顾此失彼。解决这些矛盾除需有很强的系统概念外，还需加强各指标的协调。在满足总体技术要求的前提下，各单项技术指标的确定要相互兼顾。

为适应较大范围的航行，从流体动力学角度来看，水下机器人的外形多采用低阻的流线型。其结构尽可能采用质量轻、浮力大、强度高、耐腐蚀、降噪的轻质复合材料。

（2）仿真技术　水下机器人需工作在复杂的海洋环境中，由智能控制完成任务。由于工作区域的不可接近性，使得对真实硬件与软件体系的研究和测试均比较困难。为此，在水

下机器人的方案设计阶段，要进行仿真技术研究，研究内容主要分为平台运动仿真和控制软、硬件仿真两部分。

（3）智能控制技术　智能控制技术是提高水下机器人在复杂的海洋环境中，完成各种任务的自主性的关键，因此研究水下机器人智能控制系统的软件体系、硬件体系十分重要。

智能控制系统的体系结构是人工智能技术和各种控制技术在内的集成，相当于人的大脑和神经系统。其中软件体系是水下机器人的总体集成和系统调度，直接影响机器人智能水平，它涉及基础模块的选取、模块之间的关系、数据（信息）与控制流、通信接口协议、全局性信息资源的管理及总体调度机构。硬件体系结构的目标与水下机器人的研究任务应是一致的，它也是提高智能水平（自主性和适应性）的关键技术之一。设计者要不断改进和完善体系结构，加强对未来的预报预测能力，使系统更具有前瞻性和自主学习能力。

（4）水下目标探测与识别技术　目前，水下机器人用于水下目标探测与识别的设备主要是合成孔径声呐、前视声呐和三维成像声呐等水声设备。

（5）水下导航技术　用于自主式水下机器人的导航系统有多种，如惯性导航系统、重力导航系统、海底地形导航系统、地磁场导航系统、引力导航系统、长基线、短基线，以及由光纤陀螺与多普勒计程仪组成的导航系统等。由于价格和技术等原因，目前被普遍使用的是光纤陀螺与多普勒计程仪组成的导航系统，该系统无论从价格上、尺寸上和精度上都能满足水下机器人的使用要求，国内外研究者都在加大力度研制和开发。

（6）通信技术　为了有效地监测、传输、协调和回收数据等，水下机器人需要通信。目前的通信方式主要有光纤通信、水声通信。

（7）能源系统技术　水下机器人，特别是续航要求高的自主航行水下机器人，需要具有体积小、质量轻、能量密度高、多次反复使用、安全和低成本的能源系统。

3. 水下机器人的应用领域

水下机器人已广泛应用于包括海洋工程、港口建设、海洋石油、海事执法取证、科学研究和军事防务等诸多领域，用以完成水下搜救、探测打捞、深海资源考察、海底线管敷设与检查维修、水下考古、电站及水坝大坝检测等各项工作。目前市场对水下机器人的需求分观察型和作业型两种。观察型配备有水下摄像和照相设备，可针对水下特定目标进行定期观察和检查；作业型可针对不同的要求，进行简单的水下作业，其可配备前视声呐、侧扫声呐、海底绘图、海底打捞等设备和各种机械手等。

（1）水产养殖　根据相关统计，2017 年我国水产养殖面积 834.634 万公顷，总产量达 6699.65 万吨，可以看到我国的渔业规模是很庞大的。但是，目前我国的水产养殖业还面临着许多严峻的问题，像鲍鱼、海参、扇贝、海螺、海胆等的海洋牧场，从播种到采捕都需要较大人力，采用的也都是较原始的工具。这种捕捞方式，不仅劳动强度大，而且效率低，最主要的是对捕捞者来说有很大的危险性。所以这样一系列问题的凸显，让水产养殖业不得不进行变革，而水下机器人的发展可以很好地解决这些问题。

（2）水下船体检修与清洁　水下机器人也可用于船舶和海工装备等的清洁检测、船底探查和船体检修等，其可以实现准确定位，大大节省了人力成本和时间成本。除此之外，水下机器人还可用于航道排障、港口作业和水下沉船考察等，相信在不久的将来，这个应用方向也会被人们所重视。

（3）城市管道检查　管道清洁也是水下机器人的一个重要用途，中国的城市化建设已经进行了 30 多年，某些城市的人口密度非常大，而这些城市内的管道已经开始显现出各种问题，如堵塞、年久失修等，这些问题导致城市排污能力下降，急需整治。运用水下机器人进行管道的检测，可精准定位需要修理的管道，避免了大规模挖开地面，重新安装的方式，节省了大量的人力和时间，保障了城市管道的正常运行。

（4）水下娱乐　随着潜水运动的兴起，越来越多的人对潜水运动感兴趣，因此这也给水下机器人带来了机遇和挑战。比如在游泳馆，机器人可以实时进行信息反馈，避免游泳人员溺亡事件发生。又比如在海洋馆，水下机器人可以监控水域环境，并进行信息反馈。此外，还有小型的水下机器人方便携带进行水下拍摄。

虽然目前消费级的水下机器人都偏向于小型化，功能也较简单，但随着未来技术的发展，水下机器人会像服务机器人一样，增加更多的类人功能，替代人类在水下进行工作。

（5）未来战争中的应用　零伤亡是未来战争中的选择，因而使得无人武器系统在未来战争中的地位倍受重视，其潜在的作战效能越来越明显。作为无人武器系统重要组成部分的水下机器人能够以水面舰船或潜艇为基地，在数十或数百里的水下空间完成环境探测、目标识别、情报收集和数据通信，这将大大扩展水面舰船或潜艇的作战空间。尤其是自主航行的水下机器人，它们能够更安全地进入敌方控制的危险区域，以自主方式在战区停留较长的时间，是一种效果明显的军事武器。

更重要的是，在未来的战争中，“以网络为中心”的作战思想将代替“以平台为中心”的作战思想，水下机器人将成为网络中心的重要节点，在战争中发挥越来越重要的作用。目前各国重点研究的应用包括：水雷对抗、反潜战、情报收集、监视与侦察、目标探测和环境数据收集等。

4. 水下机器人的研究现状

在水下清洗机器人方面，中国海洋大学郑中强等研制出船舶壁面水下清洗机器人，如图 6-5a所示，此水下机器人安装有 2 个水平推进器和 2 个垂直推进器，可以实现整机的前进、后退、转弯、升沉等多种运动，此外该水下机器人能对船舶壁面进行清洗。江苏科技大学殷宝吉等研制出螺旋桨水下清洗机器人，如图 6-5b 所示，该款水下机器人安装有 4 个水平推进器和 2 个垂直推进器，可以实现整机的前进、后退、横移、横滚、转向及升沉等多种运动，此外该机器人安装有倾角仪、超声波测距仪及深度计等多种传感器。

a)

b)

图 6-5　水下清洗机器人

a）螺旋桨水下清洗机器人　b）船舶壁面水下清洗机器人

目前，水下打捞巡检机器人也相对成熟，中国科学院光电技术研究所学者研制出多功能水下智能检查机器人，如图6-6a所示，其下潜深度可达50m，能够完成对水中悬浮物的抓取、水下测量等多项任务。该款机器人依靠螺旋推进器完成前进、升沉等水下动作。北京航空航天大学学者研制出核电站微小型水下机器人，如图6-6b所示，该机器人可对核电站反应堆水池、堆芯等进行巡查，其依靠水平和垂直两个方向上所安装的推进器实现前进、后退以及升沉运动。

a)

b)

图6-6　打捞检测水下机器人

a）多功能水下智能检查机器人　b）核电站微小型水下机器人

在不规则形状方面，我国的一款AUV——“潜龙三号”创新采用了立扁平仿鱼形流体外形，如图6-7所示。其潜行深度可达3955m，航程达到了24.8km，其主要任务是进行海洋矿产资源勘探和研究，对海底地形、地质构造、海洋环境参数等方面进行详细调查。

在国外也有很多研究成果。例如英国学者研发出的Autosub AUV机器人，如图6-8所示。该机器人可以完成深海探索以及水文地理勘探，其尺寸大小只有传统无缆水下机器人的一半，但是能进行自主水下工作且无须人工操作。此外，该微型水下机器人同时具备检测水下管道的能力。

图6-7　“潜龙三号”

图6-8　Autosub AUV机器人

美国伍兹霍尔海洋研究所发明，Hudroid公司制造的REMUS机器人在鱼雷型无人水下机器人中极具代表性。REMUS机器人按照其工作深度分为100m、600m、6000m三种类型。

该水下机器人在海湾战争中取得了良好表现，如图 6-9 所示。

图 6-9 美国 REMUS 无人水下机器人

5. 水下机器人的未来发展趋势

（1）向远程发展　阻碍智能水下机器人向远程发展的技术障碍有 3 个：能源、远程导航和实时通信。目前正在研究的各种可利用的能源系统包括一次电池、二次电池、燃料电池、热机及核能源。开发利用太阳能的自主水下机器人是引人注目的新进展，太阳能自主水下机器人需要浮到水面给机载能源系统再充电，并且这种可利用的能源又是无限的，具有广阔的应用前景。

（2）向深海发展　6000m 以上水深的海洋面积占海洋总面积的 97%，因此许多国家把发展 6000m 水深技术作为一个目标。美国、日本、俄罗斯等国都先后研制了 6000m 级的水下机器人。美国伍兹霍尔海洋研究所研制成一种深海探测机器人“ABE”，可在水深 6000m 的海底停留一年。

（3）向智能型发展　提高水下机器人行为的智能水平一直是各国科学家的努力目标。但是由于目前的人工智能技术不能满足水下机器人智能增长的需要，因此需要将人的智力引入水下机器人中来，这就是监控型水下机器人的思想。不完全依赖于机器的智能，更多地依赖传感器和人的智能，是今后的一个重要发展方向，并且把这种机器人称为基于传感器的先进水下机器人。同时，发展多机器人协同控制技术，也是增强自主水下机器人智能化的重要方面。

第二节　水下机器人机械结构设计

1. 水下机器人整体结构形式

如图 6-10 所示为自主研制的一款水下机器人结构图，其主要由推进器、总体框架、端盖、舵机、电子舱组成，并且需要搭载的设备有四个推进器、四个舵机、一个深度计和一个倾角仪，同时为了节约成本，该水下机器人采用了开架式结构。

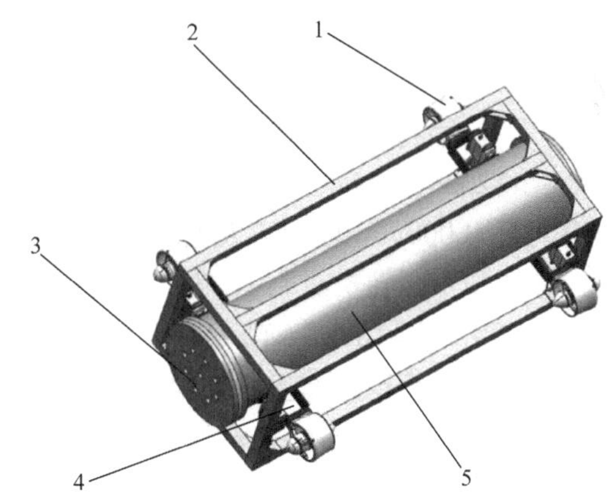

图 6-10 水下机器人结构图

1—推进器 2—总体框架

3—端盖 4—舵机 5—电子舱

总体框架对水下机器人来说起着重要的作用，其既可以对水下机器人在水下工作时提供保护，又可以为水下机器人提供空间位置放置所需要的设备。目前主流的总体框架有开架式、流线型、混合型 3 种，它们具有不同的特点，见表 6-1。

表 6-1　各种总体框架的特点

外形	水下性能	安装难度	运动速度
开架式	差	简单	低
流线型	好	难	高
混合型	较好	较难	一般

水下机器人框架材料采用的是 5052 铝制合金，此类材料可挤压成棒材、型材、管材，广泛用于建筑结构和装饰材料，也可用于需要有良好耐蚀性能的大型结构件，例如，门框、窗框、飞机、船舶、轻工业等结构件。除此之外，水下机器人还需要装配浮力材料，通过该部分结构，可以使水下机器人达到平衡状态，即重力和浮力基本相等，浮力材料通常采用的是发泡固体。

外部密封保护防水结构为铝桶，质量达 3kg，长为 1000mm。将电子舱放置在铝桶中，可以对电子舱起到防水作用，铝桶中预留了一部分空间，如果需要加装其他传感器可再放入其中。

如图 6-11 所示为电子舱内部机械结构。

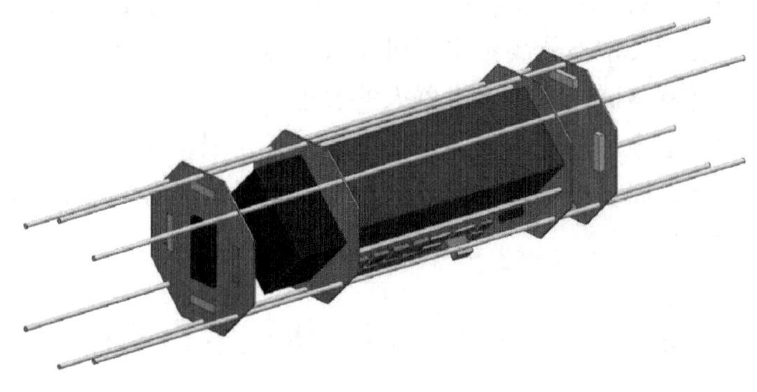

图 6-11　电子舱内部机械结构

电子舱内部由四个薄正八边棱柱体分成 5 个空间，每个空间放置不同的功能元件。顶部放置倾角仪，用于检测水下机器人在水中工作时的姿态位置，记录其舵向角度、横滚角度和俯仰角度；下一层放置水下机器人的主控制器，包括 PC104、模拟量采集板 ART2010、模拟量转换板 ART2004；再下一层使用隔板再将该空间分成 3 个区域，中间较大的部分用于放置电池，由四组 10000mA 的 12V 大电池构成电池组，两侧部分用于放置八块 A－PWM 模块，对 4 个推进器和 4 个舵机进行控制。降压模块用于将 12V 电压降低为 5V 对 PC104 进行供电；3 个继电器用于对舵机、推进器、总线路的控制。舵机和推进器是水下机器人的执行机构，通过控制舵机和推进器可以完成多种功能，图中水下机器人采用了 4 个舵机和 4 个推进器，共有 5 个自由度，能够进行多姿态运动。

电子舱置于铝桶中，两端用端盖、螺栓螺母和密封胶进行密封，以防机器人在水中运行时内部进水，舵机置于长 U 形支架中，采用螺栓连接，推进器通过多功能支架用螺栓连接于整体框架中。最终完成的开架式结构水下机器人实物如图 6-12 所示。

2. 水下机器人推进器布置形式及合力分析

（1）推进器种类　水下推进器一般采用螺旋桨推进器，螺旋桨安装在船艇尾部水线以下的推进轴上，由主机带动推进轴一起转动，将水从桨叶的吸入侧吸入，从排出侧排出，利用水的反作用力推动船艇前进。螺旋桨分为固定螺距螺旋桨和可调螺距螺旋桨。

图 6-12　开架式结构水下机器人实物

1）固定螺距螺旋桨，由桨毂和桨叶组成。桨叶一般为 3 ~4 片。桨叶临近桨毂部分称为叶根，外端称为叶梢，正向运转时在前的一边称为导边，在后的一边称为随边，螺旋桨盘面向船尾一面称为排出面，向船首一面称为吸入面。在固定螺距螺旋桨外缘加装一圆形导管，即为导管螺旋桨。导管可提高螺旋桨的推进效率，但倒车性能较差。导管螺旋桨又可分为固定式和可转式。固定式导管螺旋桨使船艇回转直径增大，可转式导管螺旋桨能改善船艇回转性能。

2）可调螺距螺旋桨，通过桨毂内的曲柄连杆机构带动桨叶转动，在不改变推进轴的转速和运转方向的情况下，改变桨叶的角度，即可改变推进器的推进功率和推进方向。螺旋桨构造简单、工作可靠、效率较高，是船艇的主要推进器。现代船艇的螺旋桨多采用大盘面比、适度侧斜、径向不等螺距和较多桨叶等结构形式，以减小在船尾不均匀伴流场中工作时，可能产生的空泡、剥蚀、噪声和过大的激振力。在一些高速船艇上则采用超空泡翼型螺旋桨。

（2）布置形式及合力分析　对水下机器人推进器布置进行分析，首先需要对水下机器人坐标系进行建立，坐标系如图 6-13 所示。

取水下机器人质心为原点，x 轴为水下机器人前进方向，水下机器人横移方向为 y 轴，z 轴通过右手螺旋定则确定。因水下机器人经过调节后重力等于浮力，设水下机器人坐标系原点与水下机器人中心重合，浮心略高于中心。推进器均匀布置在水下机器人两侧同一水平线上，俯视图如图 6-14 所示，主视图如图 6-15 所示。

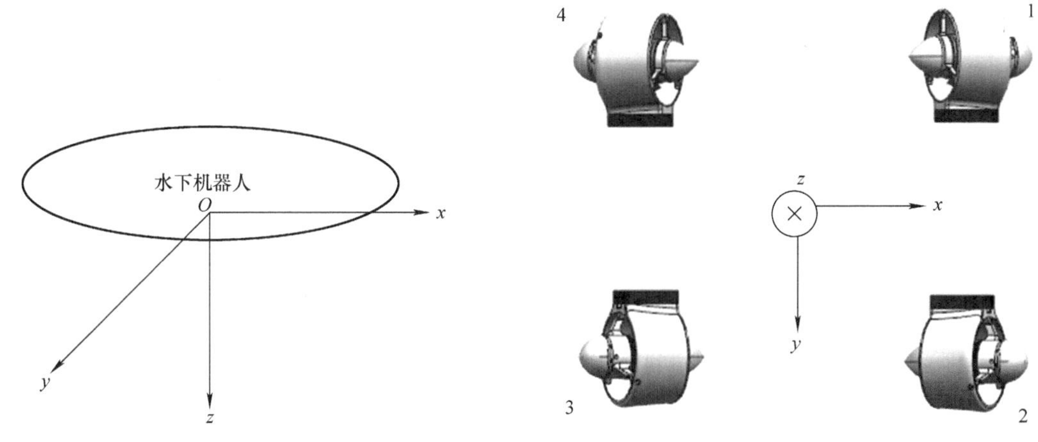

图 6-13　坐标系

图 6-14　推进器俯视图

通过舵机改变推进器推力方向，从而实现水下机器人的推进，可完成水下机器人的前后运动、垂直运动、横滚运动、偏航运动、俯仰运动。

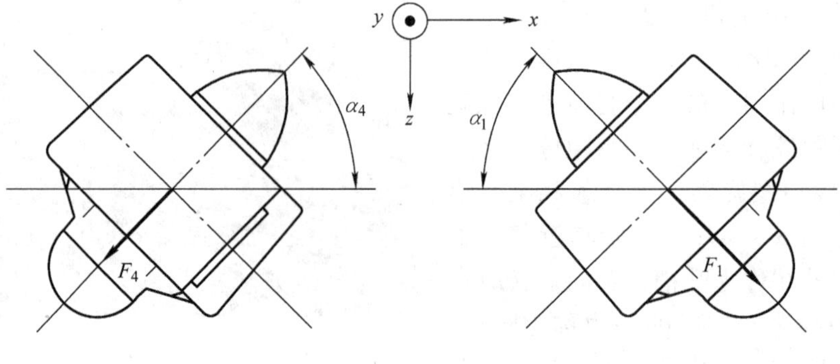

a)

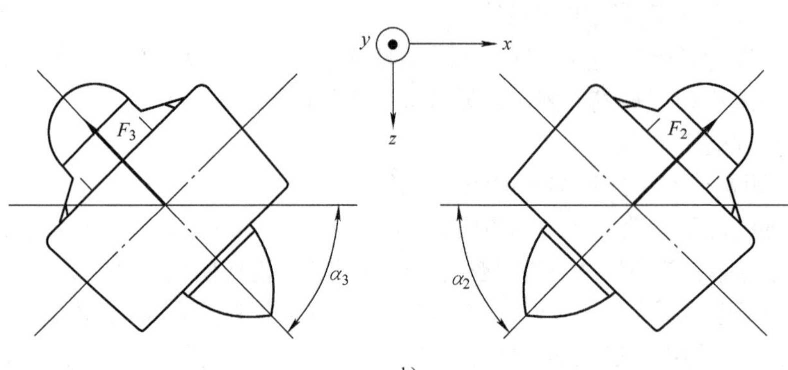

b)

图 6-15　推进器主视图

a）左舷推进器　b）右舷推进器

1）前后运动。通过使用浮力机构，能够使水下机器人重力和浮力达到基本平衡，令 $\alpha_1=\alpha_2=\alpha_3=\alpha_4=0°$，$F_1=F_2=F_3=F_4>0$（与 x 轴正方向相同），此时前后运动舵机位姿如图 6-16 所示。

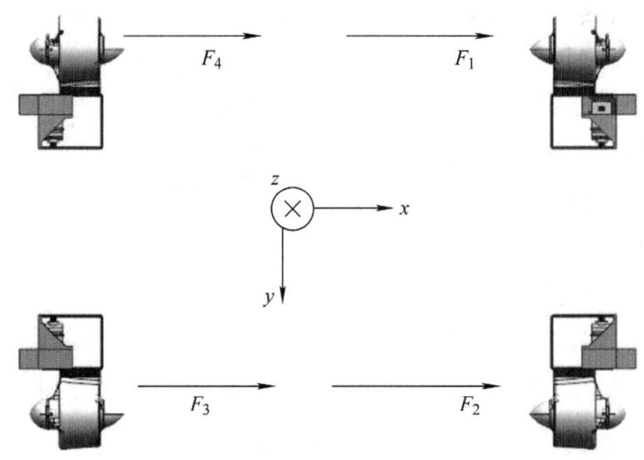

图 6-16　前后运动舵机位姿

对应的力和力矩为

$$
\begin{aligned}
&F_x\neq 0,\ F_y=0,\ F_z=0,\ T_\alpha=0,\ T_\beta=0\\
&T_\gamma=F_1z_0-F_2z_0-F_3z_0+F_4z_0\\
&\quad=(F_1-F_2-F_3+F_4)z_0=0
\end{aligned}
\tag{6-1}
$$

式中，F_x，F_y，F_z分别为 x，y，z 方向的分力；T_α，T_β，T_γ 分别为对 x 轴，y 轴，z 轴的力矩；z_0为推进器到 z 轴的距离。

此时除了 F_x 不为 0 外，其余 5 个分力或力矩均为 0，根据牛顿运动定律可知，此时水下机器人沿 x 轴正方向做前进运动。

当 $F_1<0$（与 x 轴正方向相反）时，同理可证，水下机器人做后退运动。

2）垂直运动。通过给舵机输入电压，使推进器推力方向在 z 轴方向，此时水下机器人进行垂直运动，令 $\alpha_1=\alpha_2=\alpha_3=\alpha_4=90°$，$F_1=F_2=F_3=F_4>0$（与 z 轴正方向相同），此时垂直运动舵机位姿如图 6-17 所示。

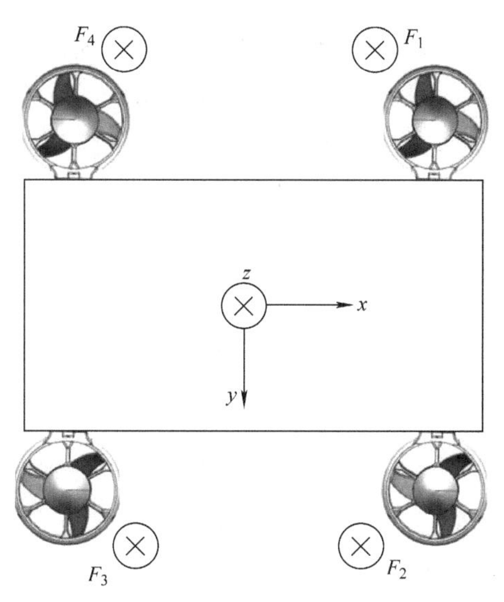

图 6-17　垂直运动舵机位姿

对应的力和力矩为

$$
\begin{aligned}
&F_x=0,\ F_y=0,\ F_z\neq 0,\\
&T_\alpha=-F_1y_0+F_2y_0+F_3y_0-F_4y_0\\
&\quad=(-F_1+F_2+F_3-F_4)y_0=0\\
&T_\beta=0\\
&T_\gamma=0
\end{aligned}
\tag{6-2}
$$

式中，F_x，F_y，F_z分别为 x，y，z 方向的分力；T_α，T_β，T_γ 分别为对 x 轴，y 轴，z 轴的力矩；y_0为推进器到 y 轴的距离。

此时除了 F_z不为 0 外，其余 5 个分力或力矩均为 0，根据牛顿运动定律可知，此时水下机器人沿 z 轴正方向做垂直上浮运动。

当 $F_1<0$（与 z 轴正方向相反）时，同理可证，水下机器人做垂直下沉运动。

3）横滚运动。通过给舵机输入电压，使推进器推力方向在 z 轴方向，此时水下机器人进行横滚运动，令 $\alpha_1=\alpha_2=\alpha_3=\alpha_4=90°$，$-F_1=F_2=F_3=-F_4>0$（$F_2$，$F_3$ 与 z 轴正方向相同），此时横滚运动舵机位姿如图 6-18 所示。

对应的力与力矩为

$$
\begin{aligned}
&F_x=0,\ F_y=0,\ F_z=0\\
&T_\alpha=F_1y_0+F_2y_0+F_3y_0+F_4y_0\\
&\quad=(F_1+F_2+F_3+F_4)y_0\neq 0\\
&T_\beta=0\\
&T_\gamma=0
\end{aligned}
\tag{6-3}
$$

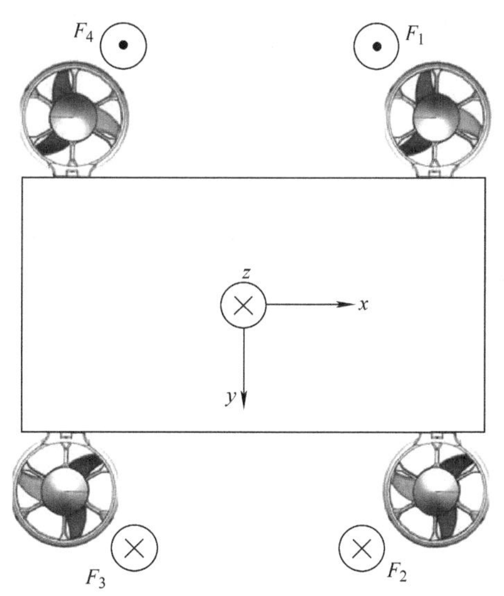

图 6-18　横滚运动舵机位姿

式中，F_x，F_y，F_z分别为 x，y，z 方向的分力；

T_α，T_β，T_γ 分别为对 x 轴，y 轴，z 轴的力矩；y_0为推进器到 y 轴的距离。

此时除了 T_α 不为 0 外，其余 5 个方向的力或力矩均为 0，根据牛顿运动定律可知，此时水下机器人做顺时针方向的横滚运动（从 x 轴正方向向负方向观察）。

当 $F_1>0$（与 z 轴正方向相同）时，同理可证，水下机器人做逆时针方向的横滚运动。

4）偏航运动。为了实现水下机器人的偏航运动，即需要产生令水下机器人在 xy 面转动的力矩，令 $\alpha_1=\alpha_2=\alpha_3=\alpha_4=0°$，$-F_1=F_2=F_3=-F_4>0$（$F_2$，$F_3$ 与 x 轴正方向相同），此时，偏航运动舵机位姿如图 6-19 所示。

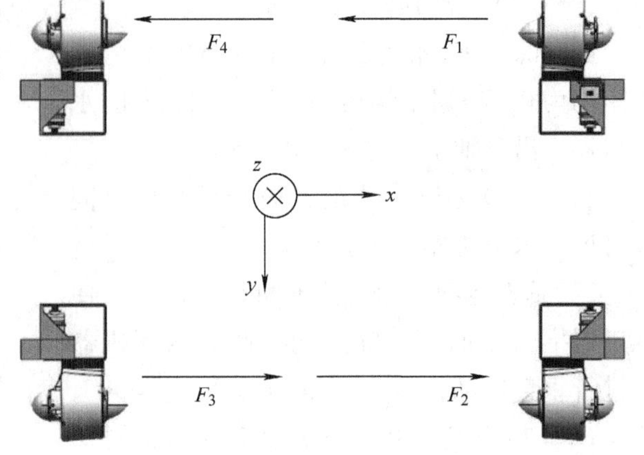

图 6-19　偏航运动舵机位姿

对应的力与力矩为

$$
\begin{aligned}
&F_x=0,\ F_y=0,F_z=0\\
&T_\alpha=0\\
&T_\beta=0\\
&T_\gamma=-F_1z_0-F_2z_0-F_3z_0-F_4z_0\\
&\quad=(-F_1-F_2-F_3-F_4)z_0\neq0
\end{aligned}
\tag{6-4}
$$

式中，F_x，F_y，F_z分别为 x，y，z 方向的分力；T_α，T_β，T_γ 分别为对 x 轴，y 轴，z 轴的力矩；z_0为推进器到 z 轴的距离。

此时除了 T_γ 不为 0 外，其余 5 个方向的力或力矩均为 0，根据牛顿运动定律可知，此时水下机器人在 xy 面上做逆时针方向的偏航运动。

当 $F_1>0$（与 x 轴正方向相同）时，同理可证，水下机器人在 xy 面上做顺时针方向的偏航运动。

5）俯仰运动。要使水下机器人进行俯仰运动，则需要给水下机器人一个绕 y 轴转动的力矩，则令 $\alpha_1=\alpha_2=\alpha_3=\alpha_4=90°$，$-F_1=-F_2=F_3=F_4>0$（$F_3$，$F_4$ 与 z 轴正方向相同），此时运动如图 6-20 所示。

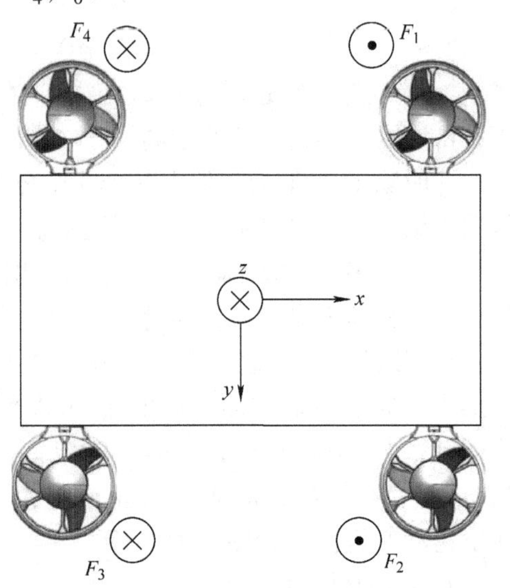

图 6-20　俯仰运动

对应的力和力矩为

$$F_x=0,\ F_y=0,\ F_z=0$$

$$
\begin{aligned}
T_\alpha&=F_1y_0-F_2y_0+F_3y_0-F_4y_0\\
&=(F_1-F_2+F_3-F_4)y_0=0
\end{aligned}
\tag{6-5}
$$

$$
\begin{aligned}
T_\beta&=F_1x_0+F_2x_0+F_3x_0+F_4x_0\\
&=(F_1+F_2+F_3+F_4)x_0\neq0
\end{aligned}
\tag{6-6}
$$

式中，F_x，F_y，F_z分别为 x，y，z 方向的分力；T_α，T_β，T_γ 分别为对 x 轴，y 轴，z 轴的力矩；x_0为推进器到 x 轴的距离，y_0为推进器到 y 轴的距离。

此时除了 T_β 不为 0 外，其余 5 个方向的力或力矩均为 0，根据牛顿运动定律可知，此时水下机器人做逆时针方向的俯仰运动（从 y 轴正方向向负方向观察）。

当 $F_1>0$（与 z 轴正方向相同）时，同理可证，水下机器人做顺时针方向的俯仰运动。

第三节　水下机器人控制系统硬件设计

1. 水下机器人控制系统硬件概述

硬件系统是保障水下机器人良好运行的基础，是其必不可少的组成部分。PC104 作为主控系统已经被广泛应用在水下机器人上，其作为主控系统可以进行多个模块扩展，还可运行多种操作系统，运行稳定。

水下机器人控制系统硬件主要由控制器系统、传感器系统以及推进器控制器系统组成。其中控制器系统部分主要包含主控制器 PC104、ART2004 和 ATR 2010 扩展模块电路；传感器系统主要包含 MS5837 压力传感器、SIN－P260 液位变送器、CYB－20SF 压力变送器、TCM XB 电子罗盘以及 JY901 倾角仪，各个部分各司其职，来保障水下机器人的稳定运行。水下机器人控制系统组成如图 6-21 所示。

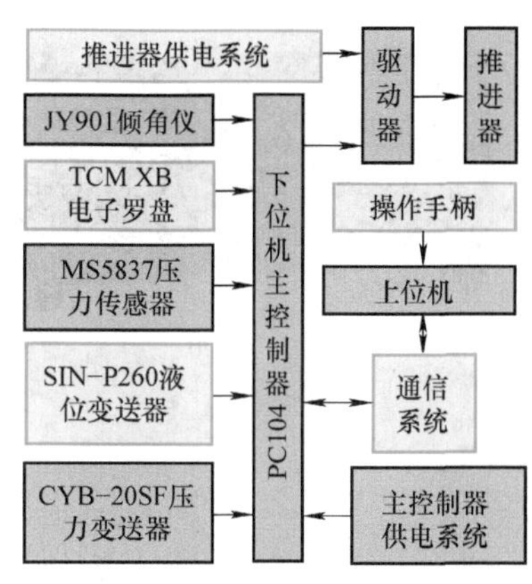

图 6-21　水下机器人控制系统组成

水下机器人试验平台以 PC104 作为主控系统。主控系统担负着上、下位机之间的通信以及数据传输，需要对上位机的指令进行处理并将处理后的数据发送至下位机，而后再给到相应执行元件处，同时对下位机中各传感器采集到的数据进行解算，并且将解算结果反馈给上位机，上位机处理反馈结果后在上位机监测界面显示。

根据各部分所具备功能的差异，水下机器人控制系统可分为多个不同的子系统：JY901 倾角仪、TCMXB 电子罗盘、MS5837 压力传感器、SIN－P260 液位变送器以及 CYB－20SF 压力变送器等传感器属于水下机器人姿态及深度反馈子系统；推进器、驱动器以及控制推进器供电系统通断的元器件属于执行子系统；推进器供电系统以及主控器供电系统属于能源子系统；下位机主控制器以及上位机属于数据处理系统；通信模块用于上位机与下位机主控制器之间的数据传输，其属于通信系统；操作手柄可帮助实现水下机器人的相关运动，属于遥控控制系统。

2. 水下机器人主控系统

主控系统主要由无线传输模块、控制主板、固态硬盘、数模转换卡、PWM 信号转换模块组成，如图 6-22 所示。当控制主板接收到来自无线传输模块的上位机指令，控制主板则从固态硬盘中读取程序，然后发送出数字指令，接着由数模转换卡把数字信号转换为 0～5V 的模拟电压信号，再用 PT01A 转换卡把模拟电压信号转换为 PWM 信号。通过控制 PWM 脉宽信号进而控制电动机的转速与转向。

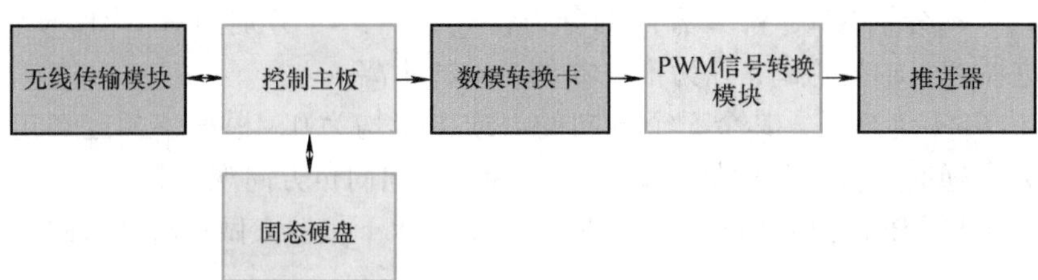

图 6-22　主控系统示意图

主控系统的布置如图 6-23 所示，采用 PC104 控制主板，这种主板应用广泛、功耗低，与传统桌面主板相比尺寸较小，标准尺寸只有 90mm×96mm。而且该类主板的电气性能和力学性能可靠，能够自由地拓展模块，当原有性能需求跟不上时，可以很方便增加其他模块。

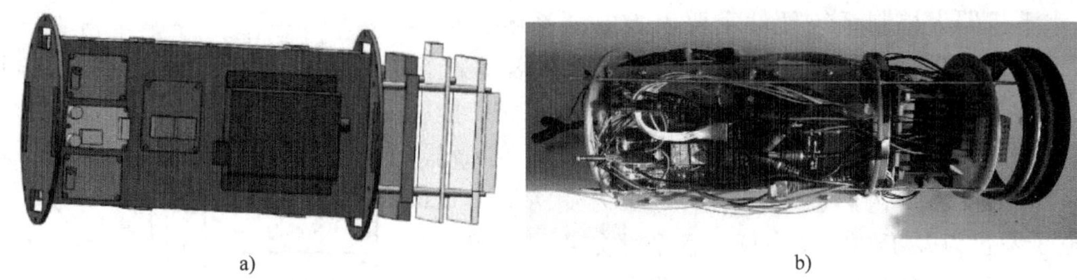

图 6-23　主控系统的布置

a）三维模型图　b）实物图

此外，PC104 可兼容计算机操作系统，例如 Windows 系统，这就使得它能够运行丰富的软件资源，节省了大量使用成本。在舱体后面部分，固态硬盘固定在电池组的后电木板上，且 PC104 控制主板、ART2004 数模转换卡和 ART2010 数据采集卡分别用铜柱固定在后电木板上，便于散热。

（1）PC104　选择的 PC104 型号为 EPC92A3，它是一款工业用的嵌入式主板，其实物如图 6-24 所示。

EPC92A3 采用 E3845 型处理器，内置 4GB DDR 内存，同时具有丰富的 I/O 接口，处理器等主要元器件采用板载设计，能长时间稳定可靠地工作。

水下机器人使用 RS－232 串行接口，实现上、下位机数据的同时发送和接收，在安装时通过调整 BIOS 进行RS－232 串行接口模式选择。在使用 PC104 时，应避免用手去触摸芯片，防止静电对芯片造成伤害。

图 6-24　PC104 实物

（2）ART2004　ART2004 是基于 PC104 总线的数模转换卡，能直接与 PC104 接口相连，并对 PC104 的数据进行采集，ART2004 如图 6-25 所示。

ART2004 的通道有 8 路，能够进行最高为 12 位精度的转换，它可以将数字量转化为模拟量进行输出，利用它的数模转换接口可以控制推进器和舵机的执行。

（3）ART2010　ART2010 模板是与 PC104 总线兼容的数据采集板，其实物如图 6-26 所示。

ART2010 有 16 路模拟输入通道，通过它上面最高为 12 位的 A－D 转换器，能够对模拟信号和数字信号进行采集。

图 6-25　ART2004

图 6-26　ART2010

如果水下机器人的倾角仪，输出的信号就为 TTL 数字信号，那么 ART2010 就能进行数据采集，然后通过在下位机编写相应的函数，将所显示的角度准确地发送给操作者，操作者便能掌握当前水下机器人 3 个方向的倾角。

3. 水下机器人传感器系统

传感器是对水下机器人运行状态监测的重要工具，通常情况下设计者都会根据水下机器人的设计功能选择安装相应的传感器，以完成对水下机器人本身以及水下机器人完成任务情况的监测。一般情况下，水下机器人都安装有姿态传感器、视觉传感器、深度传感器以及电流传感器等。

现主要介绍水下机器人试验平台中传感器系统的电路设计，其主要包含了 MS5837 压力传感器、SIN－P260 液位变送器、CYB－20SF 压力变送器、TCM XB 电子罗盘以及 JY901 倾角仪。

（1）MS5837 压力传感器硬件电路设计　MS5837 压力传感器是一款高分辨率 I^2C 接口压力传感器，水深测量分辨率高达 2mm，内部包含高线性度的压力传感元件和超低功耗的 24 位数模转换器内置工厂校准系数，并且该传感器具有高精度 24 位压力和温度数字输出，通信协议简单。该传感器的防水胶和防磁不锈钢圈使得传感器可以用于要求 100m 防水的设备中，其实物图和电路连接示意图分别如图 6-27a、b 所示。

MS5837 压力传感器电路连接示意图中，主控供电电源（12V）经过旋钮开关、继电器给 PC104 组件以及降压模块（12V 转 5V）供电，降压模块（12V 转 5V）给 PC104 组件及降压模块（5V 转 3V）供电。降压模块（5V 转 3V）分别给压力传感器以及 I^2C 转串口模块供电。压力传感器通过 I^2C 转串口模块与 PC104 组件进行串口通信。

（2）SIN－P260 液位变送器硬件电路设计　SIN－P260 液位变送器，输出信号为 4～20mA 电流。其芯片为进口测压芯片，精度高达 0.5 级，年漂移为 ±0.2% Fs，防水等级为 IP68，相应速度小于 1m/s，并具有过压防护，可承受 150% 瞬压，具有温度补偿功能，其实物图和电路连接示意图分别如图 6-28a、b 所示。

SIN－P260 液位变送器电路连接示意图中，主控供电电源（12V）经过旋钮开关、继电器分别给 PC104 组件、降压模块（12V 转 5V）以及升压模块（12V 转 24V）供电。降压模块（12V 转 5V）输出端给 PC104 组件供电，升压模块（12V 转 24V）给液位变送器供电。液

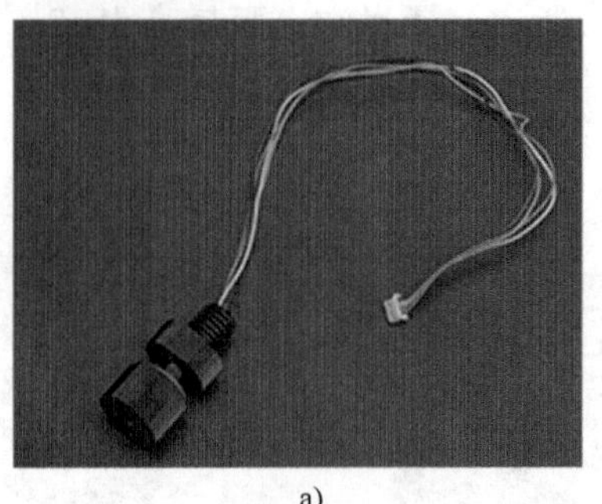

a)

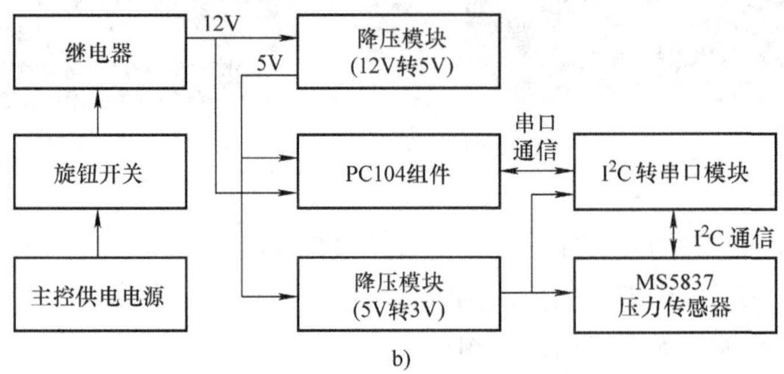

b)

图 6-27　MS5837 压力传感器实物图和电路连接示意图
a）MS5837 压力传感器实物图　b）MS5837 压力传感器电路连接示意图

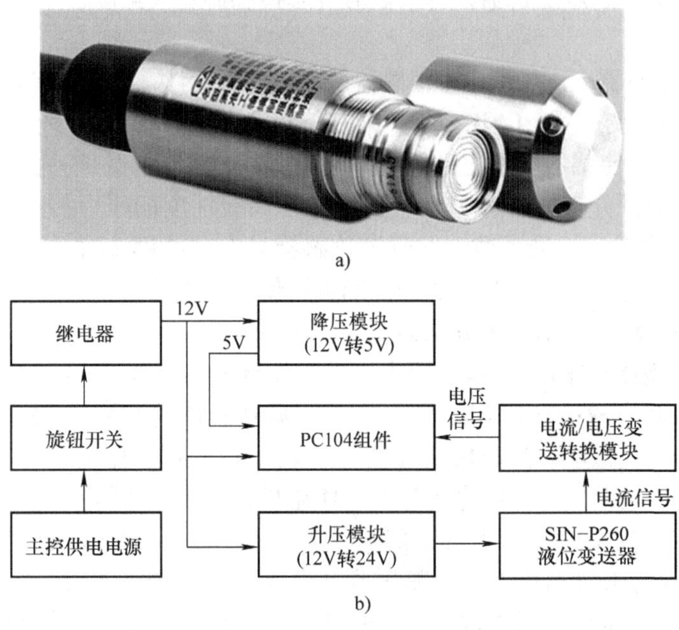

a)

b)

图 6-28　SIN－P260 液位变送器实物图和电路连接示意图
a）SIN－P260 液位变送器实物图　b）SIN－P260 液位变送器电路连接示意图

位变送器输出的电流信号经过电流/电压变送转换模块后，以电压信号形式被 PC104 组件采集。

（3）CYB－20SF 压力变送器硬件电路设计　CYB－20SF 压力变送器，其输出信号为

0.5～4.5V 电压，可直接进行采集。该变送器采用离子束溅射薄膜压力传感器为敏感元件，具有电路集成一体化结构，体积小，零点和灵敏度均可调，其实物图和电路连接示意图分别如图6-29a、b所示。

CYB－20SF 压力变送器电路连接示意图中，主控供电电源（12V）经过旋钮开关、继电器分别给PC104组件、降压模块（12V转5V）以及压力变送器供电。降压模块（12V转5V）给PC104组件供电。PC104组件中的ART2010模拟电压采集模块输入端连接到压力变送器信号输出端。

（4）TCM XB 电子罗盘硬件电路设计 TCM XB电子罗盘，是一种高性能、低功耗、可倾斜补偿的电子罗盘，其不仅可以检测单一姿态角度，而且可以很精确地反馈多角度融合后的姿态角度。其输出为RS232，可以直接进行数据接收，其实物图和电路连接示意图分别如图6-30a、b所示。

TCM XB 电子罗盘电路连接示意图中，主控供电电源（12V）经过旋转开关、继电器给PC104组件以及降压模块（12V转5V）供电，降压模块（12V转5V）给PC104组件以及电子罗盘供电。电子罗盘与PC104组件进行串口通信。

（5）JY901 倾角仪硬件电路设计 JY901倾角仪的动态测角精度可达0.05°，200Hz数据输出，支持TTL串口通信，可输出时间、加速度、角速度等。经过TTL转串口模块可对其数据进行采集，其实物图和电路连接示意图分别如图6-31a、b所示。

JY901 倾角仪电路连接示意中，主控供电电源（12V）经过旋钮开关、继电器给PC104组件以及降压模块（12V转5V）供电。降压模块（12V转5V）给PC104组件、倾角仪以及TTL转串口模块供电。倾角仪通过TTL转串口模块与PC104组件进行串口通信。

4. 水下机器人能源系统

舱体内部是主要电路元件部分，内部布置应该尽量把重心放在舱体中间，保持两侧对称，这

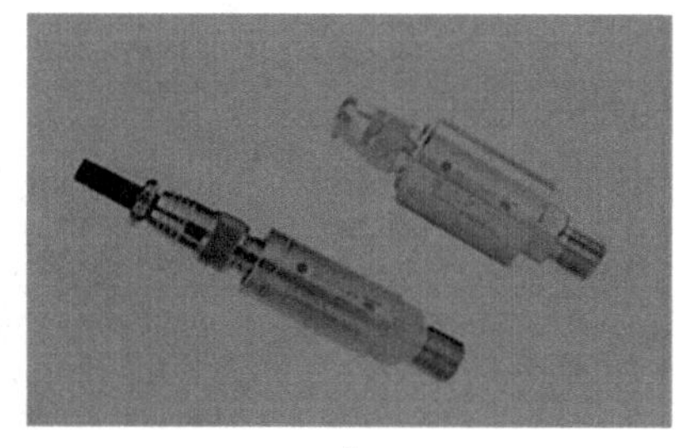

a)

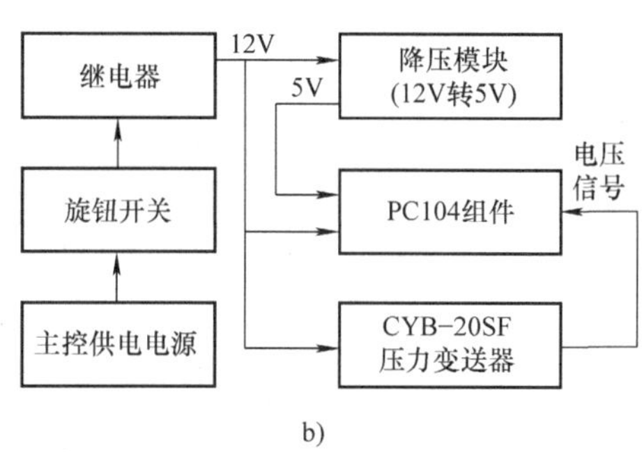

b)

图6-29 CYB－20SF压力变送器实物图和电路连接示意图

a）CYB－20SF压力变送器实物图

b）CYB－20SF压力变送器电路连接示意图

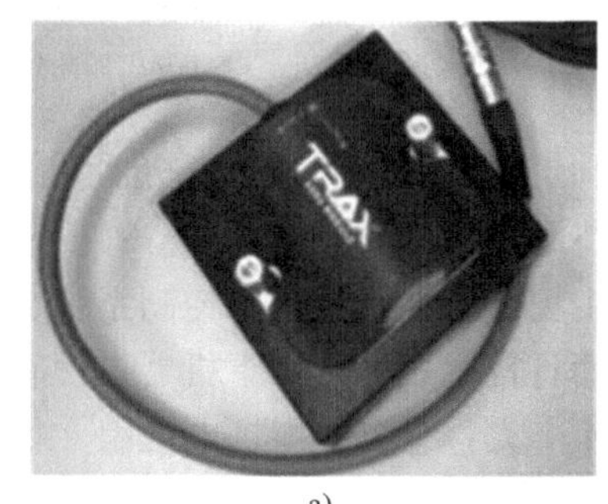

a)

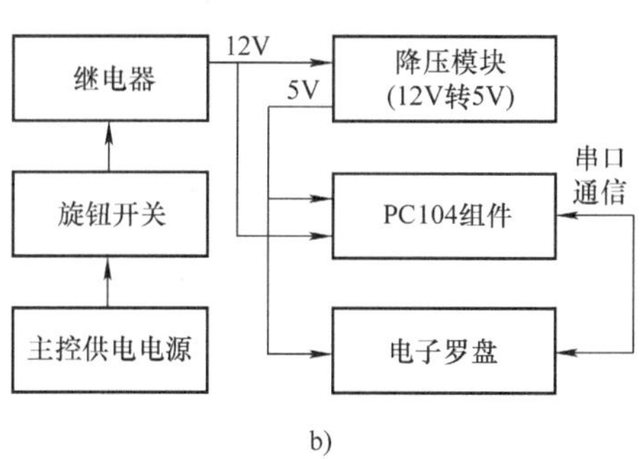

b)

图6-30 TCM XB电子罗盘实物图和电路连接示意图

a）TCM XB电子罗盘实物图

b）TCM XB电子罗盘电路连接示意图

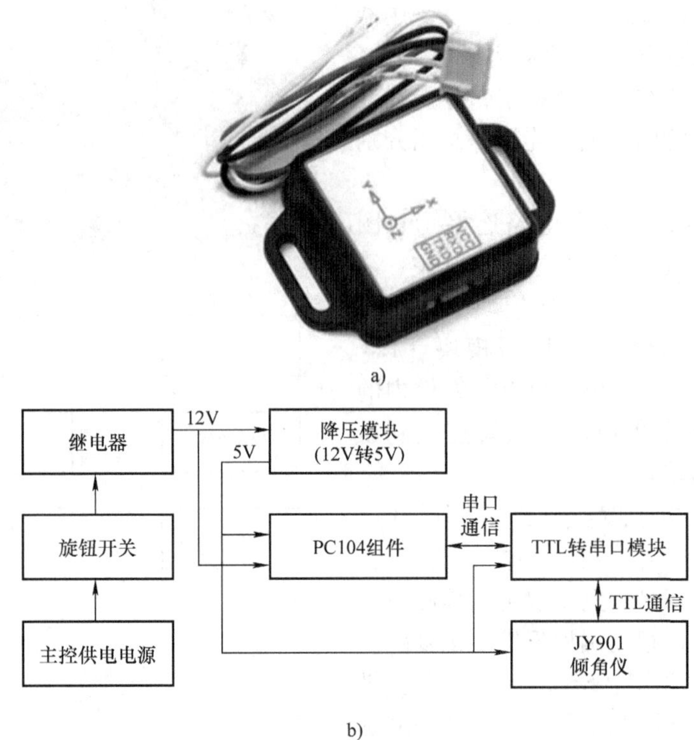

图 6-31　JY901 倾角仪实物图和电路连接示意图
a）JY901 倾角仪实物图　b）JY901 倾角仪电路连接示意图

样有利于整个四旋翼式水下机器人的平衡。其中质量占比最大的主要是能源系统。

能源系统主要分为两部分：控制器供电系统和推进器供电系统。能源系统如图 6-32 所示。主控供电电源要想给控制系统、无线传输模块和 4 个推进器供电，就要求电源容量足够大，而且自主式无人水下机器人没有与岸上连接的电缆，电源应具有可充电功能。为此，可采用 4 个大容量可充电锂电池组，如图 6-33 所示。

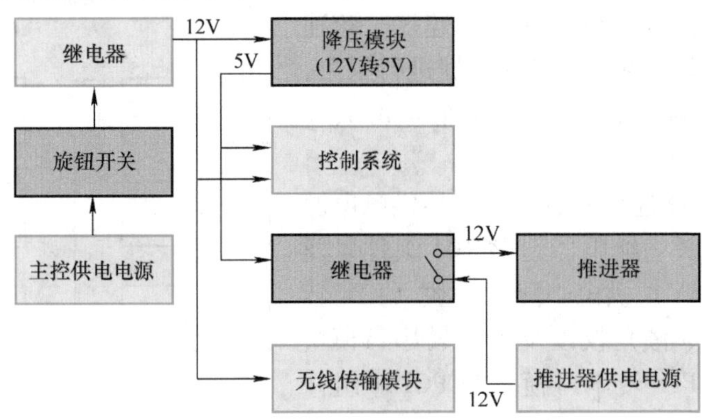

图 6-32　能源系统

每个锂电池组含有 18 节电池，采取六串三并的形式连接，4 个电池组总计容量为 60000mAh。为了避免渗水时发生短路，电池组被放置在利用螺柱架起的电木板上，电池组

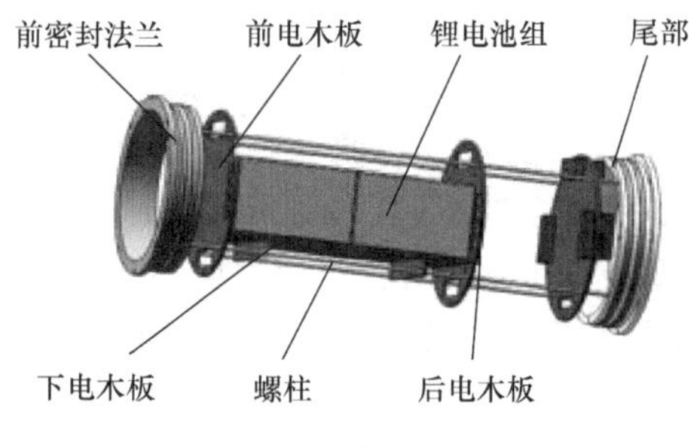

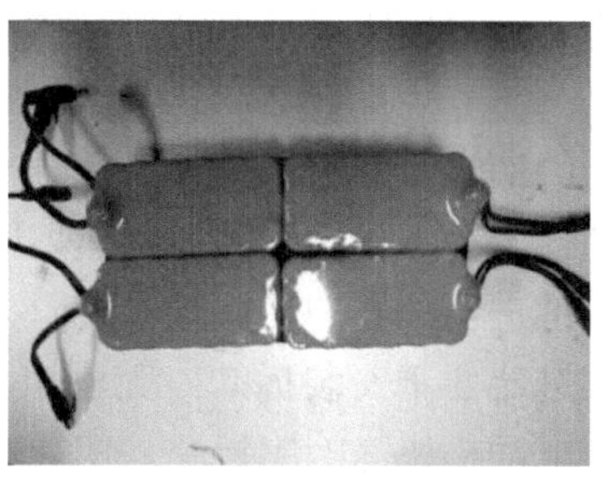

a)　　　　b)

图 6-33　可充电电池组
a）三维模型图　b）实物图

下方用电木板支撑，并且还拥有两块由热熔胶固定的电木板用于支撑电池组的下电木板。上下电木板用螺栓固定，防止电池组发生偏离。

5. 水下机器人通信系统

通信系统主要是无线传输模块，如图 6-34 所示。无线传输模块采用 RS－232 通信方式，实现上位机与下位机之间数据交流。上位机指令通过一个无线传输模块用天线发送无线电波给下位机接收天线，再通过下位机无线传输模块把指令传递到主控制模块进行各部分的控制。

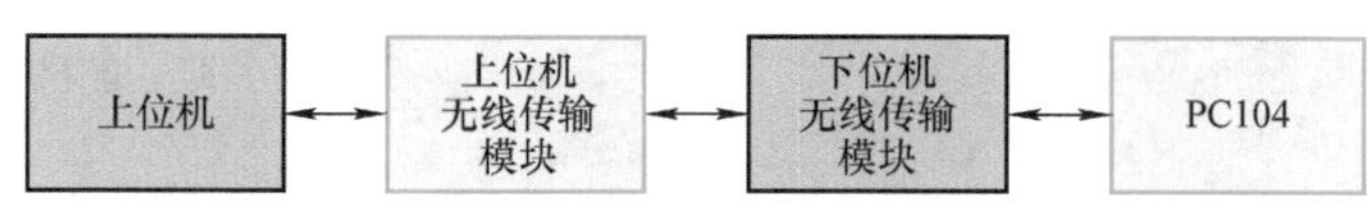

图 6-34　通信模块

为了节省空间，通信模块及其他转换部分放在电池组上方的电木板上，如图 6-35 所示。此外，无线传输模块通过水下密封连接器与布置在舱体外部的下位机天线相连接，通过外部天线进行数据接收，再把数据传输到无线传输模块进行处理。

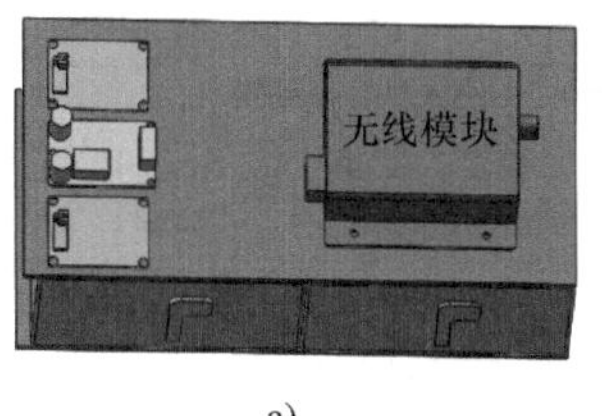

a)　　　　b)

图 6-35　无线模块布置
a）三维模型图　b）实物图

6. 水下机器人推进器控制系统

操作者在上位机发出指令，主控模块此时收到来自上位机的信号，然后通过主控制板从固态硬盘中读取对应的程序，发送数字指令，由于推进器使用 PWM 信号进行控制，所以需要用到数模转化卡将数字信号转化为模拟电压信号，然后通过 PWM 信号转化模块将模拟电压信号转化为 PWM 信号，从而完成推进器和舵机的控制。

水下机器人采用驱动器电动机一体化的推进器，来实现水下机器人的运动，如图 6-36 所示。

推进器的额定工作电压为 12V，通过 PWM 信号驱动，将驱动器和电动机一体化，大大降低了驱动器因为工作功率过大过热烧毁的概率。推进器包含了推进器外壳、无刷电动机、无刷电调。推进器外壳的使用能够使阻力降低，使推进器的有效功增加，同时因为有外壳的原因，使推进器便于安装拆卸。无刷电动机具有优秀的防水性能。无刷电调的调节灵敏度高，能够使电动机快速响应指令，使加速和制动时间减少。

舵机的工作电压为 12V，如图 6-37 所示，其采用伺服电动机驱动，电动机类型为无刷电动机，采用数码信号处理，防水等级为 IP65，能够在一般环境下防水，同时能够转动的角度为 180°。

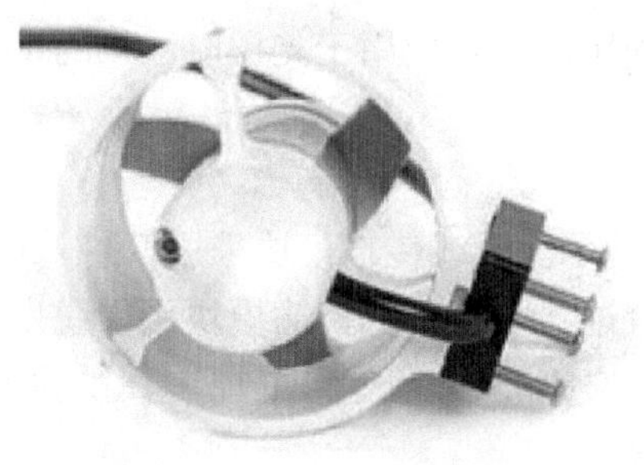

图 6-36　推进器

图 6-37　舵机

在水下机器人执行器电路中，需要用驱动器来进行推进器和舵机的控制，因为推进器和舵机本身并不能接收信号，那么就需要用到 A－PWM 转换模块，来进行舵机和推进器的控制，舵机和推进器电路连接示意图如图 6-38 所示。

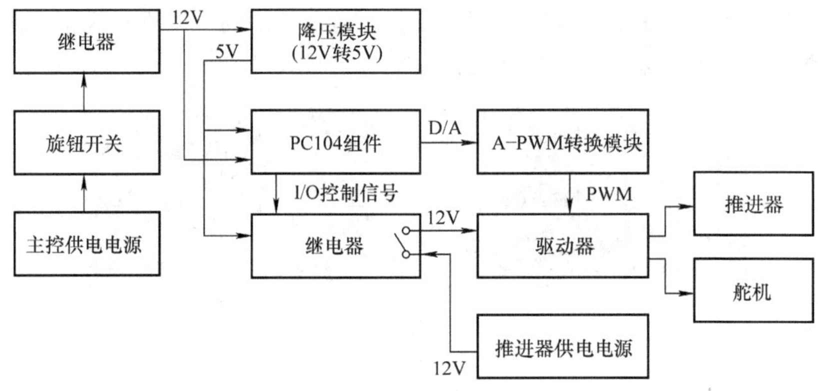

图 6-38　舵机和推进器电路连接示意图

在执行器硬件电路中，PC104 组件所需电压为 5V，电源提供的电压为 12V，因此需要用到降压模块，12V 的主控供电电源电压经过、旋钮开关、继电器后经过降压模块将电压降为 5V 供 PC104 组件使用，同时推进器供电电源经过继电器将 12V 电压传输给驱动器，由驱动器控制推进器和舵机。

第7章 水下机器人系统软件设计及应用

在水下机器人系统中，设计出满足一定功能需求的上位机程序能够使操作者轻松简单地控制水下机器人。在水下机器人调试中，需要设计下位机对水下机器人进行操控，在水下机器人软件设计中，上位机需要实现串口打开关闭功能、接收下位机发送的数据功能、向下位机发送指令功能，下位机需要实现串口打开功能、舵机推进器打开关闭功能、传感器数据采集功能、向上位机发送数据功能。

【案例导入】

四旋翼式水下机器人监控系统

四旋翼式水下机器人岸基监控系统（上位机控制界面），以计算机为硬件基础，借助Visual Studio 2019编程软件运行控制界面，用于实时监测水下机器人控制器运行状态、显示各传感器返回数据；岸基监控系统与水下机器人之间通过RS-232串口实现通信，通过单击按钮，就能简单地控制水下机器人实现升沉运动、俯仰运动、横滚运动等基本运动，四旋翼式水下机器人控制界面如图7-1所示。

四旋翼式水下机器人控制模块用于控制机器人的运动，配备A-PWM信号模块、PWM信号驱动器、推进器，从而驱动水下机器人完成前进、后退、转弯、俯仰、升沉、横摇、纵摇、横滚、偏航等运动；深度计可获取机器人深度，姿态传感器用于实时监测机器人的运动姿态，二者可采集深度、艏向角、横倾角、俯仰角等数据。其中岸基监控系统控制界面各部分功能如图7-1所示，下面依次介绍各个部分功能。

区域1为摄像头显示区模块，当摄像头打开后所拍摄的信息会在此区域内显示，若摄像头未打开则该区域默认为灰色。

区域2为传感器数值模块，能够收来自下位机传送给上位机的倾角仪和深度计的传感器值。其中深度计为各个深度传感器采集到的艇体姿态数据，前2个显示SIN-P260液位变送器、CYB-20SF压力变送器返回值，第3个显示温度值，第4个显示MS5837-30BA压力传

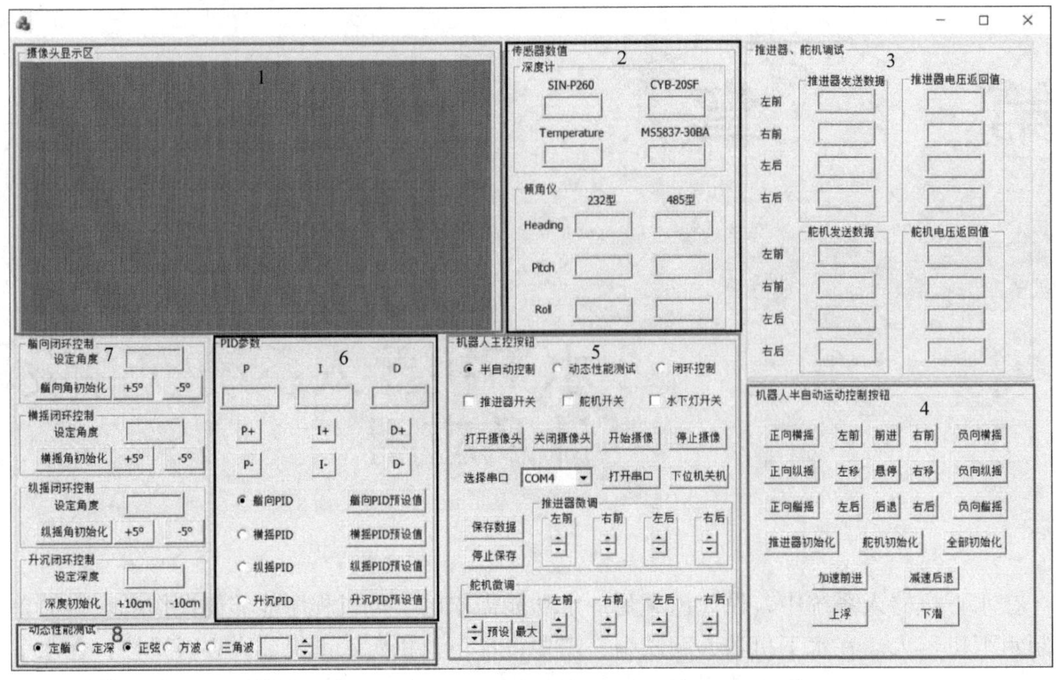

图 7-1　四旋翼式水下机器人控制界面

感器返回值；而倾角仪显示 TCM XB 电子罗盘姿态传感器采集到的艇体姿态数据，这二者均可将水下机器人艇体信息反馈至岸基监控系统。

区域 3 为推进器、舵机调试模块，前一排为岸基监控系统给定的水下机器人艇体各个推进器和舵机电压值，后一排为推进器和舵机控制信号电压返回值。

区域 4 为机器人半自动运动控制按钮模块，能够实现水下机器人的开环基本运动：上升下沉、前进后退、横摇纵摇等。

区域 5 为机器人主控按钮模块，在该模块能够选择串口号，能够实现上下位机的通信，以及功能选择。在该模块可以选择半自动控制、动态性能测试和闭环控制 3 种调试模式，如单击其中一种模式，其余模式对应的指令均不能发送。

区域 6 为 PID 参数模块，可以在此模块进行 PID 参数调节，完成相应的动作。

区域 7 为艏向闭环控制模块，可以实现艏向角、横摇、纵摇和升沉等闭环控制。

区域 8 为动态性能测试模块，可以实现定艏、定深、正弦、方波、三角波信号的测试。

第一节　水下机器人控制界面设计

在操作无人水下机器人时，人们总希望水下机器人能够简单易用，并且拥有友好的人机交互界面。本案例中无人水下机器的上位机和下位机均采用 C + + 编程语言，在 Microsoft Visual Studio 2019 中采用 MFC 进行界面设计，通过单击按钮，即能够在计算机上轻松简单地控制水下机器人实现升沉运动、俯仰运动、横滚运动等基本运动姿态，同时能够实时观测到水下机器人的传感器数据。

1. MFC 界面设计

在串口打开关闭区域中需要用到 Button（按钮）控件、Combo Box（下拉列表）控件、Picture Control（图片）控件，用于串口的打开关闭、波特率和串口号选择。在舵机推进器数据显示区域中，需要用到 Static Text（静态文本框）控件、Text Control（文本）控件，用于显示左前、右前、左后、右后的推进器和舵机的模拟电压信号。在传感器数据显示区域则用到和舵机推进器相同类型的控件。操控区域则也用到 Button 控件，输入对应功能的程序即可。为了使整个程序美观还需要用到 Group Box（组框）控件，可以将不同区域分隔开，使每个区域模块化。

将各个模块程序编程好之后，需要进行调试查看是否正确，然后将整个设备和程序结合起来验证程序的正确性，验证无误后生成的 . exe 可执行文件即为上下位机操控程序。

2. 上位机程序设计

所设计的上位机界面中需要划分不同的功能区域并选用合适的功能按键，首先应设计四大区域：串口打开关闭区域，推进器、舵机数据显示区域，传感器数据显示区域，操控区域。通过在上位机发出控制指令，下位机接收到控制指令后，水下机器人则会按照相应程序命令，完成相应动作，上位机界面如图 7-2 所示。

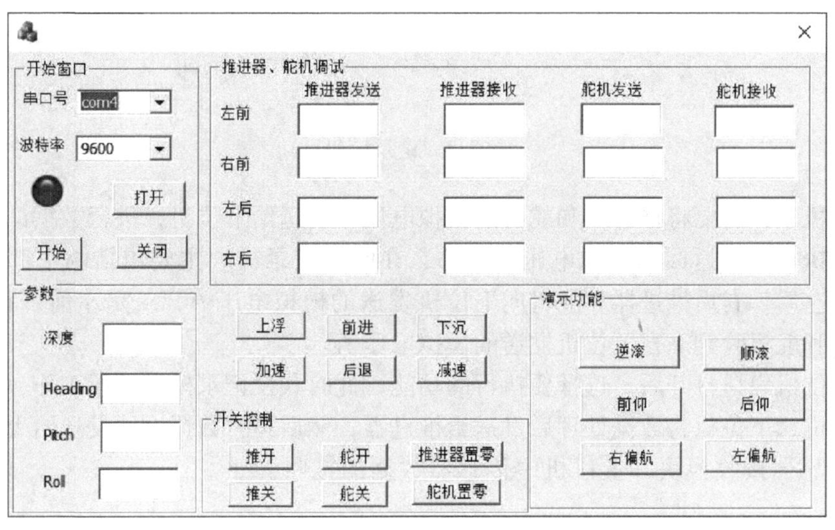

图 7-2 上位机界面

图 7-2 即为上位机程序设计内容，其包含了以下几个功能。

1）上位机串口通信功能，在该模块能够选择串口号和波特率，能够实现上下位机的通信，同时还能够检测上下位机之间的通信是否通畅。

2）能够显示发送和接收的 4 个舵机、4 个推进器的模拟电压值。

3）能够收到来自下位机传送给上位机的倾角仪和深度计传感器的值。

4）能够实现水下机器人的基本功能：上浮、下沉、前进、后退。

5）能够实现一些特殊功能：逆滚、顺滚、前仰、后仰、右偏航、左偏航。

6）运用 PID 控制进行水下机器人的定深控制。

（1）串口通信功能　串口通信功能主要包括串口号设置、波特率设置、检测是否正常

打开 3 个功能，如图 7-3 所示。

图 7-3 串口通信功能

通过下拉菜单可以进行操作选择，改变串口号，选择合适的波特率。通过程序默认设置选择的串口号为串口 com4，默认波特率为 9600，最后单击打开按钮，则串口打开。

为了能够更加直观地反映上下位之间的通信情况，添加了一个监测指示灯，即串口正常打开时指示灯为绿色，当串口未正常打开时指示灯变为红色，同时当正常打开串口后，打开按钮会转化成关闭。

（2）推进器、舵机收发记录模块　水下机器人需要进行上下位机之间数据的传送，那么就需要进行上下位机中推进器和舵机电压值的记录，如图 7-4 所示。

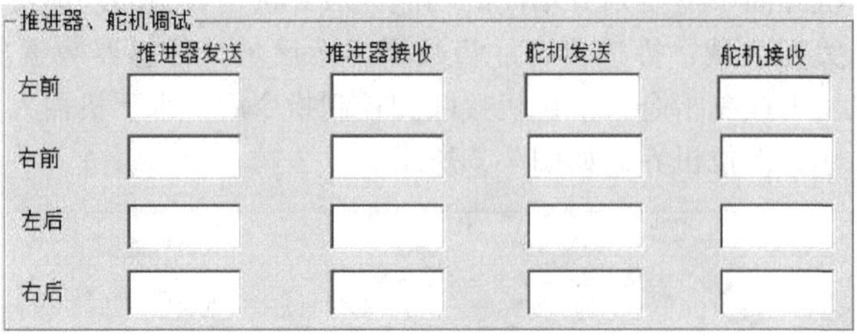

推进器、舵机调试

	推进器发送	推进器接收	舵机发送	舵机接收
左前				
右前				
左后				
右后				

图 7-4 记录模块

在上位机里，需要将推进器和舵机的模拟电压值发送给下位机，进行数据的传递，同时也需要接收执行元件返回的模拟电压值，那么在收发记录模块主要包括两个部分，一是左前、右前、左后、右后推进器和舵机向下位机发送的模拟电压值，二是左前、右前、左后、右后推进器和舵机收到来自下位机发送的模拟电压值。

在上下位机串口打开后，选择要执行的功能，此时收发记录模块开始工作，上位机发送数据给下位机，下位机将数据处理后发送给推进器，然后再将数据返回发送给上位机。

（3）传感器接收模块　上位机中传感器数据的接收，如图 7-5 所示。

图 7-5 传感器数据的接收

水下机器人使用了两个传感器，分别是倾角仪和深度计，这两个传感器只需要将下位机采集到的数据发送给上位机，在上位机里显示数据即可。

（4）功能模块　在上位机里，通过单击上位机界面的基本功能按钮即可实现 4 个推进器和 4 个舵机的控制，通过不同的推进器和舵机组合，可以实现水下机器人的上浮、下沉、前进、后退等基本运动，如图 7-6 所示。

水下机器人使用了 4 个推进器和 4 个舵机，推进器和舵机本身并不能收到来自上位机的指令，而是通过发送控制电压指令驱动推进器的电动机来使推进器和舵机工作。

在设计控制电压指令时，需要对控制电压指令进行限制，防止电压过大，造成超载，因此对推进器的电压限制为 -5 ~ 5V，对舵机的电压限制为 -4.5 ~ 4.5V。5V 和 -5V 为推进

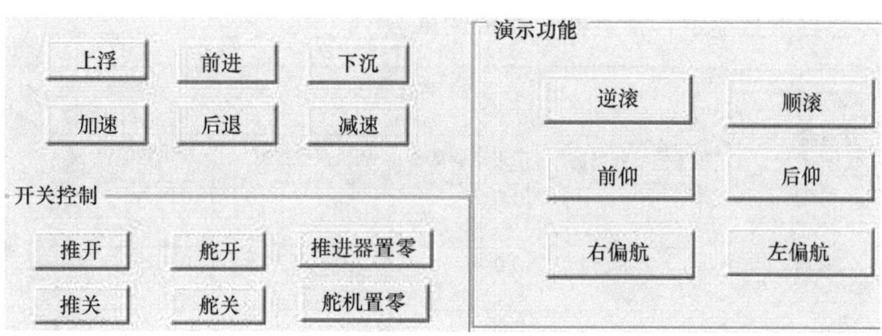

图 7-6 功能模块

器正反转达到最大转速的电压，-4.5V 和 4.5V 为舵机顺逆时针旋转 90°的电压。

需要合理确定推进器和舵机的布置，使 4 个推进器能够进行最大为 ±5V 模拟电压的正反转运动，使舵机能够在其基本位置以固定处为轴进行最大为 ±4.5V 模拟电压的顺逆时针运动。

1）前后运动：前后运动只需控制 4 个推进器正反转旋转即可，前 2 个推进器为正装，后 2 个推进器为反装。当推进器模拟电压信号达到 5V 时，推进器正转速率最高，水下机器人前进速度达到最大值；当后 2 个推进器模拟电压信号达到 -5V 时，推进器反转速率最高，水下机器人后退速度达到最大值。

2）升沉运动：升沉运动需要共同控制推进器和舵机。需 4 个舵机同时输入顺时针或逆时针的模拟电压信号，4 个推进器输入相反的模拟电压信号。当左前、右前推进器模拟电压信号为 5V，左后、右后推进器模拟电压信号为 -5V，舵机模拟电压信号为 -4.5V 时，水下机器人上升运动为垂直上升且上升速度达到最大值；当左前、右前推进器模拟电压信号为 -5V，左后、右后推进器模拟电压信号为 5V，舵机模拟电压信号为 -4.5V 时，水下机器人下沉运动为垂直下沉且下沉速度达到最大值。

3）横滚运动：横滚运动需要共同控制推进器和舵机。4 个舵机同时输入顺时针或逆时针的模拟电压信号，左前和右前，左后和右后构成两对平衡力矩，即左前推进器为 5V，右前推进器为 -5V，左后推进器为 -5V，右后推进器为 5V，此时水下机器人做顺时针横滚运动，全部取相反值，水下机器人做逆时针横滚滚动。

4）俯仰运动：俯仰运动需要共同控制推进器和舵机，因为前两个推进器和后两个推进器进行反转安装，在进行俯仰控制运动时也需要控制前两个推进器和后两个推进器的模拟电压值，当左前和右前推进器模拟电压值为 5V，左后和右后模拟电压值为 5V，舵机模拟电压值为 4.5V 时，水下机器人前仰角度达到最大值，4 个推进器取相反值时，水下机器人后仰角度达到最大值。

3. 下位机程序设计

只有上位机还无法完成对水下机器人的控制，还需要下位机对设备的控件进行控制，在调试水下机器人时，直接使用下位机对水下机器人进行控制十分方便。下位机程序设计内容主要包括 3 个部分：整体界面和功能设计，推进器控制、舵机控制，传感器控制。

（1）整体界面和功能设计 下位机主要功能是实现对水下机器人的初步简易控制，将水下机器人的硬件与软件系统连接起来。如图 7-7 所示，下位机界面可分为 3 部分：下位机

数据显示，传感器参数显示，推进器、舵机调试。

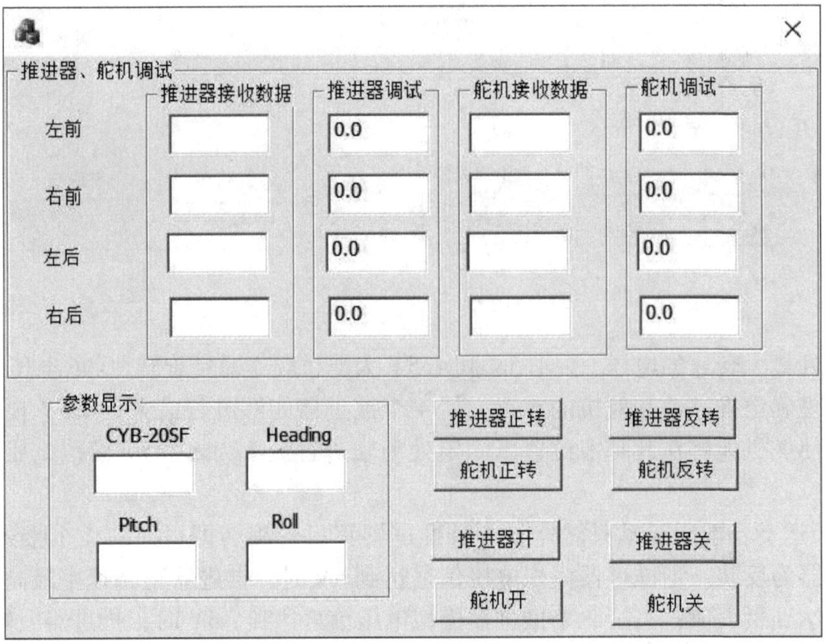

图 7-7　下位机界面

与上位机不同的是，下位机并没有设计串口选择界面，因为串口打开程序已经包括在了主程序里，当打开程序时已经自动打开所需要用到的串口（水下机器人默认使用的串口为 com 4）。通过操控推进器、舵机控制界面可以初步控制水下机器人。

（2）传感器数据采集函数　传感器输出信号是模拟信号，那么则需要编写能够对模拟量进行采集的程序，CYB－20SF 输出 0.5～4.5V 的模拟信号，然后通过 ART2010 数据采集模块对模拟量进行采集，深度计工作流程如图 7-8 所示。

倾角仪信号的输出形式是 TTL，采用 TTL 转串口的形式，因为 PC104 主控制器能够对串口指令进行发送和数据采集，所以要收到倾角仪数据只需要对 PC104 进行处理即可，倾角仪工作流程如图 7-9 所示。

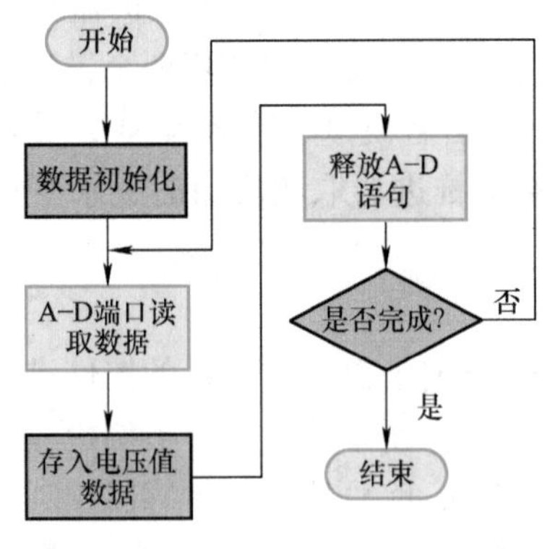

图 7-8　深度计工作流程图

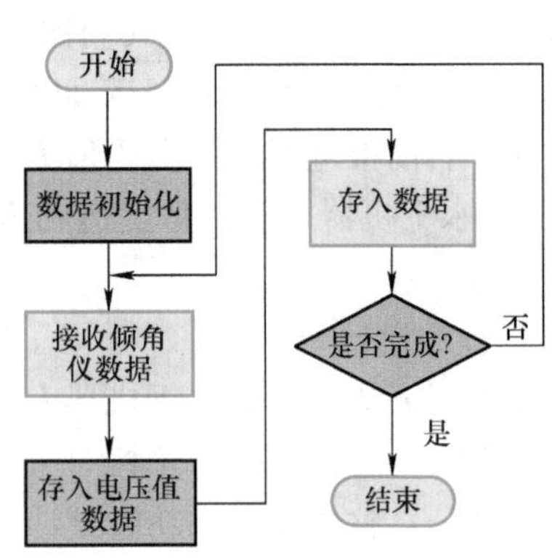

图 7-9　倾角仪工作流程图

对于 CYB－20SF 深度计的工作流程：起动水下机器人后，首先，对水下机器人 CYB－20SF 模拟量全局变量进行初始化；其次，通过 ART2010 A－D 口进行模拟量采集，采集时间间隔为 100ms；再次，将采集到的数据赋值给全局变量；最后判断是否满足终止条件，若满足条件，则退出采集程序，若未满足采集条件则继续采集，直至满足采集条件为止。

对于 JY901 倾角仪的工作流程：起动水下机器人后，首先，对水下机器人模拟量 JY901 倾角仪的 3 个角度变量进行初始化；其次，接收 3 个角度值；再次，将采集到的数据赋值给全局变量；最后，判断是否满足终止条件，若满足条件，则退出采集程序，若未满足采集条件则继续采集，直至满足采集条件为止。

（3）执行器控制函数　推进器和舵机都依靠驱动器来控制，驱动器控制流程如图 7-10 所示，首先，对推进器和舵机控制函数初始化；其次，设置与推进器、舵机有关的变量，进而对变量进行限制；再次即可将电压值发送给推进器，延时 0.2s；最后，进行条件判断，如不满足条件，则返回至获取与推进器、舵机有关的全局变量处，如满足条件，则终止推进器、舵机控制函数。

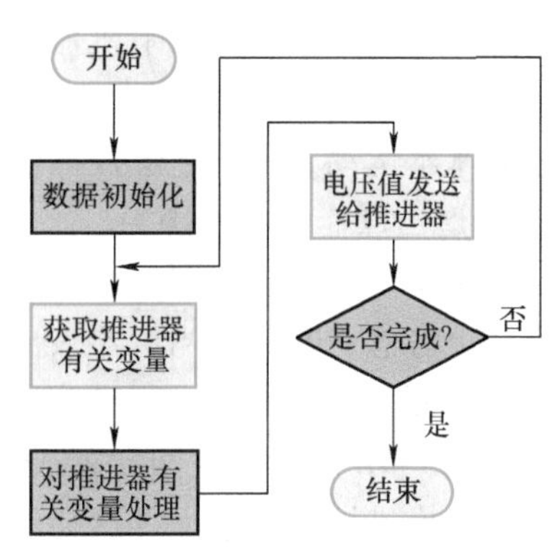

图 7-10　驱动器控制流程图

驱动推进器和舵机工作的流程：操作者从上位机发送控制推进器和舵机的指令，控制电压指令发送到下位机后，通过驱动器使水下机器人推进器和舵机完成相应指令，同时需要对控制电压进行约束，以防电压过大使推进器和舵机烧毁。

（4）数据发送处理函数　水下机器人中有深度计和倾角仪两个传感器，需要将水下机器人所采集到的数据发送给上位机，在上位机里显示所测量到的数据，在接收到这些数据后，有的数据可以直接使用，但有的数据并不能直接使用，而是需要对数据进行处理，因此还需设计数据发送和处理函数，数据发送、函数处理流程如图 7-11 所示。

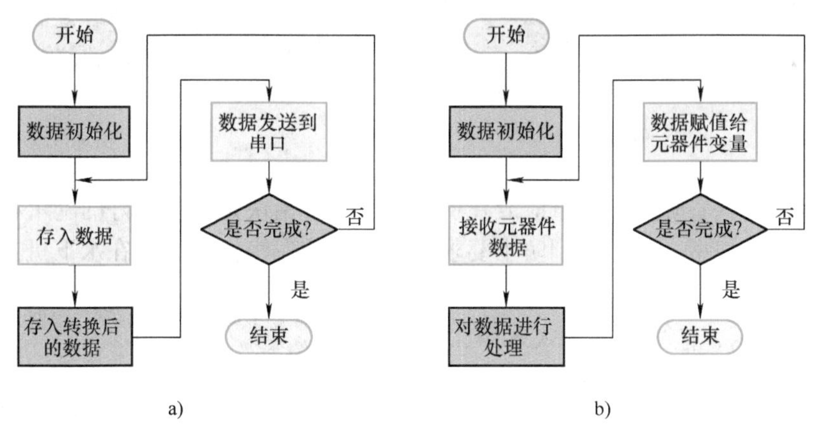

图 7-11　数据发送、函数处理流程

a）数据发送流程　b）函数处理流程

首先，将需要发送的有关数据变量进行初始化；其次，将有关的变量进行转化，将转化后的变量进行储存，随后将数据进行发送；再次，将数据进行帧头判断，确认是所需数据后，将剩下的数据全部接收，并将全部数据进行处理转换成所需要的变量；最后，将转换好的变量赋值给对应的全局变量。

在数据发送和函数处理结束后，上位机即可接收到深度计和倾角仪的数据，并显示水下机器人的深度和 3 个倾角角度，当上位机控制水下机器人时，发送相应的模拟控制电压，水下机器人接收到后会立即完成相应动作，数据发送和函数处理即可完成。

第二节　水下机器人遥控操作控制

本节通过四旋翼式水下机器人样机进行试验，以验证样机是否能满足控制要求。试验要求水下机器人样机能进行升沉运动、俯仰运动和横滚运动，包括遥控操作控制平衡和遥控操作控制基本运动，并简述遥控操作控制平衡和遥控操作控制基本运动的试验过程和效果。

1. 遥控操作控制平衡

平衡调节是对四旋翼式水下机器人的重心进行调节，使水下机器人重心处于浮心之下。从安全上考虑，其一是当机器人出现故障时推进器可能会发生停转，重心低于浮心能使机器人浮上水面；其二是在进行横滚运动时，机器人向左或向右倾斜不易翻倒。

如图 7-12 所示，把四旋翼式水下机器人放入水中，机器人浮力大于重力，但重心靠后，头部两个推进器露出水面。这会使得前部推力不足，为此应该在水下机器人前部增加配重。配重增加如图 7-13 所示。

图 7-12　调节平衡前

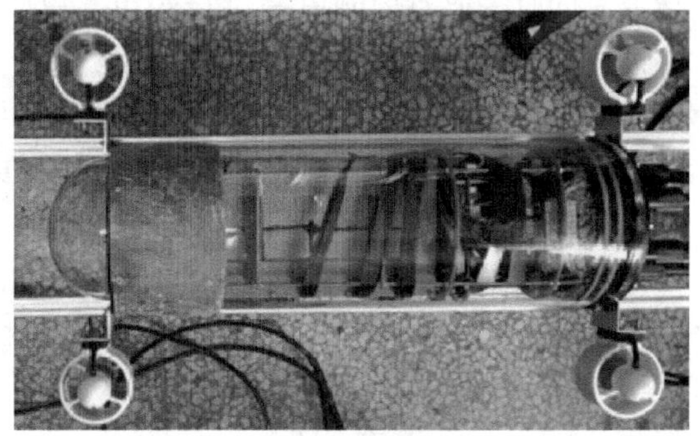

图 7-13　增加配重

为了使机器人重心降低，配重应放在机器人下部。铅块是一种很好的配重材料，其密度大，而且质软便于塑型。为了达到防水要求，采用黑胶泥将铅块固定在水下机器人底部的外壁上，防止浸入水中后使铅块掉落。

如图 7-14 所示，把机器人放入水中，四旋翼式水下机器人最高处浮出水面约 1cm，并且基本达到平衡。4 个推进器都处于水面之下，可避免电动机空转造成受力不均。如给机器人一个侧倾干扰后，机器人能够依靠其自重返回平衡位置。

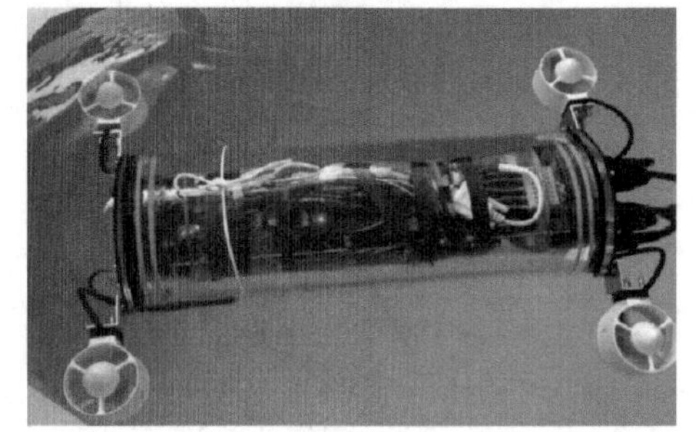

图 7-14　调节平衡后

2. 遥控操作控制基本运动

调节完水下机器人平衡，基本准备完毕，可

以进行运动控制，测试机器人能否实现升沉运动、俯仰运动和横滚运动等基本运动。主要控制分为两部分：基本运动控制和连续运动控制。

（1）基本运动控制　通过遥控操作对四旋翼式水下机器人进行控制，实现升沉运动、俯仰运动和横滚运动等。

1）单击“上浮”按钮和“下沉”按钮，通过控制输出模拟电压信号大小，控制机器人的上浮和下沉深度，其效果如图 7-15 所示。

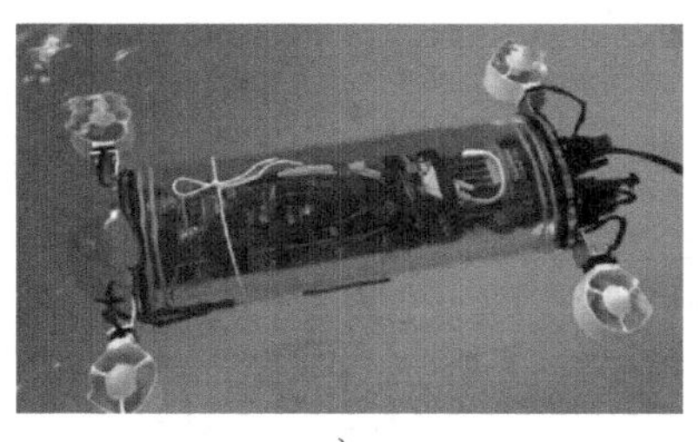

a)

b)

图 7-15　升沉运动

a）上浮　b）下沉

经试验表明，当左前、右前、右后、左后推进器模拟电压信号分别为 3.0V、2.0V、3.0V、2.0V 时，机器人开始沉入水中。此后，单击一次“上浮”，各推进器模拟电压信号变为 2.9V、2.1V、2.9V、2.1V 时，则开始上浮。上浮下沉模拟电压变化曲线如图 7-16 所示。

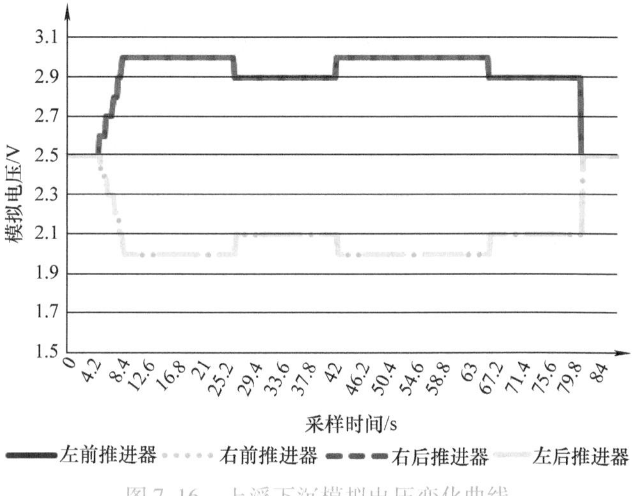

图 7-16　上浮下沉模拟电压变化曲线

2）单击“上仰”按钮和“下俯”按钮，控制机器人前后两部分推进器推力的大小，实现机器人俯仰运动，其效果如图 7-17 所示。

当各推进器模拟电压信号为 2.95V、2.05V、2.95V、2.05V 时，开始进行俯仰运动，机器人悬浮水中便于观察，此后的横滚运动测试也在此状态进行。经试验表明，若单击“上仰”按钮，各推进器模拟电压信号变为 2.75V、2.25V、3.15V、1.85V，机器人上仰。若单击“下俯”按钮，各推进器模拟电压信号变为 3.15V、1.85V、2.75V、2.25V，机器人下俯。上仰下俯模拟电压变化曲线如图 7-18 所示。

a)

b)

图 7-17　俯仰运动

a）上仰　b）下俯

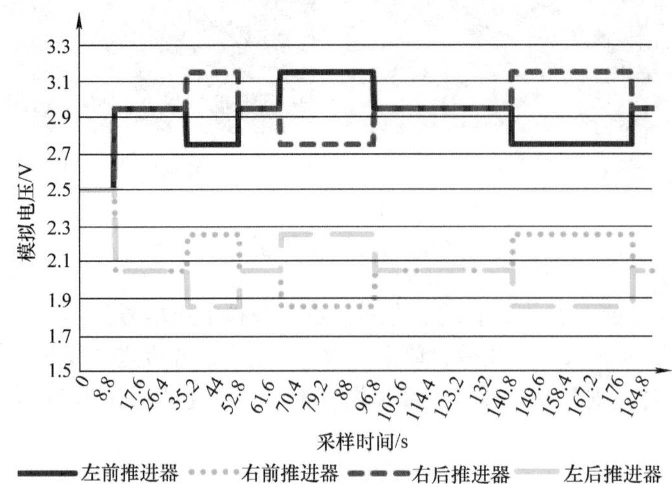

图 7-18　上仰下俯模拟电压变化曲线

3）单击“左倾”按钮和“右倾”按钮，控制机器人左右两侧推进器推力的大小，实现机器人横滚运动。其效果如图 7-19 所示。

若单击“左倾”按钮，各推进器模拟电压信号变为 3. 15V、2. 25V、2. 75V、1. 85V，机器人左倾。若单击“右倾”按钮，各推进器模拟电压信号变为 2. 75V、1. 85V、3. 15V、2. 25V，机器人右倾。左倾右倾模拟电压变化曲线如图 7-20 所示。

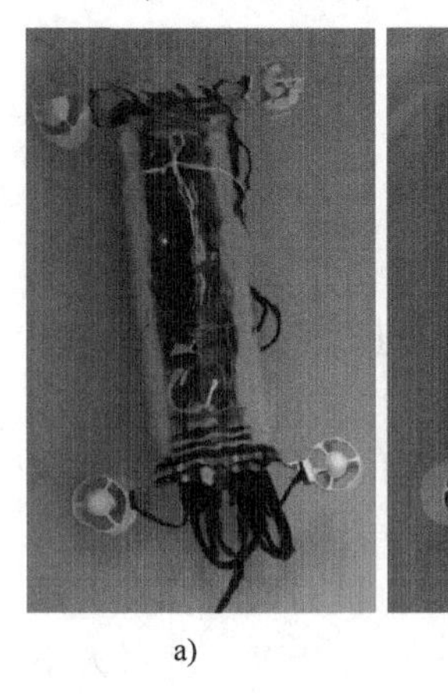

a)

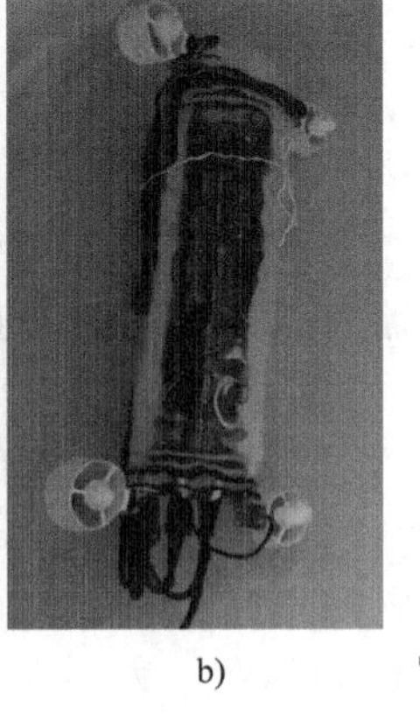

b)

图 7-19　横滚运动

a）左倾　b）右倾

模拟电压/V：3.5、3、2.5、2、1.5

采样时间/s：0、9.4、18.8、28.2、37.6、47、56.4、65.8、75.2、84.6、94、103.4、112.8、122.2、131.6、141、150.4、159.8、169.2

左前推进器　右前推进器　右后推进器　左后推进器

图 7-20　左倾右倾模拟电压变化曲线

（2）连续运动控制　通过分别单击演示模块的“升沉”“俯仰”“横滚”按钮，测试机器人进行连续升沉运动、连续俯仰运动、连续横滚运动的情况。试验前，为了便于观察，先把各推进器模拟电压信号调为2.95V、2.05V、2.95V、2.05V，使机器人恰好悬浮。

1）单击“升沉”按钮，机器人先下沉8s，再上浮8s，然后下沉8s，如此不断循环，其效果如图7-21所示。

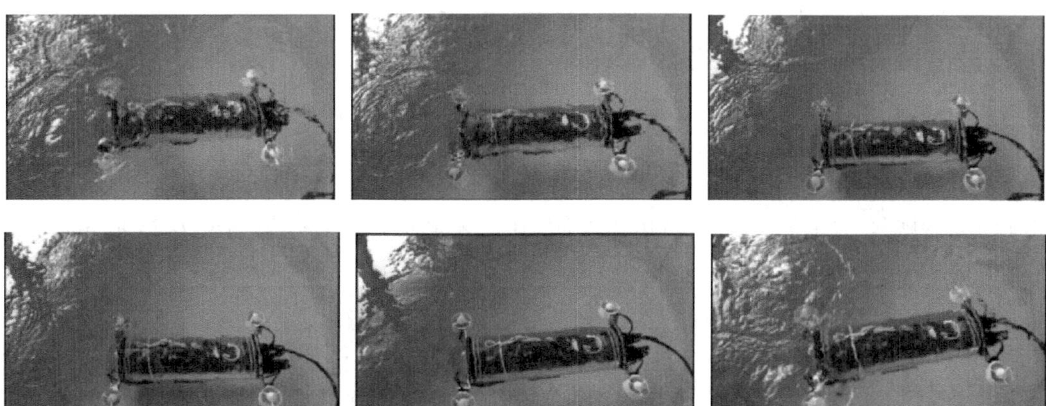

图7-21　连续升沉运动

每0.2s进行采样模拟电压信号，下沉时推进器模拟电压信号变为3.0V、2.0V、3.0V、2.0V，上浮时推进器模拟电压信号变为2.9V、2.1V、2.9V、2.1V，连续升降运动模拟电压信号变化曲线如图7-22所示。

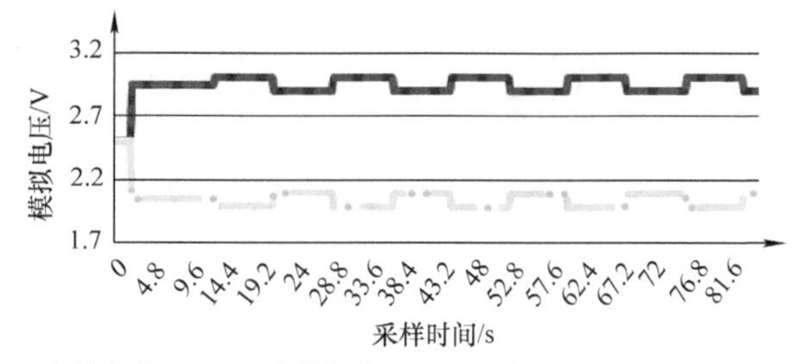

图7-22　连续升沉运动模拟电压信号变化曲线

2）单击“俯仰”按钮，机器人先上仰10s，恢复平衡位置10s，再下俯10s，恢复平衡位置10s，然后上仰10s，不断循环，其效果如图7-23所示。

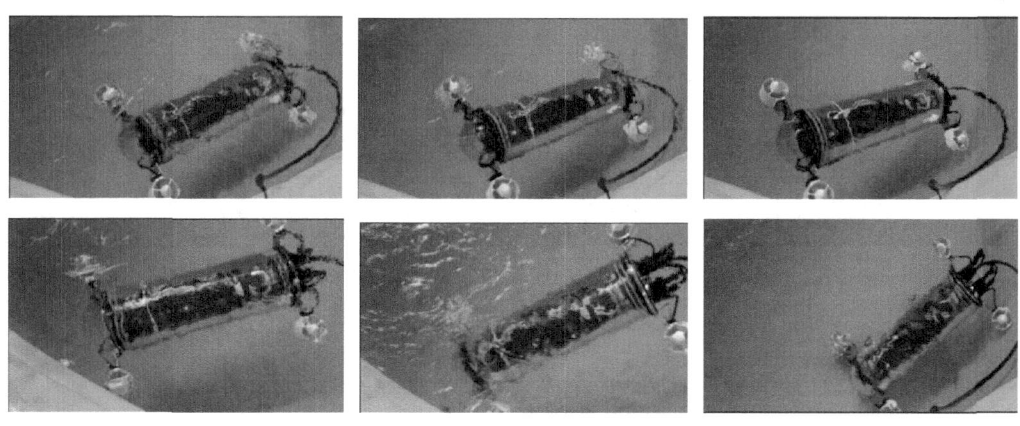

图7-23　连续俯仰运动

每0.2s进行采样模拟电压信号，上仰时推进器模拟电压信号分别为2.75V、2.25V、3.15V、1.85V，下俯时推进器模拟电压信号分别变为3.15V、1.85V、2.75V、2.25V。连续俯仰运动模拟电压信号变化曲线如图7-24所示。

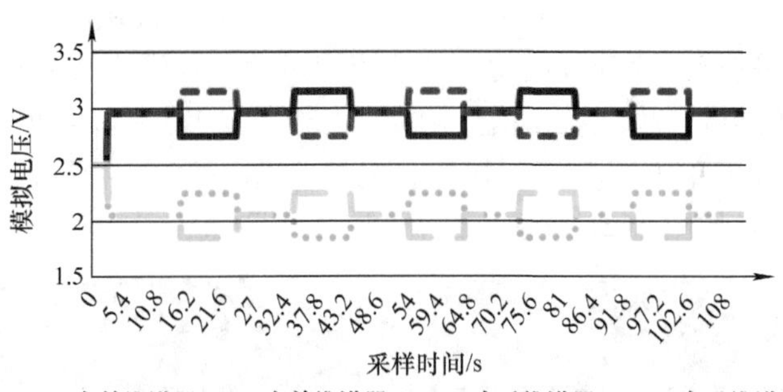

图7-24　连续俯仰运动模拟电压信号变化曲线

3）单击“横滚”按钮，机器人先左倾10s，恢复平衡位置10s，再右倾10s，恢复平衡位置10s，然后再左倾10s，不断循环，其效果如图7-25所示。

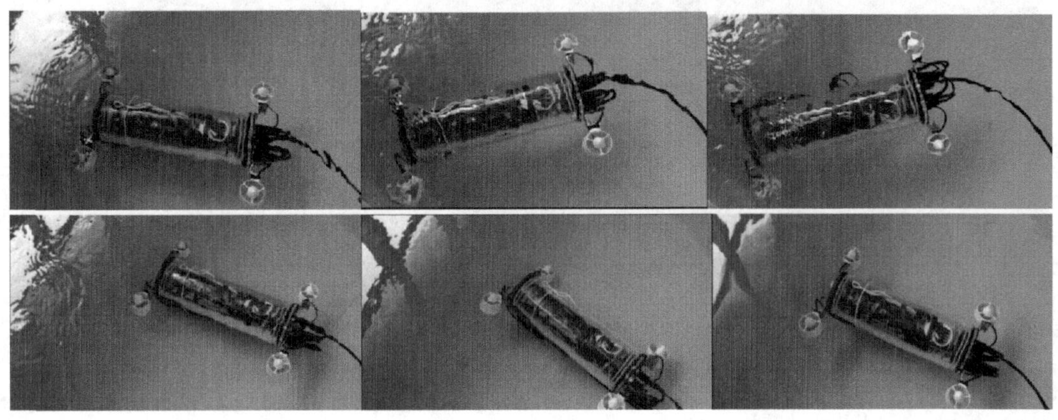

图7-25　连续横滚运动

左倾时推进器模拟电压信号分别为3.28V、2.5V、2.5V、1.52V，右倾时推进器模拟电压信号分别变为2.5V、1.52V、3.28V、2.5V。连续横滚运动模拟电压信号变化曲线如图7-26所示。

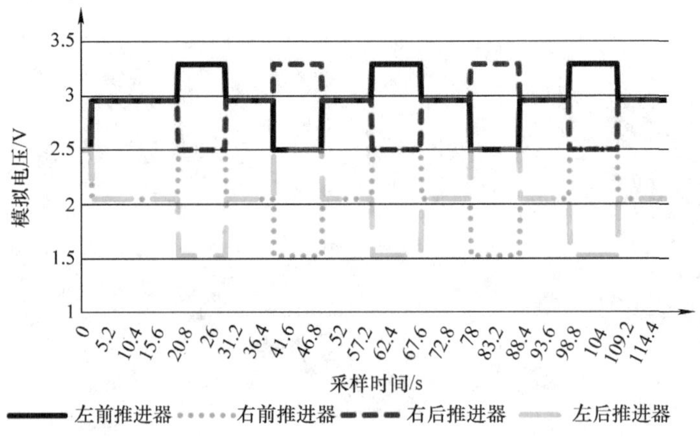

图7-26　连续横滚运动模拟电压信号变化曲线

第三节　水下机器人自动控制

在完成水下机器人的结构设计和软硬件系统设计后，需要对水下机器人进行组装测试性能，主要是要对水下机器人的传感器数据进行验证，检测设计的水下机器人参数测量是否能满足要求。本节对四旋翼式水下机器人进行艏向角定向控制水池试验，重点是对所设计的闭环控制器进行系统静态性能及动态性能的测试。

1. PID 控制概述

PID 控制最开始广泛应用于工业生产过程的控制中，其结构简单、稳定性好、工作可靠、调整方便，是最广泛的有效控制方法之一，并且具有控制精度高、鲁棒性强、结构简单、便于操作等优点。

2. PID 控制原理及相关算法

具有比例（P）、积分（I）、微分（D）环节的控制器叫作 PID 控制器。PID 控制系统分为模拟 PID 控制系统和数字 PID 控制系统。PID 控制系统结构如图 7-27 所示。

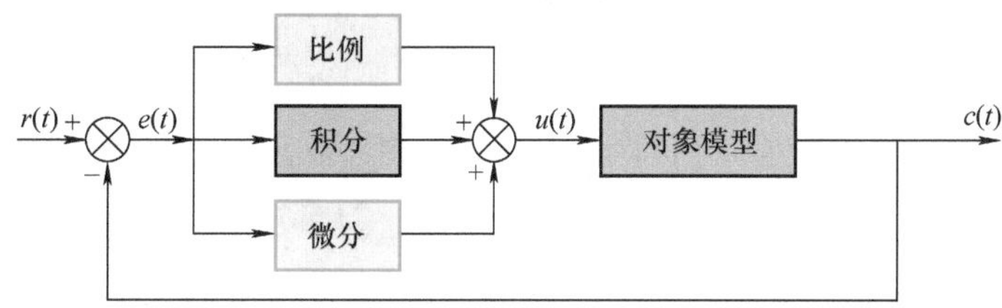

图 7-27　PID 控制系统结构

能得到它的数学描述为

$$u(t) = K_P\left[e(t) + \frac{1}{T_I}\int_0^t e(t)\,dt + T_D\frac{de(t)}{dt}\right] \tag{7-1}$$

整理得

$$u(t) = K_P e(t) + K_I\int_0^t e(t)\,dt + K_D\frac{de(t)}{dt} \tag{7-2}$$

式中，K_P为比例常数；$K_I = K_P/T_I$为积分常数；$K_D = K_P T_D$为微分常数。

如今在实际工程应用中，普遍要通过计算机对系统进行控制，因此必须对式（7-2）中的 PID 控制系统方程进行离散化，从而得到数字 PID 控制系统，而数字 PID 控制系统算法根据控制方式的不同可分为位置式 PID 算法与增量式 PID 算法。

（1）位置式 PID 算法　位置式 PID 算法是数字 PID 算法的一种，在这个算法中 PID 输出的 $u(k)$ 直接对执行机构进行控制，$u(k)$ 与执行机构的位置一一对应，故称其为位置式 PID 算法。式（7-2）中的积分和微分项无法在计算机中进行连续运算，因此需对其进行离散化处理：以一系列的采样时间点 KT 替代连续时间 t，用和式替代积分项，以增量替代微分项，进行如下近似替换

$$\begin{cases} t \approx KT \\ \int_0^t e(t)\,dt \approx T\sum_{j=0}^{k} e(j) \\ \frac{de(t)}{dt} \approx \frac{e(k) - e(k-1)}{T} \end{cases} \tag{7-3}$$

式中，T 为采样周期。

为了保证足够的精度，采样周期 T 应该取足够短。将式（7-3）代入式（7-2），得到离散的 PID 表达式为

$$\begin{aligned} u(k) &= K_P e(k) + K_I \sum_{j=0}^{k} e(j)T + K_D \frac{e(k) - e(k-1)}{T} \\ &= k_P e(k) + k_I \sum_{j=0}^{k} e(j) + k_D[e(k) - e(k-1)] \end{aligned} \tag{7-4}$$

式中，k 为采样序号，$k=0,1,2,\cdots$；$u(k)$ 为第 k 次采样时刻 PID 输出值；$e(k)$ 为第 k 次采样时刻的误差值；$e(k-1)$ 为第 $k-1$ 次采样时刻的误差值；k_P为比例常数，$k_P=K_P$；k_I为积分常数，$k_I=K_I T$；k_D为微分常数，$k_D=K_D/T$。

这种算法存在的缺点是，每次的输出值都与过去的状态有关，且对 $e(k)$ 进行累加，计算量过大。并且，当执行算法的设备出现错误时，$u(k)$ 会发生不可预知的变化，而一一对应的执行机构位置也会发生变化，故而引出增量式 PID 算法。

（2）增量式 PID 算法　增量式 PID 顾名思义指控制器输出值为控制量的增量 $\Delta u(k)$。根据式（7-4）递推可得

$$u(k-1) = k_P e(k-1) + k_I \sum_{j=0}^{k-1} e(j) + k_D[e(k-1) - e(k-2)] \tag{7-5}$$

将式（7-4）减去式（7-5），得

$$\begin{aligned} \Delta u(k) &= k_P[e(k)-e(k-1)] + k_I e(k) + k_D[e(k)-2e(k-1)+e(k-2)] \\ &= k_P \Delta e(k) + k_I e(k) + k_D[\Delta e(k) - \Delta e(k-1)] \end{aligned} \tag{7-6}$$

式中，$\Delta e(k)=e(k)-e(k-1)$。

式（7-6）即为增量式 PID 算法。

在使用增量式 PID 时，PID 输出值为 $\Delta u(k)$。而对应的执行机构控制量可由式 $u(k)=u(k-1)+\Delta u(k)$得到。

3. 常规 PID 控制器仿真试验

在 Matlab Simulink 环境下，根据上节所设计的控制器搭建 PID 控制器 AUV 进行建模仿真，实现对 AUV 的定向控制，并从仿真结果中得到系统的动态性能与稳态性能指标。通过在 Matlab Simulink 环境下的仿真证明所设计控制器的正确性，为进行实物试验打下基础。

为了验证搭建的 PID 控制器对水下机器人定向控制的有效性，首先要在 Matlab Simulink 环境下建立水下机器人的非线性计算机仿真模型。即建立基于 PID 控制器的 AUV 闭环控制系统仿真模型，如图 7-28 所示；其次，对 PID 控制器进行初步整参，之后对系统输入阶跃信号，模拟艏向角设定值；最后，通过比较输入信号和输出信号对 PID 控制器进行反复调

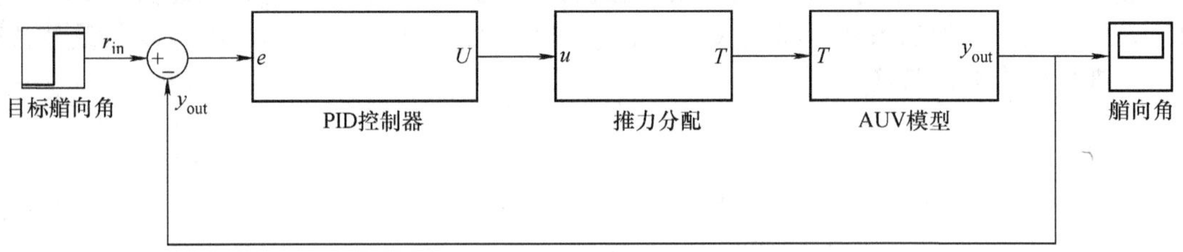

图 7-28　基于 PID 控制器的 AUV 闭环控制系统仿真模型

参，直至获得较为满意的响应信号为止。

图 7-28 中，PID 控制器模块为单自由度 PID 控制器；推力分配模块可控制 AUV 艏向角的 4 个水平推进器的推力大小；AUV 模型为仿真试验水下机器人运动学模型，简化为自由度推力输入与状态输出的关系。

艏向角 PID 控制器结构如图 7-29 所示。

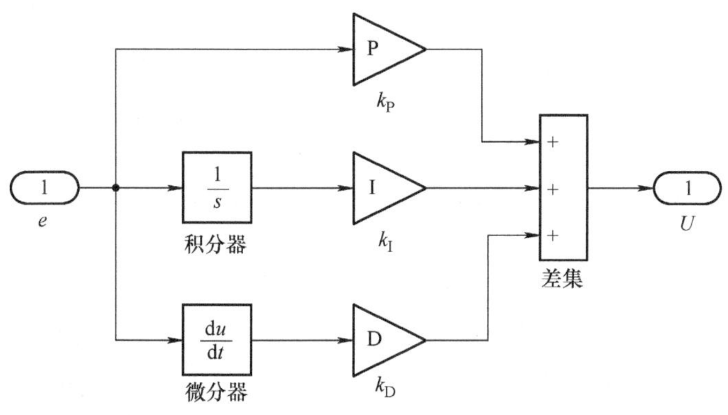

图 7-29　艏向角 PID 控制器结构

图中 k_P、k_I、k_D 分别为比例、积分、微分常数，误差信号 e 经过 3 个环节的累加得到 PID 控制器输出电压值 U。

1）输入阶跃信号　输入开始时间为 10s，起始艏向角为 0°，结束艏向角为 80°。

2）初步选定 PID 参数：$k_P = 0.2$，$k_I = 0$，$k_D = 1.5$，此时等效为 PD 控制器。

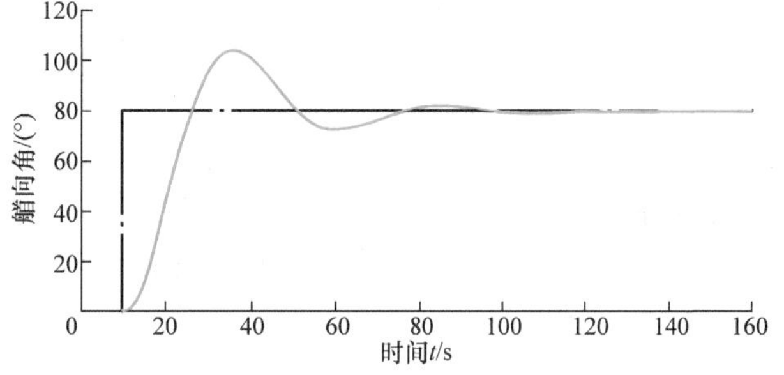

图 7-30　输出响应曲线一

从图 7-30 所示的输出响应曲线一可以看出，系统达到最大超调 32% 后，经过大约 55s 的调节时间，稳定到设定值。

3）为了减小系统超调量，缩短系统调节时间，要对 PID 参数粗调后，确定参数大概变化范围，再在变化范围内对 PID 参数进行细调。最后确定 PID 参数：$k_P = 0.167$，$k_I = 0.0001$，$k_D = 1.5$，得到较为满意的输出响应曲线二，如图 7-31所示。

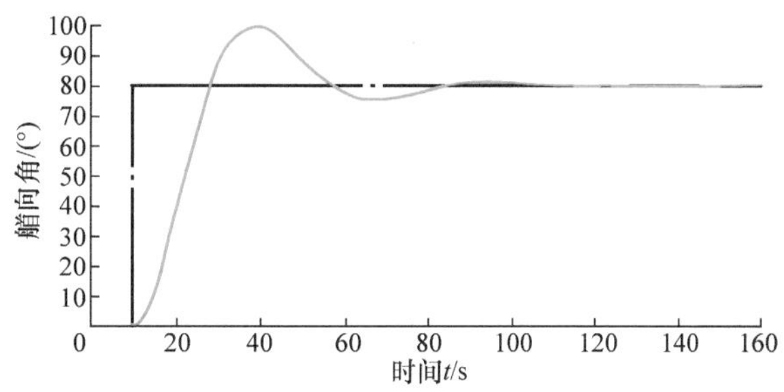

图 7-31　输出响应曲线二

从图 7-31 可看出，系统的最大超调量减小至大约 25%，调节时间缩短至 40s，基本满足水下机器人对艏向角定向控制的要求。

4. 水下机器人水池试验

在仿真环境下试验后，还要在实际的水池环境下对水下机器人的艏向角进行定向控制。本案例首先对水下机器人的闭环控制器进行设计及搭建，并对所设计控制器进行仿真试验，从而证明控制器的有效性，最终实现对控制性能的评估。其次对水下机器人上位机界面进行设计，并在上位机程序中添加闭环控制器线程。再次在进行试际水池试验时，需采用 PID 控制器进行闭环控制，由于所采用的推进器电压值在较小的情况下产生推力太小等其他因素，使得无法消除稳态误差导致的角度偏差累积，最终便无法对水下机器人实现有效控制。在水池试验部分最后所采用的控制器为 PD 控制器，实现了对水下机器人定艏的有效控制，试验中给机器人添加外界干扰，进而分析系统的控制性能；对水下机器人进行动态性能试验，即对常用信号进行跟踪试验，并根据输出的响应曲线进行分析。

打开控制界面，为了验证所设计闭环控制器的控制性能，可通过界面控制对四旋翼式水下机器人进行水池试验，并且通过下位机返回的数据进行分析调试。四旋翼式水下机器人在水池进行试验的状态如图 7-32 所示。

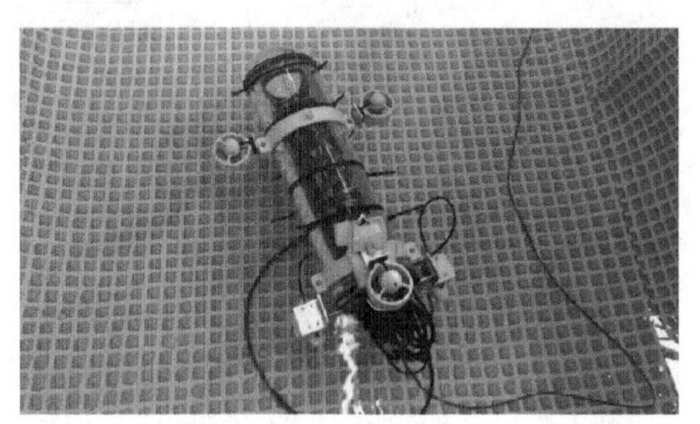

图 7-32　四旋翼式水下机器人在水池进行试验的状态

（1）定艏控制试验

针对四旋翼式水下机器人的艏向闭环控制性能试验，主要采取阶跃信号进行测试，这是因为阶跃信号很大程度上能反映系统的动态性能。采用艏向角度（90°、180°）阶跃信号作为输入信号，记录水下机器人推进器的输出电压情况和水下机器人的艏向阶跃响应情况。

1）艏向角度为 90°的阶跃信号的响应曲线如图 7-33 所示（起始位置为 50°）。

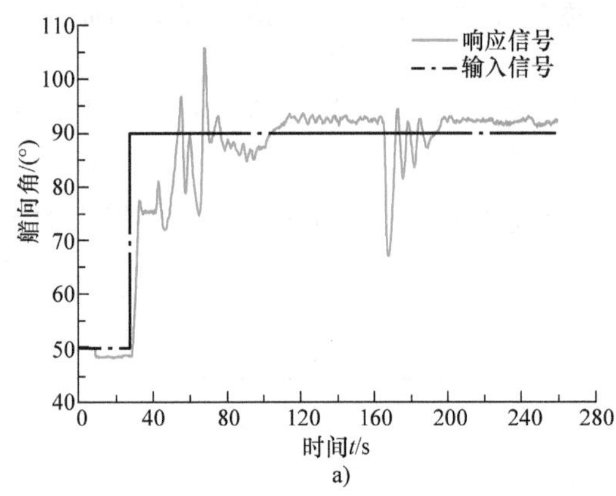

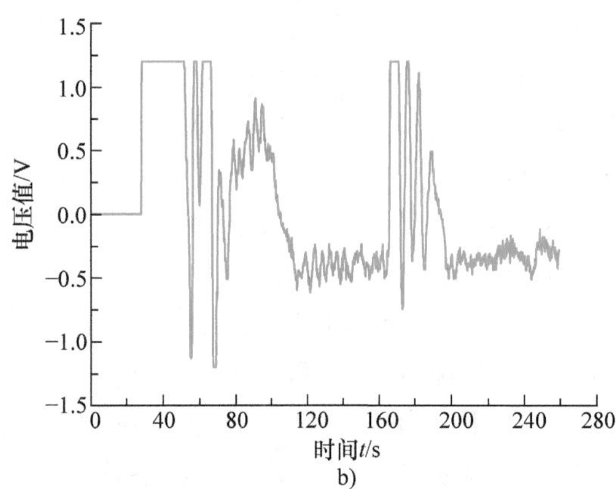

图 7-33　艏向角度为 90°的阶跃信号的响应曲线

a）AUV 实时艏向角曲线图　b）推进器电压的曲线图

从图 7-33a 可看出，在 $t=30$s 时系统输入阶跃信号，系统上升时间为 28s 左右，系统稳态调节时间为 50s 左右；出现较大超调，超调量大致为 30%；稳态误差保持在 ±7°以内。同时在响应曲线中可看出，在 160s 处 AUV 受到外界干扰导致振荡，经过 40s 的调整时间后，AUV 再次达到稳定状态。从图 7-33b 可看出，推进器在 30s 前处于关闭状态，当系统输入阶跃信号后，推进器开始运转。为了保护推进器及提高系统稳定性，对推进器电压限制在±1.2V内。将图7-33a、b进行对比可看出，两图中的响应曲线与推进器电压曲线的变化趋势基本一致，当实时艏向角小于给定艏向角时，对推进器输入正电压，为AUV提供对应的正向转矩，缩小艏向角偏差，通过试验证明了艏向角控制器的有效性。

2）艏向角度为180°的阶跃信号的响应曲线如图7-34所示（起始位置为100°）。

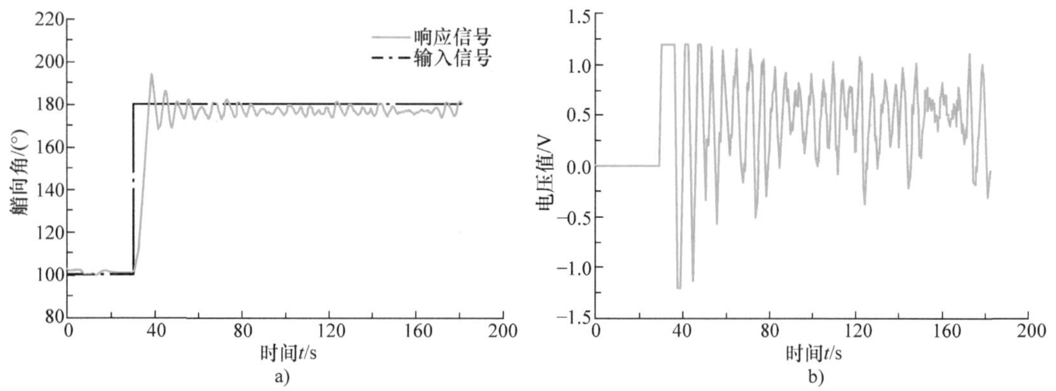

图7-34　艏向角度为180°的阶跃信号的响应曲线

a）AUV实时艏向角曲线图　b）推进器电压的曲线图

从图7-34a可看出，在$t=32$s时系统输入阶跃信号，系统上升时间为20s左右，系统稳态调节时间为30s左右；超调量较第一次试验减小，大致为25%；稳态误差仍然保持在±7°以内。响应曲线在理想艏向角度上下振荡。从图7-34b可看出，推进器在32s前处于关闭状态，当系统输入阶跃信号后，推进器开始运转。

（2）周期信号轨迹跟踪性能试验　之前，通过对系统输入阶跃信号来分析所设计的闭环控制器的静态性能。下面通过控制AUV跟踪常用周期信号对AUV的动态性能进行试验分析。

1）系统输入周期时间$T=30$s、幅值为90°、零点位置为180°的正弦波信号的响应曲线如图7-35所示。

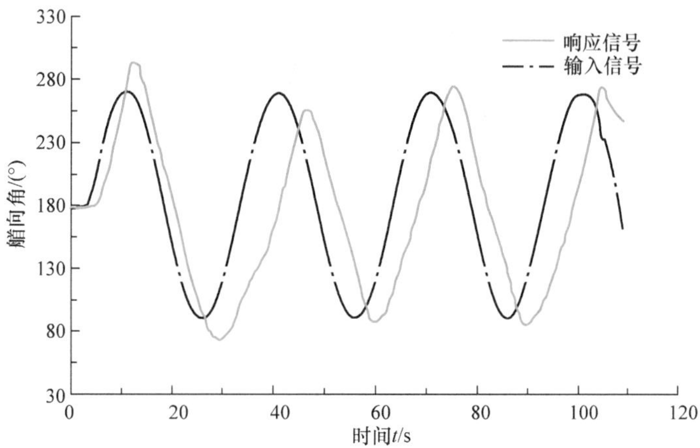

图7-35　正弦波信号的响应曲线

从图 7-35 中可看出，系统对正弦信号的跟踪响应延迟大概在 3 ~ 10s。在前 30s，响应曲线对正弦信号的跟踪延迟在 3s 左右，但是由于系统动态响应能力并不是太强以及 AUV 的惯性，导致 AUV 的艏向角超出正弦信号的输入区间（90°，180°）。之后随着跟踪响应时间变长，该情况有所好转。

2）系统输入周期时间 $T = 50\text{s}$、最大值为 270°、最小值为 90°的方波信号的响应曲线如图 7-36 所示。

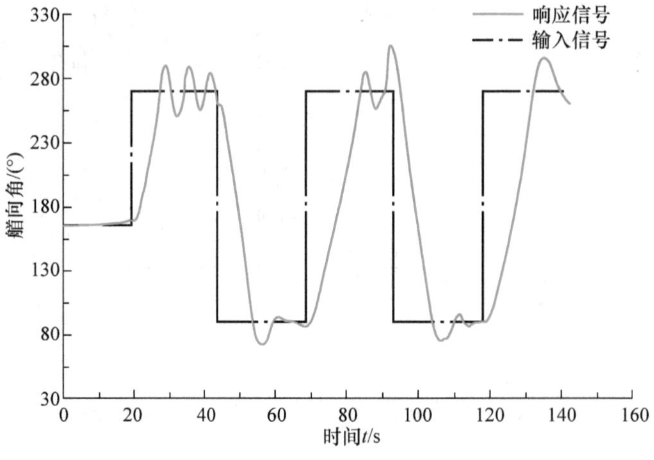

图 7-36　方波信号的响应曲线

从图 7-36 所示对方波信号的响应曲线可看出，t 在区间（20，45）、（70，95）、（120，145）时相当于进行艏向角为 270°的定艏控制，在周期信号的另半个周期则进行艏向角为 90°的定艏控制。

3）系统输入周期时间 $T = 30\text{s}$、最大值为 270°、最小值为 90°的三角波信号的响应曲线如图 7-37 所示。

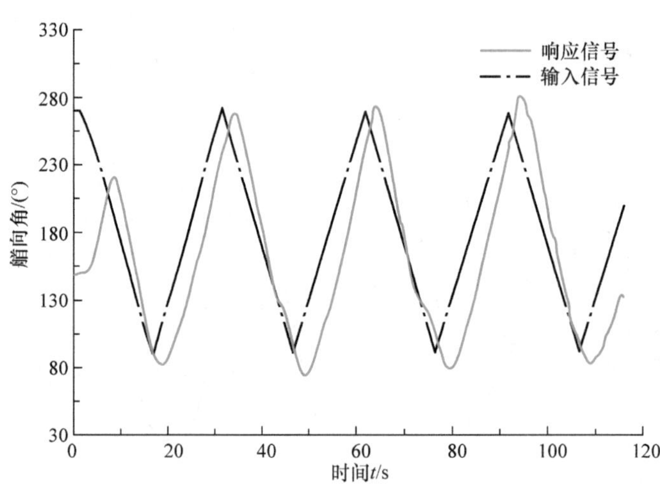

图 7-37　三角波信号的响应曲线

从图 7-37 可看出，三角波信号的响应曲线与输入的三角波信号趋势基本一致，跟踪延迟为 5s 左右。

（3）跟踪性能随频率变化的测试试验　之前通过对系统输入周期信号对所设计的闭环控制器进行了动态态性能分析。下面通过对 AUV 进行随频率变化的测试试验来分析 AUV 的跟踪性能。

1）系统分别输入频率为 1/90Hz、1/80Hz、1/70Hz、1/60Hz、1/50Hz、1/40Hz、1/30Hz、1/20Hz、1/10Hz，幅值为 90°，零点位置为 180° 的正弦波信号的响应曲线如图 7-38所示。

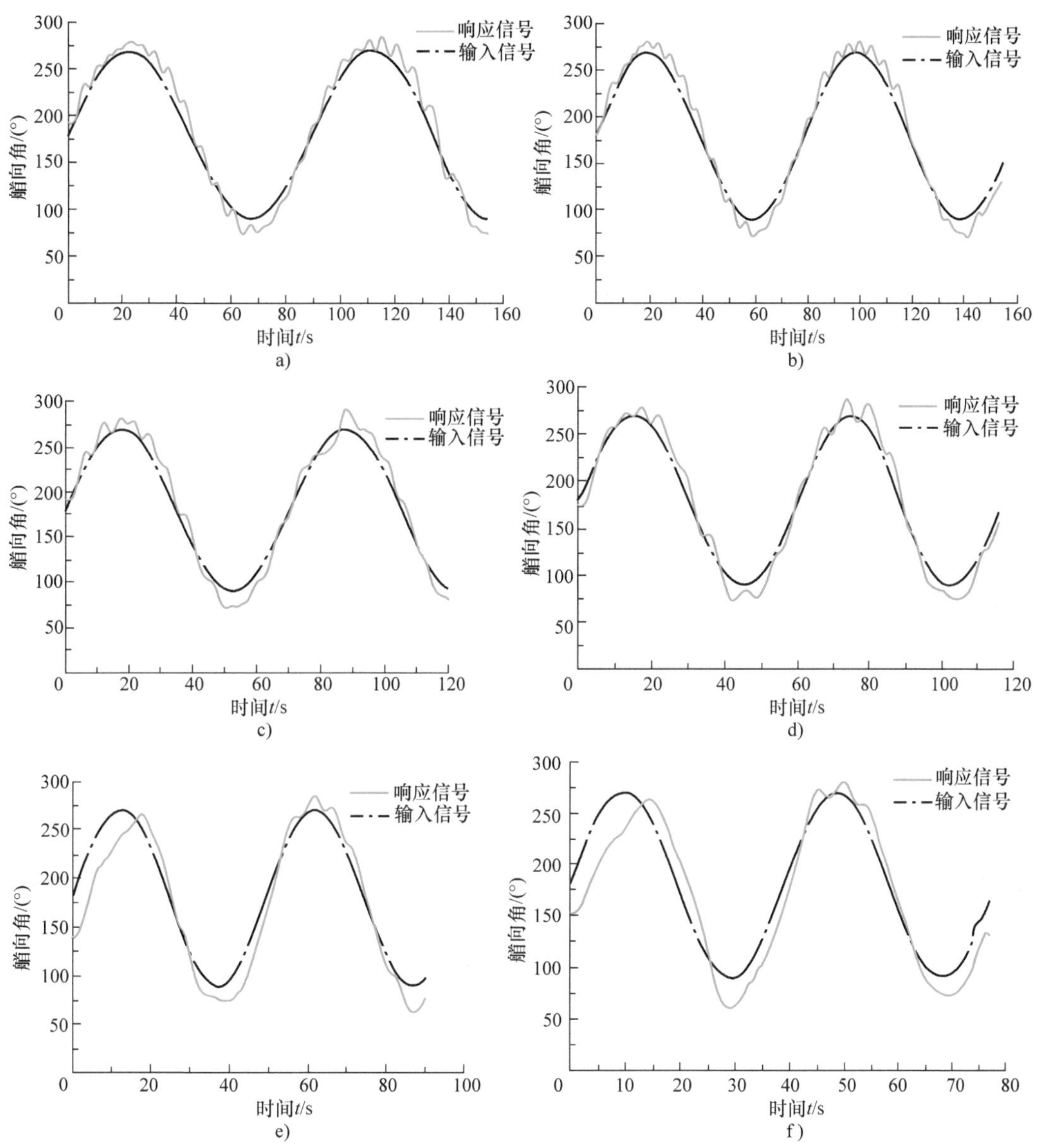

图 7-38　正弦波信号的响应曲线

a）频率为 1/90Hz　b）频率为 1/80Hz　c）频率为 1/70Hz　d）频率为 1/60Hz

e）频率为 1/50Hz　f）频率为 1/40Hz

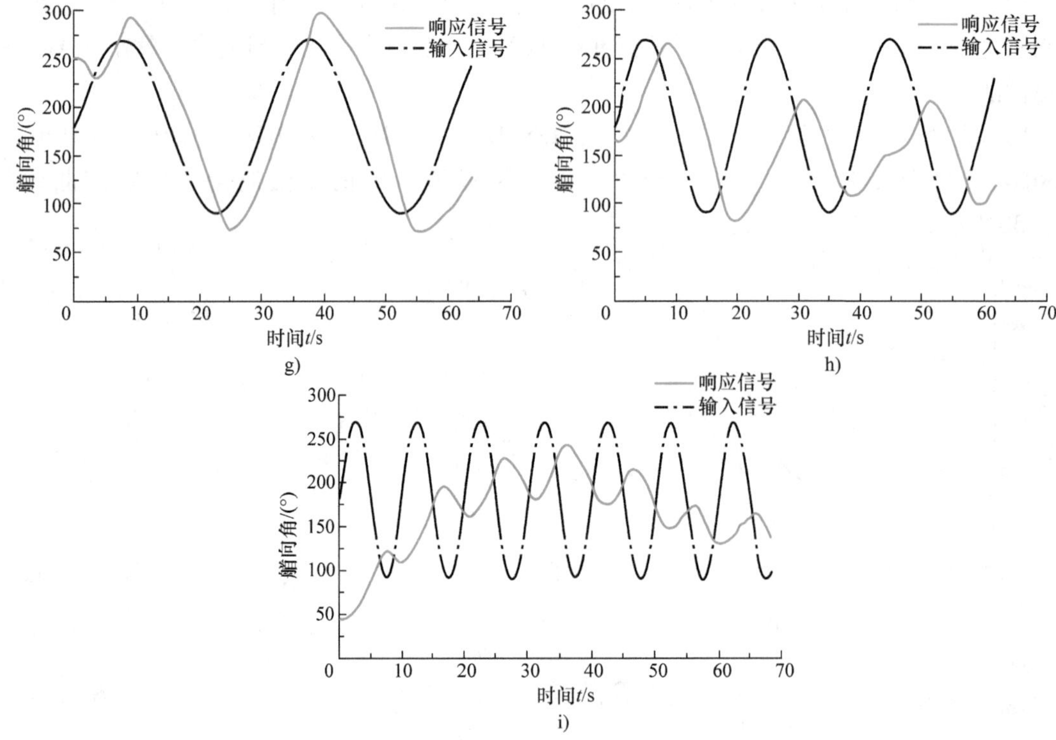

图 7-38　正弦波信号的响应曲线（续）
g）频率为 1/30Hz　h）频率为 1/20Hz　i）频率为 1/10Hz

根据图 7-38 所示结果，对水下机器人实际运动轨迹与目标轨迹的幅值比以及相位差进行归纳，并绘制幅值比、相位差随目标轨迹频率的变化规律，如图 7-39 所示。

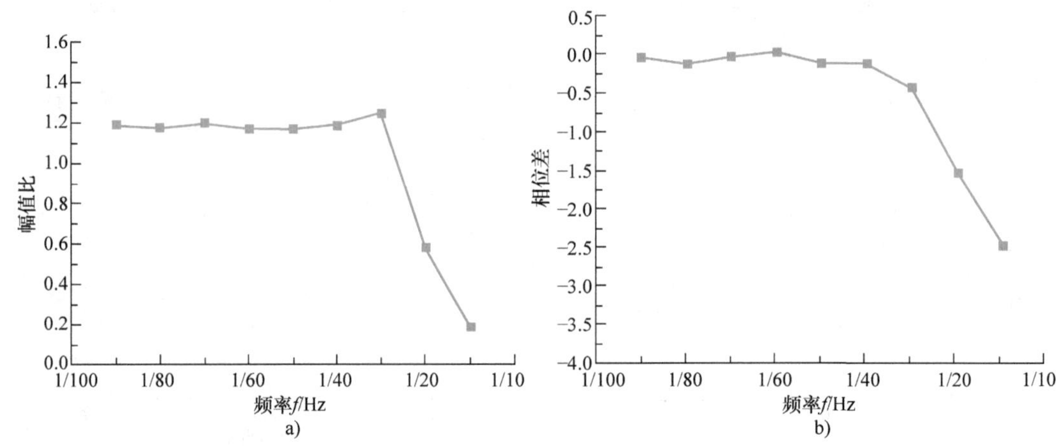

图 7-39　正弦信号目标轨迹频率变化规律图
a）幅值比 - 频率曲线图　b）相位差 - 频率曲线图

从图 7-39a 可看出水下机器人实际运动轨迹与目标轨迹的幅值比在频率范围为 1/100 ~ 1/30Hz 时基本保持不变，为 1.2 左右，而当频率增大时，幅值比逐渐变小。从图 7-39b 中可看出在频率范围为1/100～1/40Hz时，两段轨迹相位差值不大，甚至在频率为1/60Hz时，实际轨迹比目标轨迹超前；但频率范围为1/40～1/10Hz时，随着频率越大，实际轨迹的滞后相位差值越大。

2）系统分别输入频率为1/90Hz、1/80Hz、1/70Hz、1/60Hz、1/50Hz、1/40Hz、1/30Hz、1/20Hz、1/10Hz，幅值为90°，零点位置为180°的方波信号的响应曲线如图7-40所示。

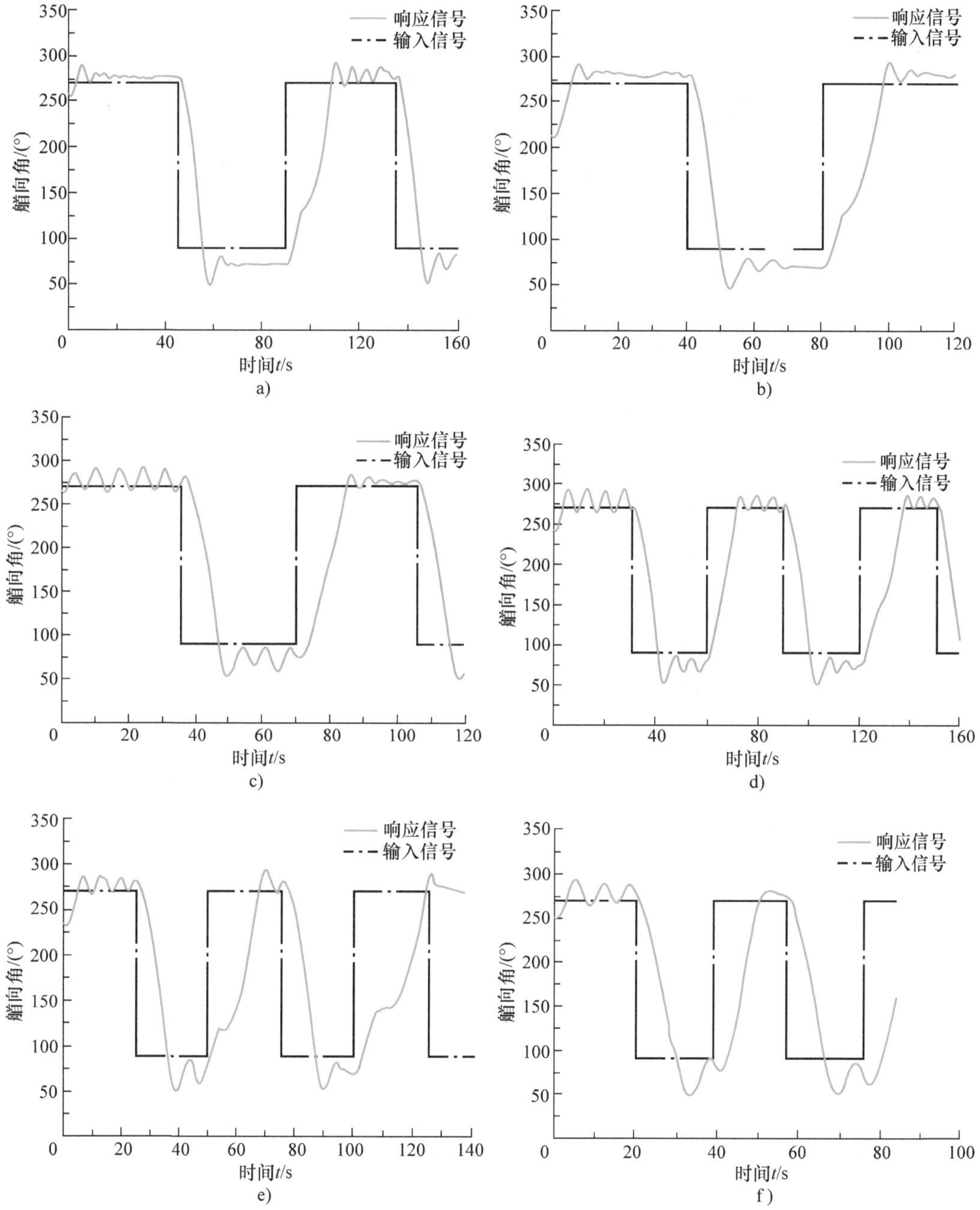

图7-40　方波信号的响应曲线

a）频率为1/90Hz　b）频率为1/80Hz　c）频率为1/70Hz　d）频率为1/60Hz　e）频率为1/50Hz　f）频率为1/40Hz

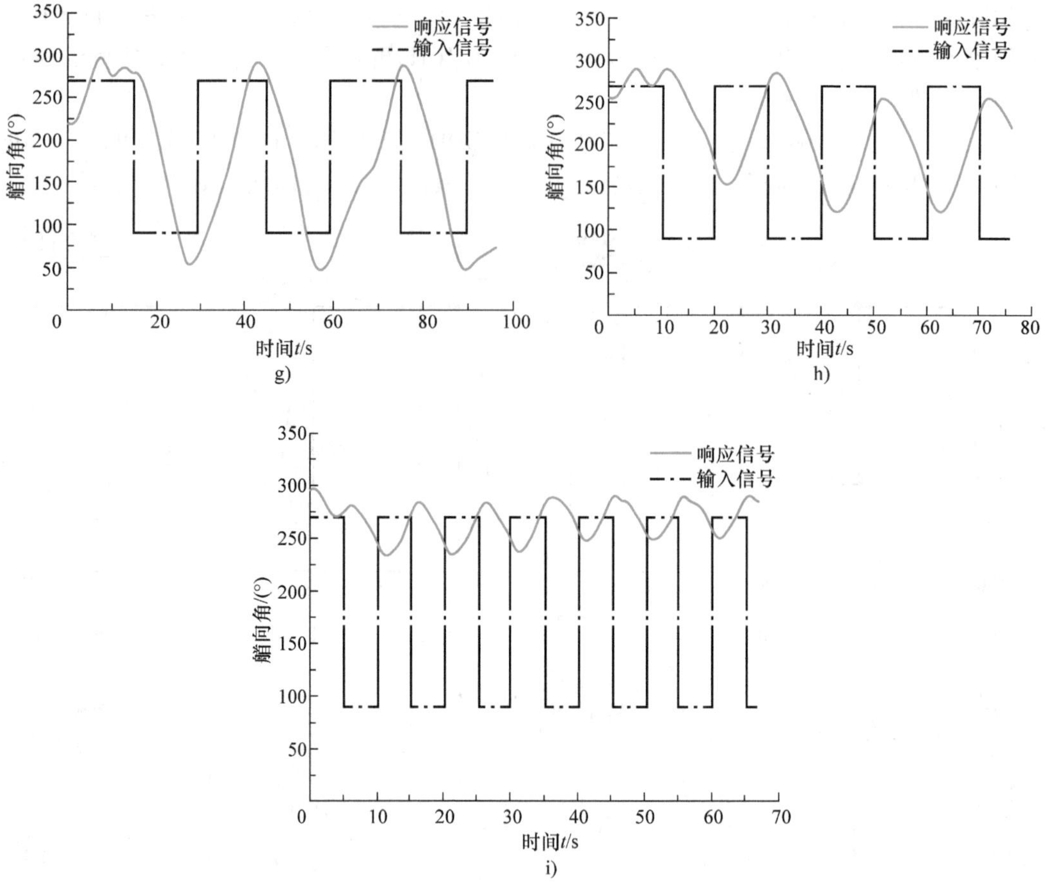

图 7-40 方波信号的响应曲线（续）

g）频率为 1/30Hz h）频率为 1/20Hz i）频率为 1/10Hz

同理，根据图 7-40 所示结果，对水下机器人实际运动轨迹与目标轨迹的幅值比以及相位差进行归纳，并绘制幅值比、相位差随目标轨迹频率的变化规律，如图 7-41 所示。

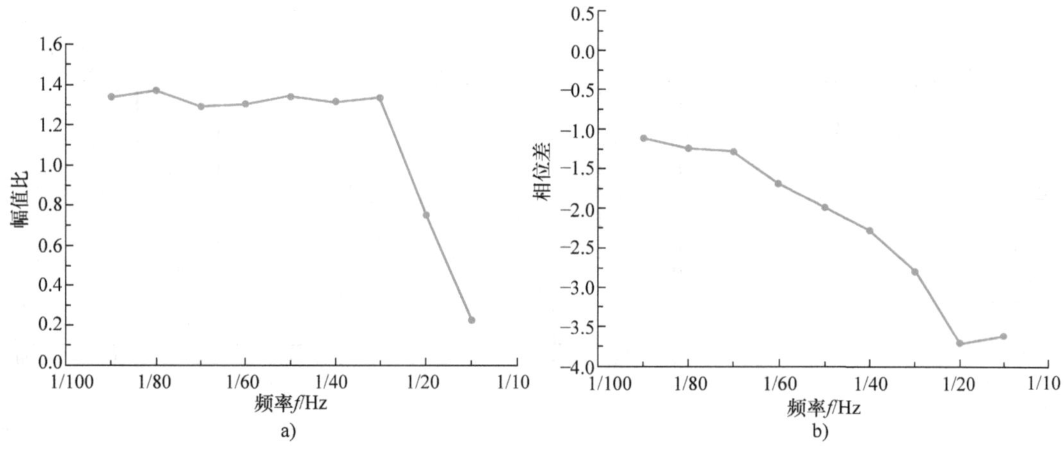

图 7-41 方波信号目标轨迹频率变化规律图

a）幅值比 - 频率曲线图 b）相位差 - 频率曲线图

从图 7-41a 可看出水下机器人实际运动轨迹与目标轨迹的幅值比在频率范围为 1/100 ~ 1/30Hz 时基本保持不变，为 1.3 左右，而当频率增大时，幅值比逐渐变小。从图 7-41b 中可看出在频率范围为 1/90 ~ 1/10Hz 时，随着频率越大，实际轨迹的滞后相位差值先变大后减小，在 $f = 1/20\text{Hz}$ 时，达到最大值。

3）系统分别输入频率为 1/90Hz、1/80Hz、1/70Hz、1/60Hz、1/50Hz、1/40Hz、1/30Hz、1/20Hz、1/10Hz，幅值为 90°，零点位置为 180°的三角波信号的响应曲线如图 7-42所示。

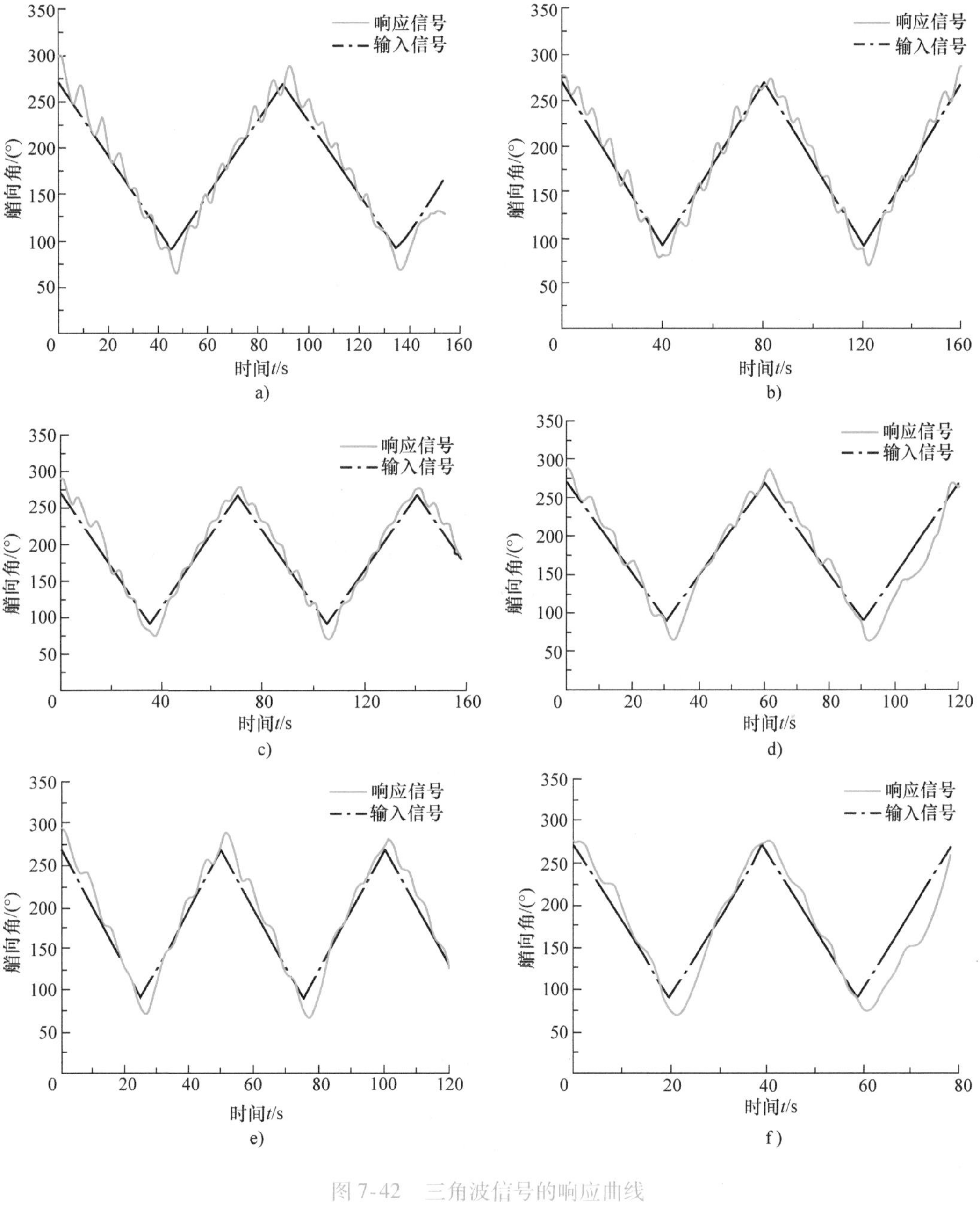

图 7-42　三角波信号的响应曲线

a）频率为 1/90Hz　b）频率为 1/80Hz　c）频率为 1/70Hz　d）频率为 1/60Hz　e）频率为 1/50Hz　f）频率为 1/40Hz

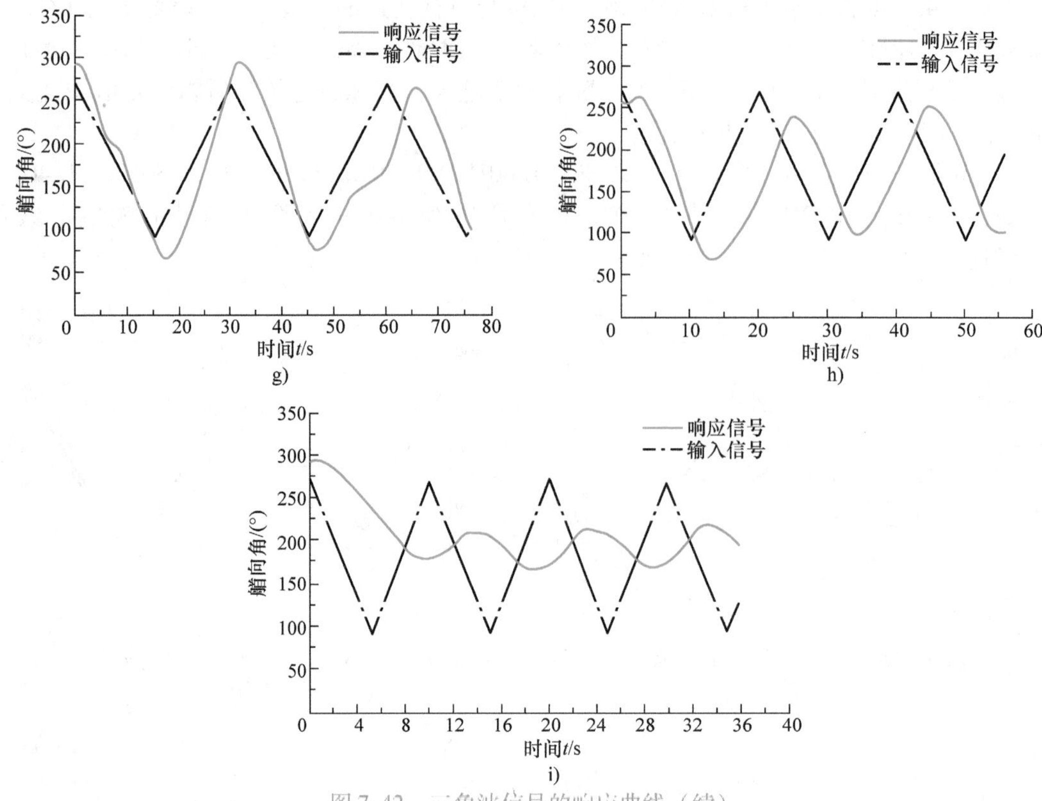

图 7-42　三角波信号的响应曲线（续）

g）频率为 1/30Hz　h）频率为 1/20Hz　i）频率为 1/10Hz

同理，根据图 7-42 所示结果，对水下机器人实际运动轨迹与目标轨迹的幅值比以及相位差进行归纳，并绘制幅值比、相位差随目标轨迹频率的变化规律，如图 7-43 所示。

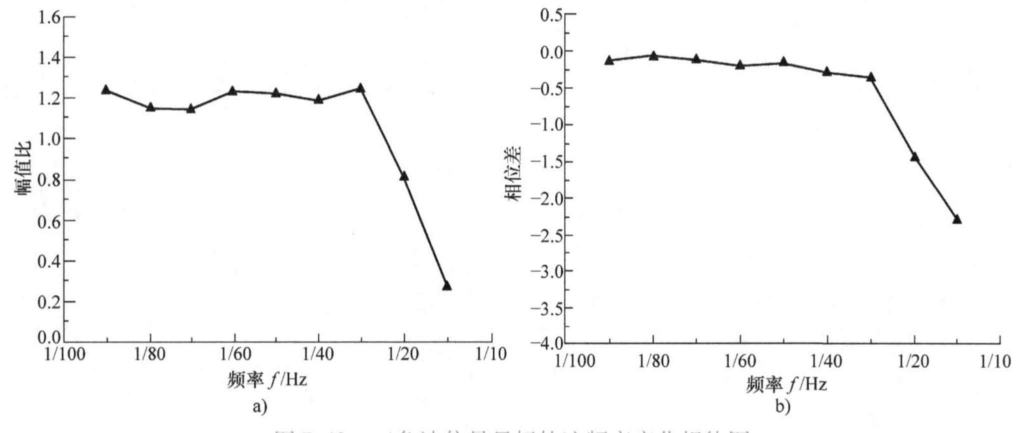

图 7-43　三角波信号目标轨迹频率变化规律图

a）幅值比 - 频率曲线图　b）相位差 - 频率曲线图

从图 7-43a 可看出水下机器人实际运动轨迹与目标轨迹的幅值比在频率范围为 1/100 ~ 1/30Hz 时基本保持不变，为 1.2 左右，而当频率增大时，幅值比逐渐变小。从图 7-43b 中可看出在频率范围为 1/100 ~ 1/30Hz 时，两段轨迹相位差值不大；但频率范围为 1/30 ~ 1/10Hz 时，频率增大，实际轨迹的滞后相位差值随之增大。

参考文献

[1] 熊有伦．机器人技术基础［M］．北京：机械工业出版社，1996.

[2] CRAIG J J 机器人学导论：第 3 版［M］．負超，译．北京：机械工业出版社，2006.

[3] 吴振彪，王正家．工业机器人［M］．2 版．武汉：华中科技大学出版社，2006.

[4] 蔡自兴，谢斌．机器人学［M］．北京：清华大学出版社，2015.

[5] 蔡自兴．机器人学基础［M］．2 版．北京：机械工业出版社，2015.

[6] 萨哈．机器人导论［M］．北京：机械工业出版社，2010.

[7] 张宪民．机器人技术及其应用．［M］．2 版．北京：机械工业出版社，2017.

[8] 蒋新松．机器人学导论［M］．沈阳：辽宁科学技术出版社，1994.

[9] 谢存禧，张铁．机器人技术及其应用［M］．北京：机械工业出版社，2005.

[10] 周伯英．工业机器人设计［M］．北京：机械工业出版社，1995.

[11] 孙迪生，王炎．机器人控制技术［M］．北京：机械工业出版社，1997.

[12] HAOMACHAI W' SHAO D H, WANG W, et al. Lateral undulation of the bendable body of a gecko – inspired robot for energy – efficient inclined surface climbing［J］. IEEE robotics and automation letters, 2021, 6（4）: 7917 – 7924.

[13] 张伟．仿生青蛙机器人及其游动轨迹规划的研究［D］．哈尔滨：哈尔滨工业大学，2017.

[14] 张建辉，陈震林，张帆．绝对式光电编码器的编码理论研究进展［J］．振动．测试与诊断，2021，41（1）：1 – 12.

[15] 刘永兵，何伟，张玲．基于 Intel SoC 的羽毛球捡拾机器人设计与实现［J］．电子技术应用，2020，46（9）：118 – 122.

[16] ABONDANCE S, TEEPLE C B, WOOD R J. A dexterous soft robotic hand for delicate in – hand manipulation［J］. IEEE robotics and automation letters, 2020, 5（4）: 5502 – 5509.

[17] 李帅．基于视觉成像的机器人中厚板多层多道焊接技术［J］．现代信息科技，2018，2（9）：169 – 172.

[18] 花磊，许燕玲，韩瑜，等．大型船舶舱室多分段机器人焊接系统优化设计［J］．上海交通大学学报，2016（1）：36 – 39.

[19] 孙涛．船体表面清洗浮游与爬壁水下机器人总体设计及关键技术研究［D］．上海：上海海洋大学，2021.

[20] 李喜鹏，王沛恩，杨嘉乐，等．自适应管道探测清洗机器人的研究［J］．南方农机，2020，51（16）：110 – 111.

[21] 王加林．整体螺旋桨型面机器人砂带抛磨方法及软件开发［D］．重庆：重庆理工大学，2016.

[22] 杨帆．船用管系打磨机器人研究［D］．舟山：浙江海洋大学，2019.

[23] 李如明．基于造船涂装打磨机器人轨迹规划的优化控制策略研究［D］．上海：上海电机学院，2016.

[24] 李根，沈青青，强华，等．球罐爬壁打磨机器人结构设计及其吸附力仿真［J］．轻工机械，2014，32（4）：18 – 21.

[25] 陈饰勇．船舶维护水下柔性机器人结构与仿真研究［D］．广州：广州大学，2019.

[26] 张伟杰．海洋管道管外检测机器人设计与分析［D］．成都：西南石油大学，2019.

[27] 李硕，刘健，徐会希，等．我国深海自主水下机器人的研究现状［J］．中国科学（信息科学），2018，48（9）：1152 – 1164.

[28] 杨睿．水下机器人建模与鲁棒控制研究［D］．青岛：中国海洋大学，2015.

[29] 金志坤．水下机器人推进器故障诊断方法及其实验研究［D］．镇江：江苏科技大学，2020.

[30] 李一平，李硕，张艾群．自主/遥控水下机器人研究现状［J］．工程研究（跨学科视野中的工程），2016，8（2）：217－222.

[31] 赵蕊，许建，向先波，等．多自主式水下机器人的路径规划和控制技术研究综述［J］．中国舰船研究，2018，13（6）：58－65.

[32] 李岳明．多功能自主式水下机器人运动控制研究［D］．哈尔滨：哈尔滨工程大学，2013.

[33] 边靖伟．四旋翼式水下航行器设计与关键技术研究［D］．杭州：浙江大学，2019.

[34] 余明刚，张旭，陈宗恒．自治水下机器人技术综述［J］．机电工程技术，2017，46（8）：155－157.

[35] WOOLSTENHULME N，BAKER C，JENSEN C，et al. Development of irradiation test devices for transient testing［J］. Nuclear technology，2019，205（10）：1251－1265.

[36] 刘晓阳，杨润贤，高宁．水下机器人发展现状与发展趋势探究［J］．科技创新与生产力，2018（6）：19－20.

[37] 吴杰，王志东，凌宏杰，等．深海作业型带缆水下机器人关键技术综述［J］．江苏科技大学学报（自然科学版），2020，34（4）：1－12.

[38] 徐高飞，王晓辉，赵洋．水下机器人推进系统自适应故障诊断［J］．舰船科学技术，2020，42（11）：95－100.

[39] 黄琰，李岩，俞建成，等．AUV 智能化现状与发展趋势［J］．机器人，2020，42（2）：215－231.

[40] 周克秋，李钦奉．作业型水下机器人姿态调节控制研究［J］．计算机技术与发展，2020，30（3）：142－146.

[41] 孙玉山，冉祥瑞，张国成，等．智能水下机器人路径规划研究现状与展望［J］．哈尔滨工程大学学报，2020，41（8）：1111－1116.

[42] 宋思利，刘甜甜，康凯灿，等．自主水下机器人机械结构设计与实现［J］．机器人技术与应用，2012（4）：26－29.

[43] 余明刚，张旭，陈宗恒．自治水下机器人技术综述［J］．机电工程技术，2017，46（8）：155－157.

[44] 谭民，王硕．机器人技术研究进展［J］．自动化学报，2013，39（7）：963－972.

[45] 于洋．智能水下机器人技术研究现状与未来展望［J］．电子制作，2019（4）：24－25.

[46] 刘峰．深海载人潜水器的现状与展望［J］．工程研究（跨学科视野中的工程），2016，8（2）：172－178.

[47] CHOI J K，KONDO H，SHIMIZU E. Thruster fault－tolerant control of a hovering AUV with four horizontal and two vertical thrusters［J］. Advanced robotics，2014，28（4）：245－256.

[48] 农业部渔业渔政管理局．2017 中国渔业统计年鉴［M］．北京：中国农业大学出版社，2017.

[49] 李弘哲．水下机器人发展趋势［J］．电子技术与软件工程，2017（6）：90－93.

[50] 钟宏伟．国外无人水下航行器装备与技术现状及展望［J］．鱼雷技术，2017，25（4）：215－225.

[51] 王嘉军，唐鸿儒，苗飞跃．基于 PC104 与 C8051F120 的水下机器人环境监测系统设计［J］．电子设计工程，2013，21（24）：42－45.

[52] 郑中强．海洋系泊系统的非线性动力学研究［D］．青岛：中国海洋大学，2015.

[53] 殷宝吉，董亚鹏，唐文献，等．船舶螺旋桨水下清洗机器人推进器驱动及关键部件状态监测研究［J］．江苏科技大学学报（自然科学版），2019，33（4）：31－37.

[54] 冯常，窦普，陈树才．小型水下观测机器人设计与控制的研究［J］．计算机测量与控制，2009，17（4）：672－674.

[55] 郭晓旗，丑武胜，方斌．基于可视化技术的核电站水下机器人地面站设计［J］．机械工程与自动化，2013（5）：1－3.

[56] 马鑫，丑武胜，方斌，等．基于 Pro/E 和 ADAMS 的水下机器人设计方法研究［J］．机械工程与自动化，2013（6）：3－5.

[57] 陈开权. REMUS-600水下机器人[J]. 水雷战与舰船防护, 2014, 22 (2): 77-78.
[58] 裘金婧. 四旋翼水下航行器的外形优化和上位机界面的设计[D]. 杭州: 浙江大学, 2018.
[59] 洪成泽, 郑颖. RS 232串口通信在PC机与单片机通信中的应用[J]. 南方农机, 2019, 50 (4): 175.
[60] 陶翔翔, 范硕, 王志明. 基于MFC的旋转倒立摆上位机控制系统设计与实现[J]. 电脑知识与技术, 2018, 14 (17): 269-272.
[61] 周舒. 基于Visual Studio的串口通信[J]. 电子科技大学学报, 2000, 29 (6): 595-599.
[62] 马天宇, 刘雅菲, 韩蕊, 等. 基于上下位机的林果采收激振电机频率控制[J]. 南方农机, 2022, 53 (6): 9-13.
[63] 张荣, 纪晓亮, 周兵, 等. 一种多传感器采集与控制系统[J]. 科学技术与工程, 2009, 9 (24): 7497-7499.
[64] 徐鹏飞, 崔维成, 谢俊元, 等. 遥控自治水下机器人控制系统[J]. 中国造船, 2010, 51 (4): 100-110.
[65] ALI Z A, NOMAN M. Stabilizing the dynamic behavior and position control of a remotely operated underwater vehicle [J]. Wireless personal communications, 2021, 116 (2): 1293-1309.
[66] 殷宝吉, 朱华伦, 唐文献, 等. 微小型水下机器人断电保护方法及艏向跟踪性能研究[J]. 弹箭与制导学报, 2021, 41 (4): 1-4.
[67] LIU J K, ER L J. Sliding mode controller design for position and speed control of flight simulator servo system with large friction [J]. Journal of systems engineering and electronics, 2003, 14 (3): 59-62.
[68] 龚兰芳, 许伦辉. 四旋翼机器人运动控制与自适应PID控制算法设计[J]. 机械设计与制造, 2018 (12): 254-256.
[69] 姜海燕. 球杆系统的PID控制方法研究[J]. 河南科学, 2019, 37 (3): 343-348.
[70] 王祎晨. 增量式PID和位置式PID算法的整定比较与研究[J]. 工业控制计算机, 2018, 31 (5): 123-124.
[71] 芮丰, 王金利, 邱士浩, 等. 液压支架试验台升降装置中四缸同步系统的研究[J]. 液压与气动, 2007 (12): 4-6.
[72] 郑天池, 郭琳娜, 孙小刚, 等. 电容器熔胶机温度控制系统设计与研究[J]. 机械设计与制造, 2018 (4): 214-216, 220.
[73] HONG S M, HA K N, KIM J Y. Dynamics modeling and motion simulation of USV/UUV with linked underwater cable [J]. Journal of marine science and engineering, 2020, 8 (5): 318.
[74] 赵国强. PIND用冲击闭环控制系统的仿真建模与实现[D]. 哈尔滨: 哈尔滨工业大学, 2015.
[75] 毛燕. 智能材料驱动器中迟滞补偿的应用研究[D]. 南京: 东南大学, 2008.
[76] 何芝强. PID控制器参数整定方法及其应用研究[D]. 杭州: 浙江大学, 2005.